Illustrierte
TRAKTOREN-ENZYKLOPÄDIE

Mirco De Cet

Illustrierte

TRAKTOREN

ENZYKLOPÄDIE

DÖRFLER · VERLAG

Text: Mirco De Cet
Übersetzung aus dem Englischen: Dr. Michael Meyer

Im Internet finden Sie unser Verlagsprogramm unter:
www.doerfler-verlag.de

Inhalt

Einführung

Die ersten Pflüge wurden von Menschen gezogen oder geschoben. Später schirrte man Ochsen und Pferde davor, um deren Kraft zu nutzen; Jahrhunderte lang bildeten sie das Rückgrat des Ackerbaus. Im späten 19. Jahrhundert waren ihre Tage jedoch gezählt: die ersten primitiven Mähdrescher und Bindemaschinen traten auf den Plan und revolutionierten die Landwirtschaft auf immer. Diese Gebilde trieben zuerst mit Dampfkraft (über Treibriemen) stationäre Maschinen an. Schon bald montierte man sie jedoch auf Räder oder Raupenketten, sodass sie mobil wurden – die Ahnen des modernen Traktors.

Die erste benzinbetriebene Landmaschine entstand in den USA: 1892 konstruierte John Froelich ein Modell, dessen Benzinmotor die Firma Van Duzen Gas and Gasoline Engine Co. aus Cincinnati lieferte (aus Froelichs Waterloo Gasoline Traction Engine Company wurde später die John Deere Tractor Company, einer der größten heutigen Traktorenbauer). Obwohl dieses Modell und seine Nachfolger nicht besonders erfolgreich waren, begann mit ihnen die Entwicklung des Traktors. Die Motoren wurden immer besser, und der Traktor (wie ihn 1906 ein Vertreter der Firma Harr-Parr taufte) kam immer öfter auf den Höfen zum Einsatz.

Als der Erste Weltkrieg ausbrach und dadurch in vielen Betrieben die Arbeitskräfte knapp wurden, erhöhte sich der Bedarf an Landmaschinen drastisch. Damit schlug die große Stunde von Henry Ford, der seinen Fordson-Traktor – wie zuvor auch das Modell „T“ – in riesigen Stückzahlen am Fließband baute. Der Fordson wurde schließlich der erste auch für Kleinfarmer erschwingliche Traktor. Seine Markteinführung im Jahre 1917 ermöglichte es, Nahrungsmittel für Millionen von Menschen zu produzieren, deren Lebensstandard so ein nie geahntes Niveau erreichte.

Landarbeiter lassen sich bei einer Pause fotografieren – lange vor der Mechanisierung: man beachte das Pferd!

Mit dem großen Treibriemen einer Dampfmaschine konnte man alle Teile der hier gezeigten Dreschmaschine antreiben.

Der Fordson wurde bei seinem Start 1917 ein echter Erfolg – leicht zu kopieren, doch kaum zu verbessern.

1930 waren trotz der „Großen Depression" auf den US-Farmen über 900 000 Traktoren im Einsatz – mehr als doppelt so viele wie noch fünf Jahre zuvor! Man verwendete sie nun auch in ganz Europa und in Sowjetrussland, aber die meisten Innovationen erfolgten nach wie vor in den USA. Ebenfalls 1930 stellte die Case Company ihr revolutionäres Modell „DD" vor: es besaß drei statt vier Rädern – was die Bestellung von Hackfruchtäckern erleichterte – und war vielseitig genug, um als Allzweckfahrzeug zu dienen. Kurz darauf kam es zu einer weiteren Neuerung bei Landmaschinen: Gummireifen sorgten für eine ruhigere Fahrt sowie höhere Geschwindigkeit und Produktivität.

Die Dreirad-Konstruktion der 1930er-Jahre sollte sich drei Jahrzehnte lang bewähren – mit solchen Kuriositäten wie dem „Comfortractor" der Firma Minneapolis-Moline: Karosserie und Schutzdach waren hier stromlinienförmig wie bei Pkws, damit man nicht nur aufs Feld, sondern auch zu Spritztouren in die Stadt fahren konnte!

Einige Firmen trugen im Zweiten Weltkrieg mit ihren Maschinen zur Rüstung bei, und anschließend entwickelte die Industrie ihre Fabrikate immer weiter. Man versah sie mit Scheinwerfern, führte Zündmechanismen ein und verbesserte die Kraftübertragung. Auch Servolenkung und viele andere Neuheiten (bis hin zu gepolsterten Sitzen) kamen zum

Einer der erfolgreichsten Traktoren von International Harvester war der Farmall – ein völlig neuer Entwurf, ideal für den Hackfruchtanbau.

Der Massey-Ferguson 7480 von 2005 führt einen 6-Zylinder-Perkins-Diesel und verfügt über die neuesten technischen Finessen.

Einsatz. Schon bald verdrängten Turbo-Diesel die allmählich veraltenden Benzinmotoren, und die Konstrukteure bemühten sich um den Bau leistungsfähigerer und sparsamerer Landmaschinen.
Die heutigen Modelle und ihre Innovationen wirken derart ausgetüftelt und mit Hightech bestückt, dass man wohl Ingenieur sein muss, um sie bedienen zu können. Die meisten Funktionen sind mittlerweile computergesteuert. Komponenten wie die HydraMaxx-Vorderachsaufhängung und die AirMaxx-Luftfederung der Fahrerkabine machen Traktoren auf der Straße und auf dem Feld sicherer und bequemer. Schallisolierung sorgt im Inneren für maximal 71 Dezibel, und moderne Kabinen verfügen sogar über solchen Komfort wie Heizung und verstellbare Außenspiegel.
Wie alle mit Computertechnik ausgestatten Fahrzeuge sind moderne Traktoren recht teuer. Ein Mittelklasse-Modell kostet heute – je nach Ausstattung – 59895 bis 118934 US-$. Für heutige Landwirte sind sie ein absolutes Muss; in hochentwickelten Industriestaaten wären die Bauern angesichts des Wettbewerbs ohne ihre leistungsfähigen „Arbeitspferde" verloren. Diese Maschinen, die einst das Antlitz der Landwirtschaft veränderten, leisten heute einen wichtigen Beitrag zur Nahrungsversorgung der Erde.

Die Firma Caterpillar verdankt ihren Namen dem von ihr produzierten Fahrzeug und dessen Fortbewegungsweise.

Caterpillar-Fahrer sitzen in einer der modernsten Kabinen, die mit Hightech-Instrumenten nur so übersät ist.

A

Advance-Rumely

1853–1931

Meinrad Rumely wurde 1823 im Großherzogtum Baden geboren. Er wanderte 1848 in die USA aus, nachdem man ihn gezüchtigt hatte, weil er als Soldat beim Appell nicht im Glied stand. Mit seinem Bruder Jacob richtete er in LaPorte (Indiana) zunächst eine Hufschmiede nebst Gießerei ein. 1853 gründeten sie die M & J Rumely Company, und 1859 gewann ihr Rumely-Getreideabscheider auf der Messe von Chicago den Ersten Preis. Bis zur Produktion ihrer ersten mobilen Dampfmaschine (1872) fertigte die Firma stählerne Dreschmaschinen.

1882 fand Meinrad seinen Bruder ab, und die Firma änderte erstmals ihren Namen: sie hieß nun schlicht M. Rumely Company. Wenige Jahre später (1886) baute sie ihre erste Zugmaschine: sie wurde mit Stroh befeuert, dessen Hitze Wasser in Dampfkraft umwandelte. Die Firma nahm einen raschen Aufschwung, und schon 1896 lieferte sie eine breite Palette von Dampftraktoren, tragbaren Dampfmaschinen und Abscheidern. Als Meinrad 1904 mit 79 Jahren starb, traten neue Manager an seine Stelle. Von seinen neun Kindern waren die Söhne Joseph und William besonders aktiv, und auch Josephs Stammhalter Edward (* 1882) nahm großen Anteil an den Geschäften der Familie. Nach Studienjahren in den USA, England und Deutschland kehrte er nach LaPorte zurück, um sich im Management zu betätigen. Von Rudolf Diesel stark beeinflusst, schlug er vor, leistungsfähige Traktoren mit Verbrennungsmotoren zu bauen.

Er hatte von einem gewissen John Secor erfahren, der in New York seit 1885 mit solchen Motoren experimentierte. Secor unterzog sie Tests, um herauszufinden, wie sich mit möglichst wenig Brennstoff optimale Leistung erzielen ließ. Edward konnte ihn zum Umzug nach LaPorte bewegen, und 1908 begannen sie mit dem Bau des OilPull-Traktors.

Als Prototyp entstand die „Kerosene Annie“, aus der sich später der 25-45 Modell B entwickelte. Schon im Oktober 1909 waren die Tests abgeschlossen. Nur weitere vier Monate später öffnete die neue Traktorenfabrik in LaPorte am 21. Februar 1910 ihre

Hier sieht man den bis in die 1920er gebauten OilPull von Advance-Rumely. Der vordere Auspuff saß über einem Ölkühler.

Zeitgenössische Anzeige. Diese Maschinen sollten mit der Zeit kleiner und wendiger werden.

Der nur drei Jahre lang gebaute DoAll sollte auf dem Kleintraktorenmarkt konkurrieren können.

Pforten, und bis zum folgenden November baute man schon 100 Oil Pulls. Dem Modell B schlossen sich das größere E 30-60 und später der Einzylinder F 15-30 an (dies war Rumelys einziger, denn alle anderen Modelle besaßen zwei Zylinder). Die Firma baute weiterhin Dampftraktoren, obwohl sich Benzin nun immer stärker durchsetzte.

1911 fusionierte Rumely mit der Advance Thresher Company, doch erst 1915 änderte die Firma ihren Namen in Advance-Rumely. Sie baute nun drei Grundtypen von Traktoren: schwere, leichte und superleichte. Man versuchte auch, mit kleineren Modellen wie dem DoAll und dem 6A auf dem Markt Fuß zu fassen, aber die Situation hatte sich mittlerweile verändert und es herrschte ein scharfer Wettbewerb. Am 1. Juni 1931 kaufte Allis-Chalmers das Unternehmen auf, und die Traktorenproduktion wurde eingestellt.

Die riesigen OilPull-Traktoren galten bald als zu groß und sperrig, sodass man sie durch kleinere ersetzte.

AGCO

1990–heute

Obwohl die Anfänge der Firma bis in die Mitte des 19. Jahrhunderts zurückreichen, baut AGCO erst seit relativ kurzer Zeit auch Traktoren. In diesem Abschnitt der Unternehmensgeschichte kam es zum Kauf mehrerer wichtiger Firmen, die erheblich zur Entwicklung des Landmaschinenbaus beitrugen.
1985 wurde Allis-Chalmers von der deutschen Firma Deutz aufgekauft. Diese schloss das Werk von Allis-Chalmers und begann damit, unter dem Markennamen Deutz-Allis eigene Traktoren in die USA zu exportieren. Zunächst wollte Deutz diese in den Staaten fertigen, aber man besann sich anders und verhandelte deswegen mit der Firma White, die luftgekühlte Deutz-Diesel einbaute. Das Projekt war kurzlebig: schon nach einem Jahr kaufte sich Deutz-Allis in den USA frei, und so entstand AGCO (Allis-Gleaner Co.). Die Firma kooperierte weiter mit White und baute Deutz-Motoren in US-Chassis ein, doch hießen die Traktoren nun AGCO-Allis und waren orange statt (wie bei Deutz) grün.
In den Folgejahren war der Absatz reißend. 1991 kaufte AGCO die Hesston Corporation, einen führenden US-Hersteller von Heumaschinen, und 50%

Dieser für große Lasten gedachte AGCO Allis 8630 wurde für die Firma von der italienischen SLH-Gruppe gebaut.

Obwohl er die orange Lackierung von Allis-Chalmers trägt, ist dies ein Frontlader AGCO 6690.

Dies ist der 5670 mit Zweiradantrieb. AGCO Allis bot aber auch stärkere Allradmodelle an.

Der von 1994 bis 1995 gebaute AGCO Allis 9650 führte einen 6-Zylinder-Turbodiesel von Deutz.

Der AGCO Allis 9690 kostete 1994 über 100 000 US-$ und führte einen 6-Zylinder-Turbo von Deutz.

Der AGCOSTAR 8425 führt als Motor den N14 von Cummins; er hat 18 Vor- und zwei Rückwärtsgänge.

der Anteile einer Joint-Venture-Fabrik (mit Case International), die den Namen Hay and Forage Industries (HFI) erhielt. Im gleichen Jahr erwarb man von der Firma Allied Products die White-Traktoren – ein wichtiger Schritt, der dem Unternehmen sein erstes Traktorenwerk bescherte.

1992 bot die Firma insgesamt 15 Traktorentypen an (darunter 12 orange lackierte), welche SLH (Italien) für AGCO fertigte. Die 12 o.e. Maschinen trugen Markenzeichen von AGCO-Allis; die übrigen waren silbern und mit dem White-Logo versehen. Zum Angebot gehörten die Nutztraktoren 4650 und 4660, die mittleren Modelle 6670 und 6680, die größere Baureihe 7600 und die 8600er-Klasse.

Im folgenden Jahr brachte das Unternehmen 50% seiner Aktien an die NASDAQ-Börse, und 1994 wurde es unter dem Namen „AG“ an der New Yorker Börse notiert. 1993 erwarb AGCO die Firma White-New Idea (Sä-, Heu- und Dungstreu-Maschinen) und deren Fabrik in Coldwater (Ohio). Außerdem kaufte sie die US-Vertriebsrechte für Erzeugnisse von Massey-Ferguson, womit ihr US-Vertragshändlernetz auf über Tausend anwuchs.

1994 schluckte AGCO den Rest der weltweiten Holdings von Massey-Ferguson und wurde so zu einem Weltunternehmen. Durch den Erwerb von McConnell Tractors entstanden AGCOSTAR (Gelenktraktoren) und Black Machine, welche der Firma ihre Sämaschinensparte verschaffte. 1995 kaufte AGCO dann noch die AgEquipment Group auf, die Glencoe-Reifen und Geräte für die Landwirtschaft produzierte.

Die luftgekühlten Deutz-Motoren wurden allmählich von Motoren der Baureihe Detroit Diesel 40 abgelöst, welche die Spitzenmaschinen antrieben. 1996 ging die Ära der Deutz-Diesel zu Ende.
Dieses Jahr war geschäftlich bemerkenswert: es brachte den Erwerb der Landmaschinenfabriken Iochpe-Mexion (Brasilien), Deutz (Argentinien) und Western Combine Corporation and Portage Manufacturing Inc. (Kanda). Im folgenden Jahr kaufte AGCO den führenden deutschen Traktorenhersteller, die Fendt GmbH, und 1998 folgte ein Joint Venture mit der Deutz AG zum Motorenbau in Argentinien. Erworben wurden ferner die führenden Sprühmaschinenhersteller Spra-Coupe und Willmar, die man fortan in Willmar (Minnesota) konzentrierte.
2000 konsolidierte AGCO seine Strategie zum Aufbau einer leistungsfähigen Produktionsstruktur für das wichtige US-Geschäft durch den Kauf von HFI. Im folgenden Jahr kam die Firma Ag-Chem Equipment, ein führender Hersteller und Vertreiber von schweren Geländefahrzeugen für Landwirtschafts- und Industriebetriebe, hinzu. Damit wurde AGCO zum Marktführer auf dem Sektor der Selbstfahr-Sprühanlagen.

AGCO übernahm White Anfang der 1990er. Hier eines der „Übernahmeprodukte", ein Cummins 6-Zylinder-Turbodiesel.

2002 kaufte das Unternehmen den Landmaschinenhersteller Caterpillar – vor allem Entwurf, Produktion und Vertrieb von dessen Challenger-Traktoren. Später im gleichen Jahr wurde der Erwerb der Sunflower Manufacturing Company Inc., eines führenden Herstellers von Ackerbau-, Sä- und Spezial-Erntemaschinen, abgeschlossen.
2003 konnte sich AGCO rühmen, seine Traktoren unter 18 Markennamen in 140 verschiedenen Ländern zu verkaufen. Mittlerweile existiert auch ein Modell mit dem AGCO-Schriftzug, wobei die meisten Typen einander jedoch sehr ähneln und nur unterschiedliche Logos tragen. Fendt Vario baut drei Varianten des vollautomatischen Getriebes, die

Der Spra-Coupe war ein mächtiger Hackfrucht-Dungverteiler mit großer Bodenfreiheit.

Bei Ketten verteilt sich die Last auf eine größere Fläche als bei Rädern. Der Challenger M765 hat Gummiketten.

Typen 400, 700 und 900. 2004 erwarb AGCO die Valtra Corporation, eine Weltfirma für Traktoren und Geländefahrzeuge, die Marktführer in Skandinavien und Südamerika war.
So gelangte das Unternehmen auch in den Besitz von SISU Diesel, wo Dieselmotoren für Geländefahrzeuge produziert werden.
Ungeachtet dieser beeindruckenden Liste von Firmenkäufen war nicht alles eitel Sonnenschein: Anfang 2000 schloss man zwei Werke in den USA, und 2003 wurde die Kapazität der Fabrik von Massey-Ferguson in Coventry (GB) stark zurückgefahren – auch die größten Firmen sind gegen die Folgen von Wirtschaftskrisen nicht immun.

Albaugh-Dover

1917–1925

1916 übernahm der US-Kettenhersteller Albaugh-Dover die in Norfolk (Nebraska) ansässige Kenny-Colwell Company. Kenny-Colwell hatte zuvor einen Traktor aus eigener Produktion angekündigt. 1917 entstand dann aus der Kenny-Colwell Company die Square Turn Tractor Company. Ihre großen Dampf- und Oilpull-Traktoren wurden vor allem wegen des großen Wendekreises kritisiert. Das Modell Square Turn 18-35 jedoch konnte praktisch auf der Stelle wenden. Als Antrieb diente ein Vierzylinder-Motor der Firma Climax, und zur Standardausstattung ge-

Die Firma Albaugh-Dover baute den für seinen sehr kleinen Wendekreis berühmten Square Turn Tractor.

hörte ein Dreischar-Pflug aus dem Hause Oliver. Leider hatte dieser Traktor trotz seiner modernen Konzeption offenbar keinen besonderen Erfolg. 1925 wurde die Firma Square Turn Tractor, die immer noch zu Albaugh-Dover gehörte, vom örtlichen Sheriff versteigert.

Allgaier-Porsche

1937–1963

1937 bekam Ferdinand Porsche von Adolf Hitler den Auftrag, nicht nur den „Volkswagen", sondern auch einen „Volksschlepper" zu entwerfen. 1938 war der Prototyp für das Modell 110 fertig, und später folgte das Modell 111. Beide führten luftgekühlte Benzinmotoren von Porsche. Es lagen auch Pläne für den Bau einer entsprechenden Traktorenfabrik in Waldbröl vor. In den Jahren 1940/41 wurde das nächste Modell (Typ 112) entwickelt, von dem es mehrere Versionen gab. 1943 folgte dann Typ 113, der einen stärkeren Motor und vier Gänge besaß (statt drei wie die vorigen Fahrzeuge).
Der Krieg stoppte alle Projekte, aber die Entwicklung ging weiter, und man konstruierte ein neues Modell 312 mit 20-PS-Motor.

Bevor man das Porsche-Modell herstellte, wurden kleine, zuverlässige Landmaschinen produziert.

1948 war der Typ 313 mit Zweizylinder-Motor fertig, und Ende 1949 schloss man mit dem schwäbischen Familienunternehmen Allgaier einen Vertrag zur Fertigung dieser Traktoren. Allgaier hatte nach dem Krieg mit kleinen, aber robusten Landmaschinen angefangen.
1950 war der neue Porsche-Traktor des Typs 313 reif für die Serienproduktion bei Allgaier. Er sollte AP17 (für Allgaier-Porsche) heißen. Die Maschine leistete 18 PS und besaß so hochmoderne Eigenschaften wie Leichtmetall-Bauweise und einen luftgekühlten

Die bekannte Allgaier-Maschine wurde immer beliebter und die Produktion wurde nach Friedrichshafen verlegt.

Zweizylinder-Diesel; sie kostete etwa 4.500 DM. Die Nachfrage nach diesem Modell erwies sich als derart stark, dass Erwin Allgaier mit staatlicher Förderung die ehemaligen Dornier-Werke in Friedrichshafen aufkaufte, um so die Produktionskapazität steigern zu können. 1951 rollte der 5000ste Traktor dieses Typs vom Band, und 1952 stellte man das neue Modell AP 22 (22 PS) vor. Auch der AP17 erhielt fortan den stärkeren Motor. 1953 wurde eine neue Modellreihe präsentiert, die Typen A111, A122, A133 und A144 – durchweg mit austauschbaren Motorteilen wie Kolben, Zylindern und Zylinderköpfen. Erfolgreich liefen auch die Exporte, nämlich ein Spezialmodell mit schmalem Radstand und Dieselmotor auf der Basis des AP17/AP22S, das nach Brasilien ging. Die Zeiten waren hart, und Allgaier machte das Werk Friedrichshafen wegen schleppender Absätze dicht. Es wurde von Mannesmann übernommen, das dort weiterhin zwei der Modelle baute, die aber bald als „Porsche-Diesel" liefen. Den AP16 löste der AP18 ab, und die Produktion begann abermals zu boomen. Man erwarb neue Fabriken, und der Porsche-Diesel wurde in großen Stückzahlen gefertigt. Verbesserte Marketingstrategien und der Einbau neuer, stärkerer Motoren ließen die Verkaufszahlen in Deutschland und außerhalb ansteigen. 1957 kamen die neuen Modelle Junior, Standard und Super auf den Markt; ihnen folgte der „Master". 1959 erfolgte eine kräftige Preissenkung bei den Modellen „Junior" und Standard", die fortan „Junior V" und „Standard V" hießen. 1960 wurde die Zylinderbohrung von 95 mm auf 98 mm erweitert, das Einspritzsystem leicht ver-

Hier sieht man das Einzylinder-Modell Junior, den kleinsten der nun von Mannesmann übernommenen Porsche-Traktoren.

ändert und die Motorleistung insgesamt gesteigert. Die Angebotspalette erweiterte sich um das Sondermodell „Standard T“, doch 1961 verlagerte man die Produktion zum Werk der Porsche-Dieselmotoren GmbH. Dort lief sie aus, und man gründete mit Renault eine neue Firma für Ersatzteile der neuen Modelle. Insgesamt verkauften sich etwa 12000 Traktoren mit dem Porsche-Logo; die Werksgebäude gingen schließlich an Daimler-Benz.

Den Porsche-Diesel-Traktor gab es mit verschiedenen Motoren, die einen bis drei Zylinder hatten.

Die Traktoren hießen nun Porsche-Diesel. Hier sieht man den Motor des Modells Junior.

Allis-Chalmers

1901–1985

1979 hatte sich Allis-Chalmers zu einer Firma mit einem Marktwert von 2 Mrd. US-$ entwickelt und gehörte somit zu den führenden Landmaschinenherstellern der USA. Die Anfänge muten eher bescheiden an: die Wurzeln liegen in der Edward P. Allis & Company, die der New Yorker E. P. Allis durch den Kauf der Reliance Works begründete. Letztere war der Börsenpanik von 1857 erlegen. Zu ihrer Produktpalette gehörten Mühlsteine, Handmühlen, Wasserräder, Wellen- und Hubschrauben.

1869 dehnte die neue Firma ihr Tätigkeitsfeld auf Dampfkraft aus, und schon bald gab es die erste Allis-Dampfmaschine. Außerdem produzierte man Dampfpumpen (eine davon war die größte Zentrifugalpumpe der USA) und die ersten Pumpmaschinen mit Dreifachexpansion. Mittlerweile war die Firma in die Werke von West Allis umgezogen, wo bis 1895 Traktoren entstanden.

Edward Allis starb 1889, doch die Firma baute weiterhin Maschinen – unter der Leitung von Edwin Reynolds, einem 1877 eingetretenen Dampfkraft-Experten. Ein zufälliges Treffen von Reynolds und William Chalmers von der Fraser & Chalmers Company im Jahre 1900 führte dann 1901 zur Entstehung von Allis-Chalmers.

Das neue Unternehmen konzentrierte sich weiter auf den Schwermaschinenbau. Wie überall in den USA waren die Zeiten schwer, und 1913 beauftragte man die Konkursverwalter mit der Reorganisation. Einer von ihnen war General Otto Falk, der Vorstand – und Retter – von Allis-Chalmers wurde. Aus persönlichem Interesse an der Landwirtschaft beschloss er, auch Traktoren zu fertigen. Da der Erste Weltkrieg erhöhte Anforderungen an den Agrarsektor stellte, erlebte diese Sparte einen nachhaltigen Aufschwung. Bevor der 10-18 auf den Markt kam, testete man einige Maschinen und bot sie zum Verkauf an. Die Produktion des „Dreirads“ 10-18 begann 1914 in kleinem Maßstab. Es führte einen Zweizylinder-Boxermotor, der mit Benzin startete, aber nach Erreichen der Betriebstemperatur Paraffin verbrauchte. Die Nachfrage blieb allerdings begrenzt. Mittlerweile hatten andere Hersteller ihre Modelle verbessert und Rüstungsaufträge übernommen. Der 10-18 wurde noch ein paar Jahre hergestellt und schließlich 1921 vom Modell 12-20 abgelöst. Allis-Chalmers

gelang es den Krieg zu überstehen und 1918 baute man einen kleineren Traktor, den 6-12. Er war eigentlich keine richtige Zugmaschine, sondern ein Motorpflug, der an Pferdepflüge oder -mähbinder gekoppelt werden sollte. Sein Vier-Zylinder-Motor war über den beiden Vorderrädern angeordnet, um der Maschine so maximale Zugkraft zu verleihen.
1918 richtete Allis-Chalmers eine neue Traktorenabteilung ein, wo die Firma den 15-30 baute, einen konventionellen Traktor mit vier Rädern und Vierzylinder-Motor. Obwohl diese Maschine viel Kraft erzeugte, war sie noch recht schwer und im Vergleich mit Henry Fords damaligen Modellen sehr teuer. Um auf dem Markt für Mittelklasse-Traktoren Fuß zu fassen, produzierte Allis-Chalmers den kleineren 12-20, der dann bald in 15-25 umgetauft werden sollte.
Angesichts geringer Absätze bzw. all zu teurer und schwerer Modelle geriet Allis-Chalmers in Turbulenzen. General Falk ernannte daraufhin Harry Merritt zum Leiter der Traktorensparte. Merritt setzte gewaltige Preisnachlässe durch. So wurde etwa das Modell 20-35 halb so teuer angeboten wie ursprünglich. Die Traktoren gingen nun in großer Zahl weg, und vom Modell 20-35 – oder E, wie es nun hieß – verkaufte man in 20 Jahren über 19000 Stück.
Als Henry Ford den Entschluss fasste, sich aus dem Traktorengeschäft zurückzuziehen, schlossen sich einige Fordson-Händler zusammen. Allis-Chalmers wurde zum Beitritt eingeladen, und so entstand die United Tractor and Equipment Company (Chicago). Neben weiteren Landmaschinen wollte man einen mittelschweren Traktor produzieren, dessen Bau Allis-Chalmers übernahm. Als er 1929 auf den Markt kam, wurde er unter dem Namen „United" angeboten und führte einen Continental-Motor. Das Konsortium geriet indes bald in Schwierigkeiten; so übernahm Allis-Chalmers Vermarktung und Produktion des Traktors, der nun als „Modell U" bekannt wurde. Nach einiger Zeit bekam er statt des Continental-Benziners einen Paraffin-Motor von Allis-Chalmers.
Die Firma fuhr fort zu expandieren: 1931 kaufte sie den angeschlagenen Konzern Advance-Rumely auf. Viel Mühe verwendete man auf die Verbesserung der Räder, die damals noch aus Stahl waren und Haken und Ösen besaßen. Jene waren gut für die Feldarbeit geeignet, richteten aber auf Straßen und Weiden große Schäden an. Zuerst wurde mit Lkw-Vollgummireifen experimentiert: diese waren zwar bequemer, griffen aber auf Ackerboden nicht gut genug. Der Durchbruch kam 1932 mit dem Test von Luftdruckreifen. Diese hatten zunächst einen niedrigen Innendruck, um Unebenheiten des Geländes auszu-

Allis-Chalmers war für seine Traktoren berühmt, baute aber auch Raupenschlepper wie diesen Modell K.

Ein Segen für den Fahrer waren Gummireifen, die für größere Bequemlichkeit und bessere Bodenhaftung sorgten.

Das Modell U hatte anfangs einen Continental-Motor mit Seitenventilen, später jedoch ein 34-PS-Modell.

Diese Werbung für das Modell U zeigt, dass er leicht einen Dreischarpflug ziehen konnte.

Um die Stärke ihres Modell U zu beweisen, veranstaltete Allis-Chalmers sogar Traktorrennen.

gleichen und so besser „greifen“ zu können. Später im gleichen Jahr kam dann der erste Traktor mit Gummireifen in den Verkauf. Die Neuerung wurde zunächst nur zögerlich angenommen. Einen „Platten“ zu haben war nur eine der Befürchtungen. So lancierte Allis-Chalmers eine Werbekampagne, bei der man die Traktoren Rennen fahren ließ. Das Modell U brachte es mit Stahlrädern maximal auf 6 km/h, ein gummibereifter Traktor hingegen mit Extragang auf 16 km/h. Inzwischen modifizierte man auch das für Rennen konstruierte Modell U und stellte so nicht nur einen Rekord in der Traktoren-

Ein vorbildlich restaurierter Allis-Chalmers WC con 1940. Das Modell wurde von 1934 bis 1947 gebaut.

welt auf, sondern schuf auch den schnellsten Traktor der Welt! Er wurde 1933 zu einer Sensation, die man auf vielen Messen präsentierte, und 1937 hatten fast 50% aller verkauften Traktoren Gummireifen.

Als nächster kam das Modell WC. Dieser 1933 auf den Markt gebrachte Traktor sollte einer der größten Verkaufsschlager der Firma werden. Man konnte ihn wahlweise mit Stahlrädern oder Gummireifen erwerben. Letztere waren noch konkurrenzlos, und die „Technologie“ wurde laufend verfeinert. Der Traktor führte einen wassergekühlten Viertakt-Motor und hatte ein Vierganggetriebe, sodass er mit Gummireifen auf gut 14 km/h kam. Er war so beliebt, dass er bis in die späten 1940er-Jahre verkauft wurde (insgesamt etwa 178000 Stück).

In den 1930er-Jahren erweiterten zwei Modelle das Angebot: das Modell A war eigentlich ein Ersatz für den schweren 18-30, doch irgendwie überflüssig, nachdem sich Kombi-Erntemaschinen immer mehr durchsetzten. Besser gelungen war das Modell B

Dies ist das große Modell A. Angetrieben von einem 4-Zylinder-Benziner, ersetzte es das Modell E.

von 1937, ein ultraleichter Traktor in Modulbauweise mit Vierzylinder-Motor. Entworfen vom Industriedesigner Brooks Stevens, kostete er relativ wenig, sodass ihn sich auch viele kleinere Farmer leisten konnten. Er wurde bis 1957 hergestellt und man verkaufte insgesamt etwa 100000 Stück. Ihm folgte eine modernere Variante, das Modell C, welches sich ebenfalls gut verkaufte. Mittlerweile hatte Allis-Chalmers eine gewichtige Position auf dem Traktorenmarkt erobert.

Ein Blick vom Fahrersitz des Modell B. Dieses Fahrzeug von 1948 erzeugte an der Zugdeichsel 15,6 PS.

Der Vierzylinder-Motor (125,3 CI) des Modell B. Er besaß ein Schieberad-Getriebe.

Wie International Harvester beschloss auch Allis-Chalmers, ein Werk in Großbritannien zu bauen, und ab 1947 fertigte man in Totton bei Southampton das Modell B. Anfangs kamen die Teile aus den USA, dann teilweise aus lokaler Fertigung, später ausschließlich aus Essendine in Leicestershire. Der Traktor führte optional den Perkins-Diesel P3 mit Vierganggetriebe und Hydraulik. 1955 setzte jedoch der Ferguson TE 20 Standards: das Modell B konnte damit nicht mehr konkurrieren, und die Produktion wurde eingestellt. Nachfolgemodelle wurden der D270 und später der D272.

Ein Motor des Modell D270. Dieser Traktor war ein in Großbritannien gebautes „Update" des Modell B.

Das letzte Modell von Allis-Chalmers in Großbritannien war 1960 der ED40. Er führte einen Standard-Riccardo-Motor (2,3 l) mit Achtganggetriebe, getriebeunabhängiger Hydraulik und optionalem Zapfwellen-Nebenantrieb. 1963 führte man eine verbesserte Hydraulik („Depth-O-Matic") ein, und die Motorleistung erhöhte sich von 37 auf 41 PS. Unmittelbar vor dem Zweiten Weltkrieg präsentierte

Der Traktor „WF" von Allis-Chalmers, ein Benziner, wurde von 1930 bis 1958 gebaut.

man das Modell WF, eine Standardprofil-Variante des Hackfrucht-Traktors WC. Er führte den gleichen zuverlässigen Vierzylinder mit Wasserkühlung, aber leider erzwang die Materialknappheit im Kriegsverlauf die Einstellung der Produktion. Sie lief nach Kriegsende wieder an, und 1948 waren auch die

Der Modell G mit Heckmotor – ein ideales Modell für Kleinfarmer und Gartenbaubetriebe.

Dieses Plakat zeigt einen vollauf zufriedenen Bauern auf dem Modell GR, den man in Frankreich in Lizenz baute.

meisten Vorkriegs-Features (etwa elektrische Beleuchtung und Zündung) wieder erhältlich. Im gleichen Jahr kam das Modell G auf den Markt, das an die frühen Motorpflüge von Allis-Chalmers erinnerte. Es besaß praktisch keine Karosserie, und der Motor befand sich im Heck der Maschine, während der Fahrer vorn saß. Dieses Modell sollte jene Landwirte ansprechen, die sich nicht einmal einen einfachen Traktor leisten konnten, und es war ideal für Gartenbaubetriebe geeignet. Es führte einen kleinen Vierzylinder von Continental, da Allis-Chalmers keine so kleinen Typen fertigte.

1948 brachte die Firma auch den WD45 auf den Markt, der äußerlich dem WD ähnelte, aber mit dem Vierzylinder-Benziner „Power Crater" einen viel stärkeren Motor führte. 1954 wurde der WD45 mit dem Kupplungssystem „Snap Coupler" für Anhänggeräte angeboten. Unter dem Heck des Traktors montiert, war es eine Art Röhre, die den Zapfen des Anhängegeräts in den Schnappverschluss einführte. Der Fahrer fuhr einfach rückwärts auf den Anhängerzapfen zu, lauschte auf das Einrastgeräusch, befestigte die Hubgelenke und konnte aufs Feld fahren, ohne auch nur einmal absteigen zu müssen. Der WD45 war der erste Allis-Chalmers-Traktor mit Servolenkung, einem von Händlern und Bauern hoch geschätzten Vorzug. Das letzte Exemplar lief 1957 vom Band; bis dahin wurden 90 382 Stück mit Benzin- oder Dieselmotoren gefertigt.

Das Modell WC wurde vom WD abgelöst, der für sein Leistungssteuerungssystem mit zwei Kupplungen berühmt war.

Der WD45 führte einen starken 4-Zylinder-Benzinmotor des Typs „Power Crater".

Während die Produktion der Modelle B und G auslief, brachte Allis-Chalmers eine neue Baureihe auf den Markt – die D-Serie. Zuerst kamen der D14 und der D1, welche das Modell WD ersetzten und mit drei beziehungsweise fünf Pflugscharen ausgestattet waren. Der D17 gehörte zu den erfolgreichsten Traktoren der Firma und wurde bis ins Jahr 1967 hergestellt. Er besaß eine Power-Director-Handkupplung, Hinterräder mit Servolenkung, ein Zugverstärkungssystem und einen Diesel- oder LPG-Motor.
1959 gesellten sich zum D14 und D17 die Modelle D10 und der D12, die kleinsten der neuen Maschinen. Der D10 war ein Einfurchen-Traktor, der D12 hingegen für zwei Furchen ausgelegt. Beide führten einen Vierzylinder-Motor mit Wasserkühlung. Sie erhielten jedoch niemals Dieselmotoren, und ihr Verkauf gestaltete sich eher schleppend.
In den späten 1950er-Jahren wurde viel experimentiert, und Allis-Chalmers spielte auch mit dem Konzept eines Brennstoffzellen-Traktors. Dieser nutzte ein D12-Chassis mit 1008 Einzelzellen, deren Gasfüllung – vornehmlich Propan – Strom erzeugte, der durch einen Gleichstrom-Elektromotor (20 PS) von Allis-Chalmers geleitet wurde. Jede einzelne Brennstoffzelle erzeugte etwa 1 V Leistung, sodass die 1008 Einheiten zusammen auf etwa 15 kW kamen. Gestartet wurde der Traktor mit einem Schalter zur Linken des Fahrers (die vier Zellen-

Eine hübsche Reihe von D15-Traktoren. Sie führten den gleichen Motor wie der D13, jedoch mit höherer Kompressionsrate.

Hier sieht man den Vierzylinder-Benzinmotor (2273 cm³) des D10.

bänke konnten serienweise oder parallel miteinander verbunden werden, wodurch sich die Voltzahl des Motors änderte; sie arbeiteten also ähnlich wie eine Drossel). Für den Rückwärtsgang wurde die Fließrichtung des Stroms einfach mit einem kurbelartigen Handgriff umgekehrt.

Allis-Chalmers wies gleich darauf hin, dass dieser Traktor doppelt so effektiv wie seine Zeitgenossen arbeitete, seine Kraft ohne bewegliche Teile erzeugte, keine Abgase produzierte und überdies „mäuschenstill" lief. Leider war dem Modell – wie vielen ähnlichen Experimenten anderer Firmen – kein durchschlagender Erfolg beschieden.

Im folgenden Jahrzehnt versuchten zahlreiche Firmen, stärkere Traktoren zu produzieren, und Allis-Chalmers bildete da keine Ausnahme. Die hauseigenen Modelle hinkten der Konkurrenz hinterher, und so versuchte man, die Stärke der vorhandenen Motoren zu steigern. So wurde beispielsweise der D18 zum D19 (mit 17-PS-Benzinmotor) aufgerüstet, und es gab auch eine Variante mit Turbolader-Diesel – das erste Landwirtschaftsfahrzeug dieser Art. Diesen Maschinen folgte das erste 100-PS-Modell der Firma, der D21, welcher einen mächtigen Sechszylinder-Diesel mit Direkteinspritzung führte. Der Traktor war so stark, dass er nicht nur ein völlig neues Achtgang-Getriebe brauchte, sondern auch speziell entwickelte Geräte, z.B. einen Siebenscharpflug. Das Modell blieb sechs Jahre in Produktion und bekam schließlich einen Turbolader.

Der D21 war das Schlusslicht der Baureihe, und von Mitte bis Ende der 1960er baute man die neue 100er-Serie. Der 100 behielt das eher kantige Design des D21 bei und wurde vom One-Ninety abgelöst. Es gab nun Diesel-, Benzin- und LPG-Motoren. Nach seinen mächtigen Vorgängern mutete der One-Ninety etwas schwachbrüstig an, und so baute Allis-Chalmers einen Turbolader ein, worauf das Modell One-Ninety XT hieß. Der D17 wurde vom One-Seventy abgelöst, während der One-Eighty optional eine Fahrerkabine besaß. Beide ähnelten einander stark und profitierten von einer neuen Motorenfamilie (Vier- und Sechszylinder); eine Perkins-Diesel-Option gab es nur beim One-Seventy.

Einen Motor für den One-Sixty bezog man von Renault (Frankreich); bei Modellen mit kleineren Maschinen sprang Fiat (Italien) ein. Da bereits Beziehungen zu dieser Firma bestanden, fertigte Allis-Chalmers den 5040 mit einem Dreizylinder-Diesel von Fiat. Als größere Varianten folgten der 5045 und der 5050, die kurz darauf von der Baureihe 6000 abgelöst wurden; alle hatten Fiat-Motoren.

Der Allis-Chalmers One-Ninety war untermotorisiert. Der One-Ninety XT besaß einen Turbolader.

Allis unterhielt seit langem Beziehungen zum Fiat-Konzern. Der hier gezeigte 6080 verwendete Fiat-Komponenten.

Das Allis-Modell 6140 mit seinem Dreizylinder-Diesel von Toyosha.

Der 8030 war ein weiterer Großtraktor mit dem Sechszylinder-Turbodiesel von Allis-Chalmers.

Das Modell 8050 war leicht an seinem rückwärts geneigten Kühlergitter zu erkennen.

Anfang der 1970er-Jahre kamen die großen Power-Squadron-Modelle auf den Markt, die 7-l-Diesel von Allis-Chalmers führten. Diese erzeugten mit Turbolader 130 und mit Turbo-Zwischenkühler 156 PS. Es folgte die schwächer motorisierte Baureihe 7000 mit dem Allradantrieb-Modell 7080, das wiederum der größere 8550 ablöste.

Anfang der 1980er-Jahre verschlimmerte sich die wirtschaftliche Lage der Firma. Die Absätze in den USA und in Europa gingen drastisch zurück. Die Baureihe 7000 wurde 1982 durch die 8000-Serie ersetzt. Letztere war an ihren geneigten Kühlerhauben zu erkennen. Unterdessen traten am oberen Ende der Skala die Modelle 4W220 und 4W305 an die Stelle des „Supertraktors" 8550.

Die letzten US-Traktoren mit dem Logo von Allis-Chalmers wurden 1985 gefertigt; im gleichen Jahr verkaufte man die Landmaschinensparte an die deutsche K. H. Deutz AG. Diese war stärker am Absatz von Traktoren in den USA interessiert als an der Produktion vor Ort. Die verbliebenen Maschinen erhielten die Bezeichnung Deutz-Allis, aber dieser Unternehmenszweig wurde vom eigenen US-Management erworben. Der Name Allis überlebte unter der AGCO-Flagge noch bis ins 3. Jahrtausend, doch die Firma selbst gab es nicht mehr.

Austin

1919–1931

Der Firma Austin gehörten Werke in Großbritannien und Frankreich. Ihr englischer Zweig saß in Birmingham: sein erstes Modell kam 1919 heraus. Dieser mit Benzin- oder Benzin/Paraffin-Motor lieferbare Traktor hatte eine Vierzylinder-Maschine, die maximal 27 PS leistete. Die Weltwirtschaftskrise traf Austin schwer: die Produktion in Birmingham setzte Mitte der 1920er-Jahre aus, während sie in Frankreich weiterlief. Neben anderen Verbesserungen hatte der französische Traktor ein Getriebe mit drei Gängen (der britische nur zwei). 1930 kam die französische Variante auch in Großbritannien heraus, aber ohne großen Erfolg. Im folgenden Jahr lief die Produktion dort endgültig aus, kurze Zeit später auch in Frankreich.

Der in Birmingham gebaute Austin-Traktor war beliebter und verkaufte sich in Frankreich besser.

Avery

1874–1931

Die Brüder Robert und Cyrus Avery gründeten 1874 eine Firma zur Herstellung von Sämaschinen und Kultivatoren. 1891 siedelten sie nach Peoria (Illinois) über und begannen dort Dampftraktoren zu produzieren. Als erstes Modell entstand 1909 der Traktor „Farm and City". Dieser ähnelte eher einem Lkw als einem Traktor und war für die Straße und für die Farmarbeit gedacht.
Im nächsten Jahr brachte die Firma Avery (nicht zu verwechseln mit der Firma B. F. Avery & Sons aus Clarkesville in Virginia) zwar eine weniger unkonventionelle Konstruktion heraus, doch wirklich erfolgreich wurde erst der 20-35 aus dem Jahr 1911. Diesem folgte 1912 der 12-25. Der 9,9 t schwere Traktor 40-80 kam 1913 heraus, und 1914 folgten wieder zwei neue Modelle, der kleine 8-16 und der erfolgreiche 25-50. Sie führten Zwei- und Vierzylinder-Motoren, und am 25-50 gab es ein bemerkenswertes Gangschaltungssystem, bei dem der Motor auf einem Rahmen nach vorn oder hinten glitt, um in den gewünschten Vor- oder Rückwärtsgang zu schalten.

Der riesige Avery 40-80, der größte Traktor dieser Firma, wog rund 10 t.

Die 1920er-Jahre waren für die Firma schwer. Obwohl Avery zweimal kurzfristig wieder auflebte und den „Ro-Track" mit zwei Pflügen herausbrachte, fiel die Firma schließlich doch der Weltwirtschaftskrise zum Opfer.

B

B. F. Avery & Sons

1825–1950er-Jahre

B.F. Avery & Sons wurde von Benjamin Franklin Avery 1825 als Pflugfabrik gegründet. 1854 zog das Unternehmen von Clarkesville (Virginia) nach Louisville (Kentucky) um. Avery-Pflüge wurden weithin exportiert, und um 1900 war das Unternehmen der größte Pflugproduzent der Welt.
Den ersten Motortraktor fertigte Avery 1915 mit dem Louisville Motor Plow. Dieser wurde aber nur kurze Zeit gebaut, da sich die Firma bald auf Anhängegeräte konzentrierte.

Die Traktoren von B. F. Avery wurden schließlich an Minneapolis Moline verkauft.

1941 verkaufte Cletrac die Herstellungsrechte für das Modell GG an B. F. Avery – eine weise Entscheidung, produzierte Avery doch bereits sämtliche Anhängegeräte. Nach der Übernahme durch B.F. Avery nannte man das Modell jedoch „A". Der Avery A war rot mit gelber Kühlerhaube. Er führte Hercules-Flachkopf-Vierzylinder, die vom IXK3 zum IXB3 stärker wurden. Die Firma fertigte auch andere Traktoren, u.a. die Modelle V und R. Anfang der 1950er-Jahre gingen die Herstellungsrechte für ihre Produkte an Minneapolis Moline.

Belarus

1946–heute

BELARUS®
P/A MINSK TRACTOR WORKS

Am 29. Mai 1946 wurde die Produktionsgenossenschaft Traktorenwerke Minsk (P/A MTW), das wichtigste Traktorenwerk der früheren Sowjetrepublik Belarus (Weißrussland) wurde am gegründet. Das Unternehmen entsprach exakt planwirtschaftlichen Leitlinien und umfasste eine Spezialwerkzeug- und Werkzeugmaschinen-Sparte, das Traktoren-Ersatzteilwerk Witebsk, das Traktoren(teile-)werk Bobruisk und das „Spezial-Ingenieurbüro für vielseitige Feldtraktoren“! Es entwickelte sich zu einem der weltweit größten Landmaschinenproduzenten mit fast 20000 Beschäftigten und fertigte über 3 Mio. Traktoren, von denen etwa 500000 in mehr als 100 verschiedene Länder exportiert wurden.

Die Produktion begann mit dem Kettenfahrzeug KD-35. Ihm folgten 1953 die MTZ-2-Traktoren mit Luftdruckreifen und später der seltsame Raupenschlepper KT-12. 1958 hatte MTW bereits 100000 Fahrzeuge hergestellt. Die Fertigung des Mehrzweck-Radtraktors MTZ-50 lief 1961 an, und kurz danach erschien der MTZ-52. 1974 begann MTW mit der Massenproduktion des noch stärkeren Modells MTZ-80, das zum meistverkauften Traktor der Welt werden sollte.

1978 begann MTW mit der Entwicklung und Produktion von Kleintraktoren und „Motorblöcken“ (d.h. handgeführten Traktoren) wie dem MTZ-05, MTZ-06, MTZ-08BS und MTZ-12; hinzu kam der MTZ-82, ein Vierrad-Kleintraktor mit 12-PS-Motor. Das Unternehmen verbesserte seine Produkte laufend, und 1984 erschien der MTZ-102 (100 PS).

Im März 1903 lief der zweimillionste Traktor vom

In den späten 1980ern kam der 401M heraus, ein Traktor, der zahlreiche Aufgaben erledigen konnte.

Diese beiden Werbeplakate von Belarus zeigen neben älteren auch neue Modelle.

Die neue Generation der Belarus-Traktoren sieht gut aus und deckt ein breites Spektrum ab.

Der 952.3 mit seiner rundlichen Karosserie und der sehr geräumigen Kabine lässt sich bequem fahren.

Band, und im folgenden Jahr gab es die ersten Exemplare des 150-PS-Modells MTZ-142. Ferner entstanden diverse Varianten des MTZ-220 mit 220-PS-Motor, die in die Massenproduktion gingen.
Ebenso lebhaft ging es in den 1990er-Jahren zu. 1994 begann MTW mit der Fertigung des MTZ-1221 (130 PS), und 1995 waren schließlich insgesamt 3 Mio. Traktoren vom Band gerollt. 1999 präsentierte man eine neue Entwicklung, den Mehrzweck-Traktor MTZ-2522 (250 PS). Das Kettenfahrzeug Belarus 1802 wurde sehr rasch entwickelt, um es rechtzeitig zum MTW-Jubiläum im Jahre 2000 präsentieren zu können.
Heute können die Kunden zwischen 62 Fahrzeugtypen und mehr als 100 Varianten für alle Klimazonen und Arbeitsfelder wählen. Neue Modelle eröffnen die Möglichkeit, Landmaschinen anderer Hersteller anzukoppeln, und alle lieferbaren Traktoren besitzen internationale Zertifikate, die ihre Übereinstimmung mit den EU-Standards bescheinigen.

Big Bud

1961–1992

Die Big Bud Tractors Inc. wurde 1961 in Havre (Montana) gegründet. 1969 entstand als Tochterfirma die Northern Manufacturing Company, welche das Ziel verfolgte, den Bedarf an ausgefeilten, leistungsstarken Vierrad-Traktoren für schwerste Aufgaben zu decken.
Der ursprüngliche Entwurf des Big Bud wurde um mehrere Neuerungen bereichert, z.B. eine patentierte Kippkabine und -motorhaube (leichterer Zugang zu Motor, Getriebe und Hydraulik) sowie ein einfaches Schlittensystem zum Motorwechsel. Zur Qualität trugen auch die einfache Wartung und der leichte Zugang zu den Wartungspunkten bei.
1974 kamen Modelle mit 300 und 350 PS auf den Markt, die fast ausnahmslos nach Montana gingen. Man verfolgte jedoch ehrgeizigere Ziele, und nachdem man mit Northern Manufacturing ein zweites Werk erworben hatte, wurden die Traktoren 1977 auch in Kalifornien, Hawaii und anderen US-Staaten sowie in Kanada, Australien und Iran verkauft.
1978 baute Northern Manufacturing den „Biggest Big Bud" aller Zeiten, den 16v-747. Angetrieben wurde er von einem Sechzehnzylinder-Detroit-Diesel mit Powershift-Getriebe vom Typ Twin Disc.
Die frühen 1980er waren für viele Firmen schwere Jahre, und auch Big Bud hatte darunter zu leiden. 1985 kauften die Gebrüder Meissner aus Chester (Montana) die Aktiva von Northern Manufacturing,

Der Big Bud 525, ein Ungetüm von Traktor, bewährt sich erst auf sehr großen Farmen richtig.

Der Motor des Big Bud 525, ein Sechszylinder-Diesel mit 250 PS und Neungang-Getriebe.

Big Bud Tractors Inc. und Big Bud Industries Inc. Obwohl sie mit dem 740 einen weiteren großen Big Bud bauten, der einen Dieselmotor (Komatsu 740) führte und ebenfalls eine Zweischeiben-Kupplung besaß, waren die Tage dieser sehr eigenartigen Marke gezählt. Der letzte Big Bud rollte im Jahre 1992 vom Band.

Als der Big Bud 1968 auf den Markt kam, galt er als größter Traktor der Welt.

Big Bull

1913–1920

1913 stellte die Bull Tractor Company aus Minneapolis den Prototyp eines Modells vor, das 1914 in Serie ging. Es war ein „Dreirad“ mit Zweizylinder-Boxermotor (12 PS), das die Firma „Little Bull“ taufte. Dieser Traktor arbeitete jedoch ziemlich unzuverlässig, sodass man sich an ein neues Modell machte. Der Big Bull von 1916 führte ebenfalls einen Zweizylinder-Boxermotor (25 PS) und besaß wie der Little Bull nur ein rechts angeordnetes Vorderrad. Der Antrieb erfolgte zunächst über eines der Hinterräder, wirkte aber später auf beide ein. Der Erfolg dieses Traktors erregte die Aufmerksamkeit der Massey-Harris Company: sie bot an, das Modell in Kanada zu vermarkten. Bull sah sich jedoch außerstande, die gewünschten Stückzahlen zu liefern, und so wurde das Abkommen gekündigt. 1917 besiegelte die Einführung des Fordson das Schicksal der Bull Tractor Company.

Nach Entfernen der Motorhaube erkennt man den Vierzylinder-Motor des Bull Pull 45-90.

B. M. B President

1950–1956

Der B.M.B. President war der größte Traktor seiner Klasse und wurde zwischen 1950 und 1956 von der Firma Brockhouse Engineering in Southport (Großbritannien) gebaut. Er führte einen Vierzylinder-Motor mit Seitenventilen vom Typ Morris 8, der im Wesentlichen dem entsprach, der bis ins Jahr 1952 in den Morris Minor eingebaut worden war.
Brockhouse Engineering fertigte auch die zweirädrigen Gartentraktoren B.M.B Cult-Mate, Hoe-Mate, und Plow-Mate. Sie führten JAP-Motoren und wur-

Dieses Modell war das größte der Firma und führte einen Vierzylinder-Pkw-Motor von Morris.

den anfangs bei der Firma British Motor Boats (London) gebaut.
1954 stellte man eine Winzer-Version des B.M.B. President vor, doch die Firma kränkelte damals bereits. Die Produktion lief 1956 aus.
Eine jüngere Variante des B.M.B. President, die man bei H.J. Stockton (London) fertigte, wurde 1957 auf der Smithfield Show präsentiert.

Bolinder-Munktell

1932–1950

Die Firmen Bolinder und Munktell hatten bereits vor ihrer Fusion im Jahre 1932 eine gemeinsame Geschichte. Munktell, 1832 gegründet, war ein schwedisches Traditionsunternehmen, das Lokomotiven und mobile Dampfmaschinen baute. 1913 ging man zur Produktion von Traktoren mit Verbrennungsmotoren über. Viele davon lieferte die Firma Bolinder, die seit 1893 auf diesem Gebiet tätig war.
Der erste Bolinder-Munktell, der 25 mit einem Zweizylinder Motor, wurde 1934 gebaut.
Im Zweiten Weltkrieg rüstete man in Schweden viele Traktoren auf Holzgasbetrieb um, da Öl damals knapp war.
1950 fusionierten Volvo und Bolinder-Munktell, und man präsentierte den ersten Viertakter-Diesel, einen Dreizylinder. Diesen Motor erhielten die Modelle 35

Munktell war ein schwedischer Traditionskonzern, der Bolinder-Motoren verwendete.

Diese Maschinen führten Glühkopfmotoren. Wenn der Kopf mit einem Lötbrenner erhitzt wurde, zündete der Motor.

Ungewöhnlich für einen Traktor: das verchromte Kühlergitter lässt eher an einen Pkw denken.

und 36. In den 1950er-Jahren wurden die Traktoren modernisiert, und man führte neue Zwei- und Vierzylinder-Diesel ein.
1959 kam mit dem T350 Boxer ein neuer Traktor heraus. Er besaß zehn Vorwärts- und zwei Rückwärtsgänge, selbstständigen Zapfwellen-Nebenantrieb und eine Differentialsperre. Sein großer Bruder war der T470 Bison. Der Dreizylinder-Perkins des kleineren Modells T320 Buster erzeugte 40 PS.
1966 begann Volvo mit dem Einbau eigener Motoren, und das Design des neuen T800 und T600 verriet deutlich US-Einfluss. Der T810 und der T814 zählten zu den ersten Traktoren mit einem Turbo-Motor, dem Sechszylinder Volvo D50. 1970 kündigte man einen neuen Vierzylinder-Diesel an, den mittleren T650.
1973 änderte die zwischenzeitig in Bolinder-Munktell-Volvo umbenannte Firma ihren Namen abermals, worauf Volvo am Anfang stand. Nun gehörte Bolinder-Munktell wirklich zum Volvo-Konzern.

Seit 1970 gehört Bolinder-Munktell zum Volvo-Konzern, daher die Volvo-Plakette. Hier sieht man den Turbo T650.

Bristol

1930er–1970er-Jahre

Die englische Firma Bristol baute Kleinraupenschlepper. Entworfen wurden jene vor allem von Walter Hill, der im Traktorendesign einen Namen hatte. Konzipiert für Kleinfarmen und Gartenbaubetriebe, fertigte man diese Raupenschlepper bei Douglas Motorcycles, die auch die Zweizylinder-Boxermotoren lieferten.

Der Raupenschlepper Bristol 20. Die ersten Modelle führten z.T. sogar noch Douglas-Motorradmotoren.

1933 verlegte Walter Hill die Produktion von Bristol nach Jowett Cars (Yorkshire). Hier rüstete man die Traktoren mit Zwei- und Vierzylinder-Benzinern von Jowett aus (optional gab es auch Diesel des Typs Victor Cub). Nach dem Zweiten Weltkrieg wurden Austin-Benzinmotoren und Dreizylinder von Perkins verwendet. Die neue Baureihe „D" kam 1960 heraus, doch der Raupentraktor Power Diesel (PD) führte weiterhin den Perkins P3. Kurz darauf übernahm die Marshall Company, die ebenfalls Traktoren baute, in Bristol die Regie. Das letzte Bristol-Modell, der Track Marshall 1100, wurde Anfang der 1970er gefertigt.

Bührer

1929–1978

Die Schweizer Traktorenfirma Bührer hatte ihren Sitz in Hinwil bei Zürich. Den ersten Traktor baute sie 1930, ein Jahr nach dem Produktionsbeginn mobiler Mähmaschinen. Diese Modelle führten zuerst Benzinmotoren, doch ab 1941 begann man Diesel einzubauen. Obwohl das Unternehmen eigene Vierzylinder (4,33 l) verwendete, kaufte es u.a. auch den Sechszylinder von Chevrolet hinzu. Als Getriebe baute man ab 1954 solche mit drei Gängen ein, doch das änderte sich 1964, als das Unternehmen das 15-Gang-Getriebe „Tractospeed" mit Shift-on-the-move (Schaltung zwischen All- und Zweiradantrieb) übernahm.

Ein Bührer-Traktor vom Typ 455 im Einsatz. Heute restauriert und betreut die Firma noch vorhandene Fahrzeuge.

Die 1970er waren dann für Bührer eine schwere Zeit. Steigende Unkosten und schleppender Absatz erzwangen 1978 die Einstellung der Produktion. Die Firma leistete aber weiterhin Service und lieferte eigene Ersatzteile.

Bukh

1956–1968

Die dänische Firma Bukh ist ein Traditionsunternehmen, das hochwertige Dieselmotoren für Hochseeschiffe herstellt. Sie war aber auch zwölf Jahre im Traktorenbau sehr aktiv. Ihr erstes Modell war der DZ30, der 1956 auf den Markt kam. Er führte einen Zweizylinder-Motor (2 l), der 30 PS erzeugte. Sein Nachfolger, der DZ45, war mit einem Dreizylinder-Motor von 45 PS deutlich stärker. Zwischen 1961 und 1962 produzierte das Unternehmen die Traktoren D40, D45 und 452, und in den Jahren 1962 bis 1966 kamen die Modelle 302, 403, 554 und 452 heraus. 1967 präsentierte Bukh den Vierzylinder-Motor Juno, den Fünfzylinder Jupiter und den mächtigen Sechszylinder Herkules. 1968 stellte man den Traktorenbau ein.

Die besser für ihre Dieselmotoren bekannte Firma Bukh baute auch Traktoren: dieses Plakat zeigt ihr Modell 554.

Bungartz

1934–1974

Die Münchner Firma Bungartz & Co. baute ihre ersten Traktoren in den 1930er-Jahren. Es waren handgeführte Modelle mit DKW-, Ilo- oder Bungartz-Motoren. Nach dem Krieg ersetzte man das Modell F90 durch den Traktor U1. Nachfolger des U1 wurde der 1953 präsentierte L5: er führte einen Zweitakter von Sachs oder einen Viertakt-Diesel von Hatz. Der kleinere H3, der F55 FR, der mittlere FK und sogar Vierrad-Traktoren wie der T3 und T5 besaßen wahlweise Benzin- oder Paraffinmotoren.

Ein gutes Beispiel für deutsche Nachkriegstraktoren. Bungartz verwendete unterschiedliche Dieselmotoren.

1958 bezog die Firma ein neues Werk. Sieben Jahre später beschlossen Bungartz und Karl Peschke, gemeinsam Traktoren zu produzieren. Neue Modelle wie der T8DA und der T9 ließen 1969 zum besten Geschäftsjahr der Firma werden. Als letztes Fahrzeug fertigte man den Kommutrac, bevor das Unternehmen schließlich im Jahr 1974 von Gutbrod übernommen wurde.

C

Case

1842–heute

1842 gründete Jerome Increase Case die J. I. Case Company, die bald als erster Hersteller einer speziell für die Landwirtschaft konstruierten Dampfmaschine Anerkennung fand. Während seiner Zeit als Geschäftsführer baute die Firma Case mehr Dresch- und Dampfmaschinen als jeder andere Produzent aller Länder und Zeiten.
Case war nicht nur ein begabter Erfinder und Produzent, sondern interessierte sich auch für Politik und Finanzwesen. Er amtierte dreimal als Bürgermeister von Racine (Wisconsin) und war zweimal Senator für den Bezirk Racine, ferner Präsident der Manufacturer's National Bank von Racine und Gründer der First National Bank von Burlington (Wisconsin). Case stiftete überdies die Wisconsin Academy of Science, Arts and Letters. Er amtierte auch als Präsident der Racine County Agricultural Society und der Wisconsin Agricultural Society.

Oben: Das Case-Logo mit dem Adler auf der Weltkugel.
Unten: Jerome Increase Case.

Größere öffentliche Aufmerksamkeit erregte der in Unternehmerkreisen als „Dreschmaschinenkönig" bekannte Case jedoch als Eigentümer des schwarzen Rennwallachs „Jay-Eye-See", der bis heute als ungeschlagener Traberweltmeister gilt.
„Vater, schau dir das an!" – mit diesen oder ähnlichen Worten wurde ein großes Industrieimperium geboren. Der junge Jerome Increase Case wies damit seinen Vater Caleb auf einen Artikel im „Genesee Farmer" hin, wo von einer neuen Maschine zum Dreschen von Weizen die Rede war. – Seit biblischen Zeiten wurde Weizen mit der Sichel geschnitten und von Hand zu Garben gebunden, wonach man das Korn durch Worfeln von der Spreu trennte. Das war echte Knochenarbeit – ein Mann schaffte pro Tag nur 6-7 Scheffel.
Arbeitskräfte waren in den USA um 1800 knapp. 1820 – ein Jahr nach Jeromes Geburt – betrug die Bevölkerung (ohne Sklaven) nur etwa 5,5 Mio. Je weiter man nach Westen reiste, desto dünner wurde sie. Im Grenzgebiet konnten die Farmer allenfalls mit ihren Angehörigen rechnen (mit ein Grund für die Größe der damaligen Familien).
Case wurde in eine Schlüsselperiode der US-Landwirtschaft hineingeboren. Zu seiner Zeit verbanden sich industrielle Revolution und territoriale Expansion, um die USA zu einer der mächtigsten Nationen der Erde zu machen. Case sollte dabei eine Rolle spielen – gemeinsam mit Cyrus McCormick, Major Leonard Andrus, Eli Whitney und anderen, welche die Früchte der industriellen Revolution zum Umbau der Landwirtschaft nutzten. Indem sie den Landbau technisierten, steigerten diese Männer die Produktion derart, dass die USA zum „Brotkorb der Menschheit" wurden.
1842 brachte Case aus Williamstown (New York) eine primitive Dreschmaschine vom Typ „Ground Hog" nach Rochester (Wisconsin). Er überarbeitete sie, verbesserte die Konstruktion und gründete eine eigene Firma. Nur ein Jahr später zog er nach Racine (Wisconsin) am Ufer des Michigan-Sees. Er wählte diesen Standort, weil seine Fabrik Wasserkraft brauchte; dort verbesserte er die alte Maschine weiter und entwarf bzw. baute neue.
Bei Ausbruch des Sezessionskrieges war die Zahl der auf Farmen eingesetzten Getreide- und Grasmähmaschinen von 90000 auf 250000 angestiegen. Der Krieg förderte die Mechanisierung gewaltig.
1863 gründete Case mit drei Partnern – Massena

Diese sehr frühe Case-Dampfmaschine diente den Farmern zum Antrieb von Dreschmaschinen.

Erskine, Robert Baker und Stephen Bull – die J. I. Case Company. Diese Männer wurden bald als die „Großen Vier" bekannt. Zwei Jahre später übernahm man den Adler als Warenzeichen. Er basierte auf „Old Abe", dem Emblem der C-Kompanie des 8. Wisconsin-Regiments im Bürgerkrieg. Ab 1894 thronte der Adler auf einer Weltkugel, und in dieser Form diente er der Firma 75 Jahre als Logo.

1869 kam mit Old No. 1 die erste Case-Dampfmaschine heraus. Obwohl sie von Anfang an auf Rädern montiert war, musste sie von Pferden gezogen werden und trieb lediglich die Riemen anderer Maschinen an. Bis zum Boom der Dampfkraft sollten noch 15 Jahre vergehen.

1876 erschien die erste Case-Zugmaschine. 1878 verdoppelte Case seinen Dampfmaschinen-Umsatz auf 220 Stück. Damals gingen die ersten 3 Dreschmaschinen nach Übersee, und noch vor ihrem ersten Einsatz gewann Cases Maschine auf der Pariser Weltausstellung eine Goldmedaille. Zwei Jahre später trennten sich die Teilhaber von J. I. Case & Company, und so entstand die J. I. Case Threshing Machine Company. 1886 war Case zum weltgrößten Hersteller von Dampfmaschinen geworden, und 1890 eröffnete die Firma in Buenos Aires ihr erstes Zweigbüro.

Jerome Increase Case starb am 22. 12. 1891, und die Stadt Racine trauerte um einen Pionier der US-Industrie. Einer seiner Partner, Stephen Bull, übernahm den Vorsitz des Unternehmens. Im gleichen Jahr stellte die Firma William Paterson ein, um einen neuartigen Verbrennungsmotor für Traktoren zu entwickeln. Patersons Konzeption war ungewöhnlich: sein Motor besaß zwei Kolben, die im gleichen Zylinder arbeiteten und auf komplexe Weise miteinander und mit der Kurbelwelle verbunden waren. Die Unzuverlässigkeit der Maschine war jedoch für das Unternehmen nicht tragbar: so gab man das Projekt auf und kehrte zur Dampfkraft zurück. Erst nach längerer Zeit wandte sich Case erneut dem Benzin-Traktor zu. Einige andere Firmen produzierten inzwischen eigene Modelle.

1904 stellte Case seinen ersten Ganzstahl-Traktor vor, und trotz harscher Kritiken folgten auch andere diesem Trend. Nichtsdestotrotz produzierte man in diesem Jahr mehr Dampf- und Dreschmaschinen als die Konkurrenz.

1910 führte die Benzintraktorensparte dem Case-Vorstand einen Prototyp vor, der akzeptiert und zur Produktion bestimmt wurde. Gegen Ende des Folgejahres kam dann der Traktor Case 30-60 heraus. Seine Konzeption erinnert an jene der Dampftraktoren, er war groß und schwer. Als Antrieb diente ein konventioneller Zweizylinder-Motor, der den riesigen Apparat hervorragend bewältigte. Schon nach kurzer Zeit präsentierte man das kleinere Modell 20-40. Es führte einen Zweizylinder-Boxermotor und blieb acht Jahre in Produktion.

Kleine Traktoren lagen nun im Trend, und 1913 brachte Case den 12-25 heraus. Dieser war indes immer noch recht schwer und verstaubte fünf Jahre im Lager. Damals baute man bei Racine die (zeitweilig als Clausen Plant bekannten) Case Tractor Works, um dort mehrere Größenklassen von (ebenfalls quergelagerten) Vierzylinder-Benzinern für Traktoren zu fertigen.

Diese quergelagerten Motoren waren eine Entwicklung, die auf den Erwerb der Pierce Motor Company (nicht zu verwechseln mit Pierce Arrow) zurückging. Case studierte die Vierzylinder-Motoren von Pierce genau und konstruierte sie so um, dass man sie quer in den Traktor 10-20 von 1916 einbauen konnte. Dieser hatte Wasserkühlung und war ein Dreirad. Der folgende 9-18 jedoch besaß vier Räder

Das Modell Case 12-25 war für die Firma der erste Schritt in Richtung Kleintraktorenproduktion.

und ein Chassis aus Stahl. Der „Cross-Motor" – wie man ihn bald nannte – wurde im Laufe der Jahre noch vielfach verbessert und vergrößert. So wurde z.B. der 1919 präsentierte 22-40 mit seinem gewaltigen Hubraum der stärkste Traktor, den die Firma bis dahin gebaut hatte. Diese Maschinen waren zwar teuer, konnten aber mit ihrer Kraft auch Case-Dreschmaschinen ziehen und amortisierten sich dank ihrer Leistungsfähigkeit hervorragend. Der größte jemals gebaute Cross-Motor war der 40-72 von 1920.

Ein gutes Beispiel für den von Case produzierten Vierzylinder-Motor.

Während des Ersten Weltkriegs entstand ein erhöhter Bedarf an arbeitssparenden Traktorentypen, der seinerseits den Absatz vieler Firmen ankurbelte. Mitte der 1920er-Jahre geriet Case jedoch ins Trudeln, und im Kampf gegen die Konkurrenz benötigte man neue Produkte. Der Mann, der das klar erkannte, kam von John Deere und wurde 1924 Präsident der Firma: Leon R. Calusen schloss als erstes die Autosparte und stellte die Produktion der veralteten Dampfmaschinen ein. Dann beauftragte er D.P. Davies, ein Nachfolgemodell für die Cross-Motoren zu entwerfen.

1929 kam eine neue Traktorenreihe auf den Markt, die mit dem Modell L begann. Hier sieht man das 8,2-l-Fahrzeug.

Das Case-Modell CC (hier eines von 1936) kam bereits 1929 auf den Markt. Die Modelle C und CC wurden bis 1939 gebaut.

Hier sieht man die Hackfrucht-Version des Modells R, die RC hieß. Es kam 1935 auf den Markt.

Im Rahmen der neuen Traktorenreihe präsentierte Case 1939 das Vierzylinder-Modell D im neuen Flambeaurot.

Das Modell S wurde ab 1940 gebaut; es ähnelte dem Modell D, war jedoch kleiner.

1953 brachte Case den ersten Dieseltraktor heraus. Der 500 war ein Sechszylinder-Modell.

Hier sieht man den Case 400, der die D-Serie ablöste. Das Modell wurde 1955 als Benzin- und Dieselversion angekündigt.

Die neue 300er-Serie kam 1955 auf den Markt und war mit Vierzylinder-Motoren von Case oder Continental zu haben.

Spitzenmodell der Firma war 1957 die 600er-Serie mit Achtganggetriebe. Man beachte das Heckemblem (Adler und Weltkugel).

1929 kamen zwei neue Traktoren heraus, die Modelle L und C. Beide führten Vierzylinder-Motoren, die nun allerdings der Länge nach montiert wurden. Sie wirkten alles in allem recht konventionell – genau das, was Case im Konkurrenzkampf brauchte. Sowohl der Modell L als auch der kleinere C besaßen ein Dreigang-Getriebe mit Kettenabtrieb. Das Modell L und seine Abarten waren so erfolgreich, dass man sie bis nach 1960 herstellte.

1932 baute Case nach langwierigen internen Debatten den kleinen RC-Traktor. Clausen war nicht gerade darauf versessen, da er darin einen Konkurrenten für die Modelle L und C sah. Der RC führte einen zugekauften Waukesha-Motor (Case produzierte keine derart kleinen), der nur mit Benzin lief.

1937 erwarb man das Werk der Plow Company in Rock Island (Illinois) und 1939 wurde Flambeaurot zur Kennfarbe der Case-Produkte. Gleichzeitig kam eine neue Traktorenflotte auf den Markt, darunter auch das Modell D: dieses war im Grunde ein aufpolierter C mit Zugaben wie einem mechanischen Motorhub zum leichteren Ankoppeln von Anhängergeräten, Scheibenbremsen und Zapfwelle (Kraftübertragung). Seine Produktion lief 1953 aus. Den RC ersetzte das Modell S, ein Allzweck-Traktor mit zwei Pflügen. Anders als der D besaß er ein Vierganggetriebe und war in mehreren Varianten zu haben: S, SC, SO und SI (je nach den vorgesehenen Aufgaben). Ein weiteres neues Modell war der V – vermeintlich ein Leichtgewicht, in Wirklichkeit aber schwerer und stärker als seine Konkurrenten.

Im Zweiten Weltkrieg lieferte Case Rüstungsgüter aller Art. Die Firma produzierte Hunderttausende von 155-mm-Granaten und 40-mm-Flakgeschossen, aber auch Tragflächen für den Bomber B-26 und Kühlaggregate für Flugzeugmotoren von Rolls Royce.

Nach dem Krieg nahm man die Produktion der Vorkriegsmodelle wieder auf, obwohl mittlerweile der VA mit der neuartigen Einschnapp-Anhängerkupplung „Eagle“ das Modell V abgelöst hatte. Viele andere Hersteller bauten bereits Diesel ein, als Case jene endlich beim Modell 500 einführte. Dies war kein völlig neuer Typ (viele Komponenten stammten vom Modell L), aber es führte den neuen Sechszylinder-Motor – eine starke, langlebige Konstruktion, die den Farmern bis in die 1950er wertvolle Dienste leistete.

1956 trat mit Mark Rojtman bei Case ein neuer Präsident an; damals erwarb die Firma die American Tractor Company. Die gängigen Modelle machten bereits eine Modernisierung durch, und 1955 brachte man den 400 mit neuem Farbschema heraus (Karosserie Desert Sunset-orange, Chassis in Flam-

Der Case 930 von 1960 führte einen wassergekühlten Sechszylinder-Motor. Es gab ihn mit der Fahrerplattform „Comfort King".

Diese Werbung für die 56er-Serie aus den 1980ern zeigt deutlich das neue Logo der Firma.

Für große Farmen war der mächtige Chase 4894 mit seinem 300-PS-Motor der ideale Traktor.

beaurot. Er führte eine Vierzylinder-Version des Sechszylinders aus dem 500 und konnte mit Benzin, Diesel oder LPG betrieben werden. Es gab außerdem ein neues Achtganggetriebe. 1956 kam das neue Modell 300 für Kleinfarmer auf den Markt. Inzwischen wurde aus dem 500 der 600 mit einem neuen Sechsganggetriebe.

Der Erneuerungsprozess war bei Rojtmans Eintritt bereits im Gange, doch 1958 lud dieser alle Case-Händler zum Begutachten und Testen der neuesten Produkte nach Phoenix ein – ein völlig neuer Schachzug. Diese Investition sollte sich durch die anschließend eingehenden Aufträge mehrfach amortisieren. Die wichtigste Neuerung an den damals präsentierten Modellen war das Lenksystem Case-o-Matic. 1964 kam der 1200 Traction King mit Allradantrieb und Turbolader-Diesel auf den Markt. Er war für landwirtschaftliche Großbetriebe gedacht.

Kurz nach 1960 änderte sich die Lage: Mark Rojtman schied nach einem Streit im Vorstand aus, und 1967 wurde die Firma von der Tenneco Inc. aus Houston (Texas) übernommen. Das gab ihr finanzielle Sicherheit und erlaubte es, weiterhin auf den zahlreichen Sektoren zu produzieren. Mit dem Besitzerwechsel gingen organisatorische Änderungen einher, und auch „Old Abe" musste dem fettgedruckten „CASE"-Logo weichen.

In den 1960er-Jahren änderte Case dann auch die Typenbezeichnungen: Allen Modellen addierte man die Ziffern „30" – aus 900 wurde also 930 usw. Der Sechszylinder-Diesel war mittlerweile veraltet und im Vergleich mit der Konkurrenz untermotorisiert. Wie bei vielen anderen Traktorenbauern zählte jetzt vor allem Kraft. Als Antwort führte Case das Modell 1030 King Comfort ein, dessen wassergekühlter Sechszylinder 102 PS erzeugte. Später kam auch noch eine Turbolader-Version hinzu.

Als sich die 1960er-Jahre ihrem Ende zuneigten, kamen neue Modelle der 70er-Serie auf den Markt, so 1969 der 470 und der 570. In diesem Jahr führte man auch die Baureihe Agri-King mit geschlossenen Kabinen ein; zu ihr gehörte der Traktor Modell 1470 mit Allradantrieb, der größte jemals bei Case gebaute Typ. 1970 entwickelte man eine Familie von Vier- und Sechszylinder-Reihendieseln mit offener Nebenkammer, die 67 bis 180 PS erzeugten. Case begann außerdem, Motoren und Hydraulikkomponenten auch an andere Unternehmen zu verkaufen, und so wurde 1972 zu einem der erfolgreichsten Jahre in der Firmengeschichte. 1974 überschritt der Gesamtumsatz die Marke von 1 Mrd. US-$.

1982 entstand in der Traktorenwelt große Unruhe, als der Panther 2000 auf den Markt kam. Er war das erste Modell mit Zwölfgang-Lastschaltgetriebe, elektronischer Steuerung und PFC-Hydraulik. Im nächsten Jahr kündigte man eine neue 94er-Serie von Allzweck-Traktoren an, außerdem PS-starke Modelle mit Zweiradantrieb – alle in Power-Rot, Schwarz und Weiß lackiert. Damals erhielt der Super E den neu entwickelten Vierzylinder-Motor, der im Case-Werk in Rocky Mount (North Carolina) gebaut wurde.

Ebenfalls 1983 wurde David Brown Tractors in Case Tractors rückbenannt und der Agricultural

Ein weiterer Supertraktor war das Allradmodell 2670. Es führte einen 221-PS-Motor.

Hier sieht man den Case International 5140, ein mittelschweres Modell aus den 1990ern.

Equipment Group einverleibt. Ein Jahr später führte Case die neue 94er-Baureihe von Allradtraktoren ein. Zu ihr gehörte auch der bis heute stärkste Case-Traktor, das Modell 4994 mit V8-Turbolader.

Um ihre Position auf dem Traktorenmarkt abzusichern, erwarb die Tenneco Inc. 1985 ausgewählte Aktiva der Landmaschinenfirma International Harvester. So wurde Case zum zweitgrößten Landmaschinenhersteller der US-Industrie. Dem „CASE"-Logo fügte man nun die Buchstaben „IH" hinzu.

Ein Jahr später meldete die Steiger Tractor Inc. Konkurs an, und Tenneco verleibte sich auch diese Firma ein. Die 94er-Modelle wurden zu Niedrigstpreisen abgestoßen, um Platz für die neuen Magnum-Traktoren zu schaffen, die 1987 auf den Markt kamen. 1988 folgte eine weitere Baureihe, die 7200er. Damals präsentierten sich die neuen Traktoren der Serie 9100 (Case IH Steiger) mit roter Lackierung.

Am 24. Juni 1994 wurde Case unter dem Markennamen CSE erstmals an der New Yorker Aktienbörse notiert.

1997 brachte die Firma ihre neuen MX-Traktoren heraus und verlagerte ihr Werk aus Neuss (Deutschland) an Standorte in Racine (Wisconsin) und Doncaster (England). In diesem Jahr erwarb sie auch mit Agri-Logic einen führenden Hersteller von Landwirtschafts-Software. Das half Case, seine technologische Spitzenposition zu sichern. Zwei Jahre später fusionierte die Case Corporation dann mit New Holland NV zu CNH. 2000 kam es zur Einführung der neuen STX-Baureihe von Steiger, und Case beherrschte mit seinen DX- und CX-Maschinen den Krafttraktorenmarkt.

Mit Werken in aller Welt ist Case heute ein Marktführer in der Land- und Baumaschinenindustrie.

An diesem 9280 von Case ist gut die geräumige Kabine zu sehen. Er hat beiderseits drei Vorderräder.

An diesen 5150 sind vorn und hinten einsatzbereite Geräte angekoppelt.

Der Case 4230 war ein mittelschwerer Allrad-Traktor der 1990er-Jahre.

Der zur jüngsten Generation der Klasse Case IH CVX gehörige 1170: Die Motorleistung beträgt 137 bis 192 PS.

Hier sieht man den JX1070C mit Dreizylinder-Motor von Case IH.

Die in mehreren Breiten erhältlichen Traktoren der Serien JXN und JXV sind ideal für Rebkulturen.

Caterpillar

1890–heute

Drei Männer wirkten bei der Entstehung einer der bekanntesten Traktorenfirmen mit: Benjamin Holt, Daniel Best und C. L. Best. Alle besaßen schon vorher blühende Firmen und verfolgten auch Interessen auf dem Landwirtschaftssektor.
Benjamin Holt, geboren 1849 in New Hampshire (USA), war der jüngste unter acht Brüdern und Schwestern. Die Familie besaß eine Sägemühle, die Hartholzteile für den Kutschenbau lieferte. Mit diesen Wagen und Kutschen transportierte man damals in ganz Neu-England Personen und Güter.

Benjamin Holt entwickelte 1904 den ersten brauchbaren Raupentraktor.

Daniel Best (l.) erfand zahlreiche Landmaschinen. Sein Sohn Leo (r.) entwarf auch einen Raupenschlepper.

Benjamin und Charles siedelten nach San Francisco über, wo sie in Stockton eine neue Firma gründeten, die Hartholzteile, Bauhölzer und Bauteile für Wagen fertigte. Charles erledigte die Alltagsgeschäfte, während Benjamin die Produktion leitete.

Hier sieht man einen von Holts ersten Raupentraktoren bei der Feldarbeit, irgendwo in Nordkalifornien.

Als der Goldrausch von 1848 ausbrach, strömten Tausende von Menschen nach Kalifornien, um dort ihr Glück zu machen. Als Viele kein Gold fanden, begannen sie stattdessen den Boden zu beackern, der im Überfluss zur Verfügung stand. Kalifornien war ein weites Land, und Großfarmen umfassten häufig Tausende von Hektar. Sie benötigten Arbeitskräfte als Pferdeführer und Erntehelfer.
Benjamin Holt kaufte Patente für Landmaschinen, arbeitete seine eigenen Ideen und Entwürfe aus und steigerte den Ausstoß der Stockton Wheel Company. Die erste kombinierte Mäh- und Dreschmaschine, die von 18 Pferden gezogen wurde, verkaufte man 1886. Die große Zahl der erforderlichen Zugtiere war natürlich ein Problem, und so suchte Benjamin nach einer Lösung.
Holts erster dampfgetriebener Traktor kam 1890 heraus. Er war zwar sperrig und schwer, ließ sich aber mit Holz, Kohle oder Öl befeuern. Er hatte Holzräder und wurde auf den riesigen Ackerflächen zu einem großen Erfolg, betrugen die Betriebskosten doch nur $^1/_6$ jener von Pferdegespannen. Dennoch gab es Probleme mit der Manövrierfähigkeit, und die Räder wühlten sich oft tief in den Schlamm ein. So begann Holt zu experimentieren – zunächst mit größeren und breiteren Rädern, die aber nur das Gewicht (und außerdem die Lenkprobleme) vergrößerten. Benjamin und Pliny reisten nun damit auch in den Jahren 1903–04 durch die USA und Europa, um bei zahlreichen Zeitgenossen und Produzenten neue Ideen (u.a. Kettenfahrzeuge) kennen zu lernen. Den

ersten Versuch mit einem Kettenfahrzeug machte Holt im November 1904, als er seine Ingenieure anwies, die Hinterräder einer Dampfzugmaschine durch eigene Raupenketten zu ersetzen. Der Firmenfotograf meinte dazu, das Ding kröche wie eine Raupe (engl. „caterpillar“) – Firmenname und Warenzeichen waren geboren!
1906 entwickelte man benzinbetriebene Traktoren, und 1908 gingen die ersten Exemplare des Modells Holt Caterpillar 40 in Produktion. 1905 waren Benjamins Brüder alle ausgeschieden oder tot, sodass er die Leitung der Firma übernahm, die jetzt The Holt Manufacturing Company hieß und immer stärker expandierte. Er produzierte nun Kettenfahrzeuge für Landwirtschaft, Straßenbau und Militär. 1915 kamen seine Maschinen sogar an der Westfront zum Einsatz. Von allen Traktoren, welche die Firma herstellte, war der Caterpillar 75 der erfolgreichste.
Nun soll aber auch von der zweiten Wurzel der späteren Firma Caterpillar die Rede sein, die Daniel Best und sein Sohn Leo begründeten. Daniel Best kam am 28. März 1838 als neuntes von 16 Kindern aus den zwei Ehen seines Vaters in Ohio zur Welt. Als Jugendlicher lebte er eine Zeitlang in Missouri, wo auch der Vater eine Sägemühle betrieb. Dann siedelte die Familie nach Vincennes in Iowa über. Einer seiner älteren Brüder war bereits gen Westen gezogen, und Daniel folgte ihm 1859 nach. In den nächsten 10 Jahren übte er zahlreiche Tätigkeiten aus, vor allem im Bergbau- und Holzgewerbe.
Während er bei seinem Bruder arbeitete, entwarf und baute er eine mobile Maschine zur Reinigung von Getreide, die täglich bis zu 60 t bewältigte. Er ließ sie 1871 patentieren und ging eine Partnerschaft mit L.D. Brown ein. Die „konkurrenzlose Worfelmaschine von Brown & Best“ errang auf der Staatsmesse von Kalifornien eine Goldmedaille. Best ließ nun eine Enthülsmaschine patentieren und arbeitete weiter auf dem Worfelmaschinenmarkt. Als nächstes tat er sich mit Sam Althouse aus Albany (Oregon) zusammen, und 1879 gründeten beide ein Zweigwerk in Oakland (Kalifornien). Diesen Ort wählten sie, weil er nicht nur ein Exporthafen für Getreide (v.a. Weizen), sondern auch ein Maklerzentrum war. 1879 zog Best mit seiner Familie nach Washington, um dort Bergbau und Holzwirtschaft zu betreiben; er war aber weiterhin am Geschäft in Oakland beteiligt. Die Nachfrage nach seinen Erfindungen stieg, und er begann zahlreiche Maschinen zur Erleichterung und Mechanisierung der Landarbeit zu bauen. 1882 arbeitete er ein paar Monate für Nathaniel Slate; damals sah er erstmals einen Mähdrescher und fing an, sich Gedanken über eigene Pläne für solche Maschinen zu machen. Geschäftliche Überlastung

Als ein Reporter meinte, der Traktor bewege sich wie eine Raupe (caterpillar), blieb der Name haften.

veranlasste ihn, einige seiner anderen Beteiligungen in Washington und Oregon zu verkaufen, und 1886 erwarb er die San Leandro Plow Company, die fortan Daniel Best Agricultural Works hieß.

Damals ließ Best eine Kasten-Dreschmaschine mit Fächerkühlung patentieren, die es ermöglichte, dass das Gerät gleichmäßig arbeitete – unabhängig davon, wie schnell es fuhr. Es galt als großer Schritt in Richtung Qualitätskontrolle bei der Ernte und Reinigung von Getreide, aber auch bei der Kombination von zwei Aufgaben in einer Maschine. Best merkte überdies, dass es in Kalifornien viel größere Weizenfarmen als in den anderen Staaten gab – und die Ernte war damals ein arbeitsintensives Geschäft. Schnell wurde ihm klar, welch riesige Sparpotenziale sich durch die Mechanisierung des Ernteprozesses ergeben würden. Die Dampfkraft kam in der Landwirtschaft bereits in zweierlei Form zum Einsatz: als pferdebespanntes Modell zur Energieproduktion, und als Selbstfahr-Zugmaschine. So erwarb Best die Fertigungsrechte für die Remington-Dampfzugmaschine „Rough and Ready", die er umbaute, um seinen Mähdrescher zu ziehen und dessen Hilfsmotor anzutreiben. Als das geglückt war, ließ er sie 1889 patentieren.

1908 verkaufte Daniel Best – sehr zum Missfallen von Sohn Leo – sein Traktorenwerk an die Holt Manufacturing Company. Leo gründete daraufhin eine eigene Firma, die C. L. Best Gas Traction Company, und schon wenige Jahre später baute er seinen ersten Raupentraktor, der dem Holt-Modell glich, aber Verbesserungen aufwies.

Während des Ersten Weltkriegs belieferte die Firma Holt die US-Army mit Fahrzeugen, wogegen Best die Farmer versorgte – so hatte jeder sein eigenes Geschäftsfeld. Nach dem Krieg und Anfang der 1920er-Jahre waren Traktoren weniger gefragt, und während die Firma Holt schwere Zeiten durchmachte, stieg der Absatz bei Best um 70%. Damals fassten beide Firmen den Beschluss zu fusionieren, und obwohl viele Faktoren zu dieser Entscheidung beitrugen, war es für Holt und Best keine Ideallösung. Benjamin Holt starb 1920, sodass er die Fusion nicht mehr erlebte, doch 1925 schloss sich die Holt Manufacturing Company mit der C. L. Best Tractor Co. zusammen und nahm den Namen Caterpillar Tractor Co. an.

Die Fusion zahlte sich aus, da die Produkte der beiden Firmen einander ergänzten. Eine leichte Senkung der Preise ließ den Absatz hochschnellen.

1927 kam mit dem Modell Twenty ein mittlerer Traktor heraus. Er führte einen Vierzylinder-Reihenmotor und blieb bis 1933 in Produktion. Ein Jahr später stellte man den Caterpillar Fifteen vor.

1931 wurde der erste Caterpillar-Dieseltraktor, der Diesel Sixty, an seinen Käufer ausgeliefert. Der Diesel Sixty war auch das erste Modell, das im heute so vertrauten Highway-Gelb lackiert war. Das tat man der Sicht zuliebe, als die Maschinen beim Straßenbau eingesetzt wurden, aber binnen kurzer Zeit bekamen alle Modelle diesen Anstrich.

Obwohl Holt die ersten Raupenschlepper baute, produzierte auch die Firma Best dieses Modell 60.

Der von 1925 bis 1931 gebaute Sixty führte einen mächtigen Vierzylinder-Benziner mit 18488 cm³ Hubraum.

1935 gab es neue Raupentraktoren mit Dieselantrieb, deren Typennamen mit RD begannen und mit Ziffern endeten, die sich auf die Motorleistung bezogen: so gab es einen RD8, einen RD7 und einen RD6; 1936 kam dann noch der RD4 hinzu.
Etwa zu dieser Zeit gab es bereits Raupentraktoren mit Winkelpflugscharen. Da Caterpillar auch die eigenen Traktoren mit Pflugscharen ausrüsten wollte, unterhielt man Beziehungen zu wenigstens sechs einschlägigen Herstellern. Caterpillar ließ die Pflugscharen nicht im eigenen Werk zurichten; vielmehr passte jeder Hersteller seine Produkte den Caterpillar-Traktoren an, und die Firma ermutigte ihre Vertragshändler, diese Geräte zu vertreiben.
1938 brachte das Unternehmen seinen kleinsten Raupentraktor heraus, den für die Landarbeit gedachten D2. Ihm folgte eine Variante, welche sich mit Paraffin oder Benzin antreiben ließ und die Bezeichnung R2 trug. 1940 produzierte Caterpillar Motor-Erdhobel, Schaufel-Erdhobel, Höhen-Erdhobel, Terrassierer und Elektrogeneratoren. Als die USA im Jahre 1942 in den Zweiten Weltkrieg eintraten, belieferte das Unternehmen die Streitkräfte mit Kettentraktoren, Motor-Erdhobeln, Generatoren und Spezialmotoren für den Panzer M4.
Nach Kriegsende normalisierte sich die Produktion wieder, und die Vorkriegsmodelle tauchten erneut auf. Finanziell ergab sich 1950 eine wichtige Änderung, als die Caterpillar Tractor Co. Ltd. ein Büro in Großbritannien eröffnete. Das war die erste von vielen Operationen in Übersee; man entschloss sich zu diesem Schritt, um Devisenknappheit, Tarife und Einfuhrkontrollen leichter managen zu können, aber auch zur besseren Betreuung der auswärtigen Kunden. Neunzehn Jahre vorher – 1931 – hatte die Firma zum Verkauf ihrer Diesel an andere Maschinenbauer eine eigene Motoren-Verkaufsabteilung eingerichtet. Diese wurde 1953 durch eine Verkaufs- und Marketingabteilung ersetzt, welche den Bedürfnissen der zahlreichen Kundschaft gerecht werden sollte. Damals machte das Motorengeschäft etwa ein Drittel der Gesamteinnahmen und -umsätze aus.
1963 bildeten die Mitsubishi Heavy Industries Ltd. und Caterpillar eines der ersten Joint Ventures in Japan, das teilweise Eigentum der US-Firma war. Die Caterpillar Mitsubishi Ltd. – wie ihr Name lautete – nahm schon nach zwei Jahren (1965) die Produktion auf. 1987 benannte man sie in Shin Caterpillar Mitsubishi um; sie wurde zu Japans zweitgrößtem Bau- und Bergbaumaschinenhersteller.
1966 bildeten die Baumaschinen das größte Geschäftsfeld der Firma. Man hatte die Farmer jedoch nicht aus den Augen verloren und brachte den D4, D5 und D6 als SA (Special Application) heraus. Die

Hier sieht man den Thirty aus den späten 1920ern: die Plakette auf dem Kühler verrät ihn.

Der Sixty hatte drei Vorwärtsgänge und einen Rückwärtsgang. Der hohe Fahrersitz sorgte für bessere Sicht.

Der Sixty war wohl unter diesen Umständen der beste Traktor; hier sieht man, was er leisten konnte.

Motoren dieser Traktoren saßen weiter vorn (als Gegengewicht zur Anhängelast). Die Produktion des D3B SA lief 1985 an, es folgten die Modelle D4D SA (1966), D5 SA (1966), D6C SA (1970), D7G SA (1977) und D8L SA (1984).

1976 rüstete die Firma ihre Fahrzeuge mit geschlossenen, geschmierten Ketten aus. Das verminderte

Auch bei Raupentraktoren bemühte man sich, alle Preisklassen zu bedienen: dieser Ten war für Kleinfarmer gedacht.

Der 1934–1942 gebaute Caterpillar R2 führte einen Vierzylinder-Benzinmotor mit 4113 cm³ Hubraum.

zwar die Abnutzung, aber für die Farmer, die sich eine höhere Straßengeschwindigkeit und mehr Komfort wünschten, war es keine große Hilfe. Die Lösung kam 1987, als Caterpillar nach intensiver Entwicklung sein Kettensystem Mobil-trac einführte. Es bestand aus robustem Gummi und ermöglichte ähnliche Geschwindigkeit und Fahrkomfort wie Gummireifen. Als erster wurde der Challenger 65 damit versehen. Das System bewährte sich so gut, dass man bald auch die anderen Modelle umrüstete.

Der RD 6 (später D6) wurde ab 1935 produziert und führte anfangs einen Dreizylinder-Motor.

Hier sieht man das etwa 2130 kg schwere Modell 2 Ton mit dem firmeneigenen Vierzylinder.

Der D4 ging aus dem RD4 hervor und wurde im Laufe der Zeiten mehrmals abgeändert.

Der Erfolg veranlasste auch andere Hersteller, ähnliche Ketten zu entwickeln.
Die Rezession, die in den 1980er-Jahren viele Unternehmen erfasste, wirkte sich auch auf Caterpillar nachhaltig aus. Die Firma machte zeitweilig Tag für Tag 1 Mio. US-$ Verlust, und als einziger Ausweg verblieben Massenentlassungen. Die Caterpillar Leasing Company expandierte und änderte ihren Namen 1983 in Caterpillar Financial Services Cor-

Hier sieht man den Motor des D4, einen Vierzylinder mit 11,4 x 13,9 cm Bohrung bzw. Hub.

Ein Caterpillar mit halb geschlossener Kabine und breiten Hochdruckreifen.

Das Modell D8H eignete sich besser für Erdbewegungen als für die landwirtschaftliche Arbeit.

Diese im Werbeprospekt als Allround-Maschine beschriebene Traktor ist der Challenger 65B.

Der Challenger von 2001. Das Fahrzeug ist sehr vielseitig und lässt sich für alle Aufgaben einsetzen.

Auf die großen Challenger-Traktoren folgten die kleineren Modelle 35, 45 und 55.

poration; sie bot den Kunden in aller Welt Finanzkauf-Optionen an.
1986 änderte die Caterpillar Tractor Co. ihren Namen in Caterpillar Inc., und vom nächsten Jahr an wurden die Fabrikanlagen für 1,8 Mrd. US-$ modernisiert, um die Produktion zu rationalisieren. Die Firma begann nun erneut zu expandieren. Sie kaufte 1996 das deutsche Unternehmen MaK-Motoren und 1998 das britische Perkins Engines auf. Mittlerweile zählte sie zu den weltweit führenden Dieselmotorenherstellern, und im gleichen Jahr stellte man auf dem Versuchsgelände in Arizona mit dem 797 den weltgrößten Off-Highway-Truck vor.

Kurz vor der Jahrtausendwende stellte Caterpillar 1999 auf der CONEXPO neue Serien von kompakten und erheblich vielseitigeren Baumaschinen vor. Im Jahre 2000 konnte die Firma ihr 75jähriges Bestehen feiern. Heute bietet sie als einziger Motorenproduzent eine vollständige Palette umweltverträglicher Diesel an, die sämtliche Zertifikate der US-Umweltschutzagentur erhielten. Dank ihrer Caterpillar-Abgasminderungstechnologie (ACERT) sind keinerlei Abstriche bei Leistung, Zuverlässigkeit und Lebensdauer nötig. Da das Umweltbewusstsein in der Welt ständig wächst, stellen diese Maschinen einen bedeutenden Fortschritt dar.

Für 2005 kündigte Caterpillar die neuen Raupentraktoren der T-Serie an. Dieser D9T hat als Antrieb einen Motor mit Katalysator.

Claas

1913–heute

Die Geschichte der Firma Claas begann 1913 in Westfalen. Die Brüder August, Franz und Theo Claas erkannten den Bedarf nach einem mechanischen Strohbinder. Ihr verbesserter Zwirnbinder verarbeitete den dürftigen damals verfügbaren Bindfaden zu Schnüren, mit denen man Garben binden konnte. 1934 baute Claas die erste Sammelpressmaschine. Zu einer wirklichen Belebung des Geschäfts kam es jedoch erst im Jahre 1936, als der erste an europäische Verhältnisse angepasste Mähdrescher in Produktion ging.

Der Claas Ares 862 RZ führt einen Sechszylinder-Turbolader (6,8 l) mit Direkteinspritzung.

Mit diesem Gerät gelang es Claas, einen großen Kundenkreis anzusprechen, und seither gilt die Firma als Synonym für Erntemaschinen aller Art. Nach ihrer Eingliederung in Renault Agriculture (2003) hat sie beträchtlich expandiert und beschäftigt nun weltweit etwa 6000 Mitarbeiter.

Clayton

1911–1928

Dieses im englischen Leicester ansässige Unternehmen stellte 1911 seinen ersten Traktor mit Verbrennungsmotor vor. Die zum Pflügen gedachte Maschine führte einen Vierzylinder-Motor, der mit Paraffin 80 PS, mit Benzin hingegen 90 PS leistete. Sie erreichte maximal 6 km/h (auf der Straße) bzw. 4 km/h (auf dem Feld). Fünf Jahre später kam ein Raupenfahrzeug hinzu, der Clayton Chain Rail Tractor mit Dorman-Motor (6,3 l). Der größere Multipede-Raupenschlepper führte einen National-Motor (100 PS) mit Dreiganggetriebe. Er schaffte maximal 11 km/h. Die Lenkung erfolgte über das vordere Einzelrad, außerdem gab es für jedes Differential gesonderte Bremsen. 1926 wurde Clayton von Marshall übernommen. Die Traktorenproduktion lief zwei Jahre später aus.

In England baute die Firma Clayton viele Jahre lang Traktoren vom Caterpillar-Typ.

Cletrac

1916–1965

Die Firma Cletrac (auch Cleveland Tractor genannt) startete 1916 als Cleveland Motor Plow Company, eine Gründung von Rollin H. und Clarence G. White. Der auch als Modell R bekannte Cleveland 20 war einer ihrer ersten Traktoren. 1918 benannten die Whites ihre Firma in Cleveland Tractor Company um, und damit war „Cletrac" geboren.

Die ersten Cletracs wurden als „mit dem Boden verzahnt" beworben, um ihre große Zugkraft zu betonen. In den 1920er-Jahren wurden Raupenschlepper immer beliebter, und Cletrac war bald einer der führenden Hersteller. In den Jahren 1920–22 gab es insgesamt vier Versionen des Modells F. Dieses war speziell für den Einsatz mit Kultivatoren oder anderen Vorspanngeräten gedacht und wurde von einer

Die eher für ihre Raupenschlepper bekannte Firma Cletrac baute auch so merkwürdige Modelle wie diesen CG General.

Der erste Cletrac war der R, dem 1917 der H folgte. Bei frühen Modelle saßen die Antriebsscheiben vorn.

Das Modell Cletrac/Oliver BD führte einen Hercules-Dieselmotor mit einer Nennleistung von 27/37 PS.

Tänzerwalzenkette zwischen Antriebsrädern und Ketten angetrieben. Zur F-Klasse gehörte auch der kleine Hi-Drive Modell F 9-16, der sich für kleinere Farmen eignete.
Zwischen 1926 und 1930 bot die Firma die Modelle 30A (30-45) und 30B an. Von beiden gab es aber nur wenige Exemplare. Das Modell K-20 hingegen wurde recht lange hergestellt. Zu den Verbesserungen dieses von 1928 bis 1932 produzierten Traktors zählte u.a. die vereinfachte Bauweise der Ketten und ein Schnellschmiersystem, das mittels eines Tauchkolbens die ganze Kette ölen konnte. Der K-20 führte – wie die Modelle W und F – Cletracs eigenen

Der Cletrac HG, die Basis des Oliver OC3. Cletrac wurde 1951 von Oliver aufgekauft.

Motor. Die meisten Cletrac-Fahrzeuge besaßen jedoch solche von Buda, Weidley, Wisconsin, Hercules, Continental oder Cummins.
1933 führte man als ersten dieselgetriebenen Raupentraktor den Diesel 80 ein. Er besaß elektrische Zündung und einen Sechszylinder-Hercules-Motor mit etwa 90 PS. Dieser machte ihn zusammen mit der Differentiallenkung, die das Wenden in voller Fahrt ermöglichte, zu einem bei Farmern und Industrienutzern sehr beliebten Modell.
1944 erwarb die Firma Oliver Cletrac, doch wurden die Traktoren weiter in Whites altem Cletrac-Werk gefertigt (Olivers HG-Raupentraktor war praktisch Nachfolger der Track-Layer-Baureihe von Cletrac). Im Jahre 1960 kaufte die White Motors Corporation (die Gründerfamilie von Cletrac) Oliver zurück und verlagerte die Produktion in die ehemaligen Hart-Parr-Werke in Charles City (Iowa). Veränderungen auf dem Traktorenmarkt und scharfer Wettbewerb brachten jedoch 1965 das engültige Aus.

Cockshutt

1882–1962

1882 gründete der Kanadier James G. Cockshutt in Brantford (Ontario) die Cockshutt Plow Company. In den 1920er-Jahren hatte sie sich zu einem der führenden Ackergerätehersteller entwickelt. Anfangs verkaufte Cockshutt mit großem Erfolg Oliver-Traktoren, aber 1946 stellte die Firma ihr eigenes Modell 30 vor. Ihm folgten die Modelle 40, 20 und 50 sowie der 35 Deluxe, dessen Leistung zwischen der des 30 und 40 lag. 1958 kam die Baureihe 500 auf den Markt. Anders als das stromlinienförmig gestylte Modell 30 wirkte sie ungeschlacht-kantig. Der letzte echte Cockshutt war der mächtige 570 Super. Die Firma fiel jedoch einer feindlichen Übernahme zum Opfer und wurde 1962 von der White Motor Company aufgekauft.

Ein liebevoll restaurierter Cockshutt 40 Deluxe. Er führt einen Sechszylinder-Motor von Buda.

Co-op

In den USA und Kanada versuchten Genossenschaftsfarmer, sich gute Traktoren zu sichern und die Preise niedrig zu halten, indem sie sich vertraglich an bewährte Firmen banden. So entstand bspw. das Modell U von Allis-Chalmers ursprünglich für einen Verband aus Chicago. In Kanada unterhielten die Kooperativen besonders lohnende Beziehungen zu Cockshutt (der kanadische Cockshutt 30 wurde als CIL verkauft). Den kleinen Cockshutt 30 bezog die American Farmers' Union (dort hieß er E3). Der E3 war mit anderen Cockshutts baugleich, aber kürbis-orange lackiert. Das „Kürbis-Geschäft" lief gut, und die AFU vertrieb auch andere Cockshutt-Modelle. Der Co-op E4 war ihre Version des Sechszylinders Cockshutt 40, während sie den kleinen Cockshutt 20 als E2 verkaufte.

Dieser ein wenig an Fabrikate der Firma Meccano erinnernde späte Co-op-Traktor ist ein Standardprofil-Modell.

Dieser Co-op, ein typischer Hackfruchttraktor mit einem Vorderrad und zwei Hinterrädern, führt einen Vierzylinder.

D

David Brown

1939–1983

Die David Brown Company wurde 1860 im englischen Huddersfield gegründet und fertigte anfangs Holzgetriebe für Textilfabriken. Im Zuge des technischen Fortschritts begann man jedoch stählerne Modelle zu produzieren, und in den 1930ern war die Firma zum größten Getriebehersteller des Landes aufgestiegen. Mit Traktoren befasste sich die David Brown Company erstmals 1936. Zu diesem Zeitpunkt produzierte sie als Zweigwerk der örtlichen Firma David Brown & Sons gemeinsam mit Harry Ferguson den heute legendären Ferguson-Brown Traktor. Ferguson brauchte jemand, der das Fahrzeug bauen sollte, das er für sein neues Dreipunkt-Kupplungssystem entworfen hatte und kontaktierte deshalb David Brown. Die Firma David Brown erklärte sich dazu bereit. Außerdem einigte man sich darauf, dass Ferguson den Brownschen Traktor vertreiben würde.

Gefertigt wurde diese Maschine zunächst in den Grey Park Works in Huddersfield, später im nahen Traktorenwerk Meltham Mills. Sie führte einen wassergekühlten Vierzylinder-Benzin- oder Benzin/TVO-Motor. Die ersten 500 Stück hatten Motoren vom Typ Coventry Climax E, die übrigen 1350 solche von David Brown (2010 cm^3). Das Getriebe verfügte über drei Vorwärtsgänge und einen Rückwärtsgang, und es gab unabhängige Radbremsen.

Der Verkauf lief einige Zeit gut, aber nach einer Absatzkrise traten Spannungen auf: Harry Ferguson war gegen Änderungen, während David Brown meinte, dass sich die Traktoren unschwer verbessern ließen. David Brown setzte seinen Standpunkt vorerst durch, und das Modell Ferguson-Brown wurde zum weltweit ersten Serientraktor mit hydraulischer Hebevorrichtung und konvergierendem Dreipunkt-Gestänge. Bevor Ferguson und Brown sich trennten, verkaufte man etwa 1350 dieser verbesserten Traktoren. Ferguson seinerseits war zu Henry Ford in die USA gereist, und beide standen kurz vor ihrem per Handschlag besiegelten Deal, sodass es Brown freistand, einen eigenen Traktor zu entwickeln.

Im September 1939 kam das neue Modell auf den

Ein gutes Beispiel für den David Brown VAK 1. David Brown baute ihn nach Fergusons Ausstieg.

Markt. Der David Brown VAK 1 wies eine elegante Linienführung auf und wurde sogleich ein Erfolg. Er führte einen wassergekühlten Vierzylinder (Benzin oder Benzin/TVO) und besaß vier Vorwärtsgänge sowie einen Rückwärtsgang. Die Kette war über Tellerfeder-Radnaben – ein Patent der Firma David Brown – verstellbar und die Gerätetiefe ließ sich durch ein patentiertes Stützradsystem regeln. Im Zweiten Weltkrieg dienten viele dieser Maschinen als Flugzeugschlepper und Raupentraktoren. Unmittelbar vor dem Krieg erwarb David Brown eine leerstehende Textilfabrik in Meltham Mills bei Huddersfield. Dort sollten Traktoren gebaut werden, was in der Tat einige Zeit geschah, aber der Krieg setzte dem ein Ende, und stattdessen fertigte man Munition und Flugzeugteile.

Als endlich der Frieden kam, wurde sogleich wieder der VAK 1 produziert. 1945 führte man allerdings die modernisierte Version VAC 1A ein. Diese wies ein verbessertes Motorreinigungssystem und einen präziseren Thermostat auf. Man führte einen automatischen Laststeuerungs-Hotspot zum raschen Aufwärmen des TOV-Motors ein, und hinzu kamen die nun allgemein gebräuchlichen Spannfeder-Querlenker (ebenfalls von David Brown).

1947 stellte die Firma den Cropmaster vor. So begann die erfolgreiche Strategie, die Standardmodelle mit zahlreichen an sich als Extras geltenden Features zu versehen: hydraulischer Hub, schwenkbare Deichsel und elektrische Scheinwerfer. Damals führte David Brown auch Zweigang-Zapfwelle, Sechsganggetriebe und Zündspulen ein. Als Antrieb des Traktors Cropmaster Diesel diente ein luftgekühlter

Der David Brown Tug diente im Zweiten Weltkrieg und danach der Royal Air Force als Flugzeugschlepper.

Der VAK 1C sah äußerlich genauso aus wie der ursprüngliche VAK 1.

Die VAK-Modelle führten wassergekühlte Vierzylinder-Benzin- oder Benzin/TVO-Motoren.

Vierzylinder-OHV-Motor (Kaltstart mit Direktzündung). Sein Zylinderblock war in einem Stück gegossen und besaß vier abnehmbare Rohre („wet sleeve liners“) aus feinkörnigem Eisen, die Nockenwellenlager und die Hauptölleitungen waren darin integriert. Im Laufe des langen Produktionslebens des Cropmasters (1947 bis 1953) kamen weitere Neuerungen hinzu, und die Maschinen trugen stark dazu bei, dass David Brown für Verlässlichkeit und Qualität berühmt wurde.

Von 1953 bis 1958 fertigte man das Modell 50D. Es war der erste Traktor von David Brown, den es nur mit Dieselmotor gab. Er führte einen Sechszylinder-Motor mit 50 PS, der an sich für eine Gleisbaumaschine konstruiert worden war. Das robuste, schwere Fahrzeug eignete sich hervorragend als Zugmaschine und besaß ein Vierganggetriebe mit Zapfwelle. Einzigartig unter den Traktoren von David Brown war seine seitlich (statt – wie üblich – vorn) montierte Riemenscheibe.

Der 30C und der 30D kamen im gleichen Jahr wie der 50D heraus. Das Benzin-TVO-Modell 30C und der 30D (Diesel) besaßen hängende Ventile und Spulenzündung oder Direkteinspritzung. Gegen 1954 erhielten beide TCU (Traction Control Unit) und damit das erste System zur kontrollierten Lastverlagerung bei Traktoren. Die ebenfalls 1953 auf den Markt gebrachten Modelle 25C und 25D waren die ersten Kleintraktoren mit diesem Vorzug. Das nächste Modell, der 900, kam ebenfalls 1956 auf den Markt. Ihn gab es wahlweise mit vier Motoren: Diesel (40 PS), TVO (37 PS), Benziner (40 PS) und Hochdruck-Benziner (45 PS). Das Diesel-Modell besaß erstmals eine Einspritzpumpe vom Verteiler-Typ, außerdem das Zwei-Kategorien-Gestänge mit dem von David Brown patentierten Kugel-Querlenker und ein abnehmbares Verdeck. 1957 führte man den 900 Livedrive ein. Er war David Browns erster Traktor mit einer Doppel-Anhängerkupplung, die mit Hydraulik oder Zapfwelle arbeiten konnte. Die Serien 900 T und U glichen dem 900, waren aber stärker motorisiert.

Die Einführung des 950 Implematic im Jahre 1959 gab den Farmern die Möglichkeit, das Stützrad-

Dieser Farmer betrachtet einen Pflug, der an einen Cropmaster von David Brown gekoppelt ist.

Sie hatten überdies eine Zweigang-Zapfwelle, eine Antriebsscheibe und Sechsganggetriebe.

1956 brachte man einen anderen Typ heraus, den 2D. Er wurde bis 1961 hergestellt und eignete sich hervorragend für den präzisen Einsatz im Gartenbau und als Hackfruchttraktor auf größeren Farmen. Der 2D führte einen leichten Zweizylinder-Heckdiesel mit Luftkühlung, und optional gab es Heckhub und Zapfwelle. Beide Hebevorgänge erfolgten durch Druckluft, wobei sich die beiden vorderen Hebezylinder unabhängig bedienen ließen.

system oder die Zugsteuerung gleich leicht einzusetzen. Für automatische Gewichtsverlagerung sorgte die Implematic-Zugsteuerung oder die gelenkte Gewichtsverlagerung des TCU-Motors. 1961 wurden die Baureihen V und W vom 950 Implematic (Serien A und B) abgelöst, der einen verbesserten Vorderachs-Spielraum und Multispeed-Zapfwelle für 540 bzw. 1000 U/min besaß. Die Serien A und B des Traktors 850 Implematic hatten Vierzylinder-Diesel, doch bot man auch Benzinversionen an. Die späten Serien C und D führten nur Dieselmotoren; sie hat-

Der hier abgebildete 25D kam 1953 auf den Markt und verfügte über TCU und eine Zapfwelle.

ten eine Multispeed-Zapfwelle und einen verbesserten Vorderachs-Spielraum. Ab April 1963 verfügte das Hydrauliksystem auch über Niveaueinstellung.
Im September 1964 lösten die Serien E und F (mit neuem Dreizylinder-Motor) die Traktoren Implematic 950 und 880 ab. Die Wahl zwischen den Achsantrieben 11/49 (für hohe Geschwindigkeit) oder 9/50 (für niedrige) sorgte für ähnliche Gangbereiche wie bei den alten Implematic 950 und 880, doch die hohe Drehzahl des neuen Motors verstärkte die Zugkraft erheblich.
Beim 1961 eingeführten 990 Implematic verwendete die Firma erstmals den Querstrom-Zylinderkopf in Kombination mit einem frontalen Zwei-Stufen-Luftfilter. Als Antrieb besaß der 990 einen 52-PS-Diesel mit Direkteinspritzung. 1963 führte man die Niveaueinstellung ins hydraulische System des 990 Implematic ein, vergrößerte den Radstand, baute

Dies ist der Hackfruchttraktor David Brown 2D, den man von 1956 bis 1961 produzierte.

Der D2 führte einen luftgekühlten Zweizylinder-Zweitakt-Diesel (14 PS) mit Vierganggetriebe.

David Brown baute auch Raupenschlepper: hier der zwischen 1953 und 1956 gefertigte TD50.

eine Frontalbatterie ein und fügte noch eine alternative Zwölfgang-Schaltung hinzu. Ferner wurde der Traktor mit einem Überrollbügel ausgerüstet.

Das nächste Modell, der 770, wurde von einem Dreizylinder-Dieselmotor mit 35 PS angetrieben. Es besaß standardmäßig ein patentiertes Zweistufen-Zwölfganggetriebe und war der erste Traktor mit der ungewöhnlich einfachen Selectamatic-Hydraulik. Letzteres erwies sich als derart erfolgreich, dass man sie ab Oktober 1965 bei allen Traktoren von David Brown einbaute. Gleichzeitig rüstete man den 770 auf 36 PS auf und verpasste ihm ein neues Outfit in orchideenweiß und schokobraun. Er blieb bis 1970 im Angebot.

Ebenfalls im Jahre 1965 bekamen der 880 einen 46-PS- und der 990 einen 55-PS-Motor. Beide Modelle verfügten über eine Multispeed-Zapfwelle und Differentialsperre sowie die Selectamatic-Hydraulik und waren weiß-braun lackiert (optional war ein Getriebe mit zwölf Vorwärts- und vier Rückwärtsgängen zu haben). 1970 führte man eine Allradversion des 990 ein, außerdem erhielten alle Modelle Hauptstromfilterung für das Öl der Hydraulik.

Das Modell TVO (Tractor Vaporising Oil) von David Brown verbrauchte billigeren Traktorenbrennstoff.

Der David Brown 900 kam 1956 auf den Markt. 1957 folgte eine verbesserte Variante.

Der Traktor 1200 Selectamatic von 1967 (67 PS, ab 1968 72 PS) war David Browns erstes Modell mit einem besonderen Handgriff zur Regelung des Zapfwellen-Nebenantriebs. Außerdem saß die Pumpe der Hydraulik nun vor dem Motor, und es gab eine Dreipunkt-Kupplung. Standard war hier auch ein gefederter Luxussitz. Dann kündigte man für 1970 das Allradmodell 1200 an. Der darauf folgende 1212 (72 PS) war der erste Traktor mit Halbautomatik vom Typ Hydra-Shift.

1971 wurde ein Synchrongetriebe mit zwölf Vorwärts- und vier Rückwärtsgängen an allen Modellen (bis auf den 1212) Standard. Der 885 löste den 780 und den 880 ab, deren beste Elemente er übernahm (unter anderem die „schlanke" Karosserieoption). Der nunmehr mit Synchrongetriebe versehene 990 wurde weiterhin gefertigt, während die Modelle 995

Der 850 Implematic war bis 1965 lieferbar. Hier sieht man die Vierzylinder-Version.

Der Dreizylinder David Brown 780 mit der benutzerfreundlichen Selectamatic-Hydraulik.

Aus dem 880 ging der 885 hervor, der einen Dreizylinder mit 2687 cm³ Hubraum führte.

Nachdem David Brown ein Teil von Case IH geworden war, liefen zahlreiche Modelle unter „Case".

und 996 die Lücke zwischen dem 990 und der älteren 1200-Klasse füllten. Der Traktor 996 besaß eine handgesteuerte Zapfwellen-Kupplung, während seine Hydraulikpumpe – anders als bei der 1200er-Klasse – hinter dem Räderkasten saß. Den 1200 löste der 1210 mit Synchrongetriebe ab. 1971 führte man auch das Weatherframe-Sicherheitssystem von David Brown ein, und im Jahre 1973 wurde der Drehstromgenerator Standard.

Dies ist der beliebte David Brown 990 Selectamatic. Er löste 1961 das Modell 950 ab.

1972 wurde die David Brown Tractor Company an die Tenneco Inc. aus Houston (Texas) verkauft und an eine andere berühmte Tenneco-Tochter, die J. I. Case Company in Racine (Wisconsin) angegliedert. 1988 war für alle Freunde von David Brown ein schlimmes Jahr: das Werk in Meltham schloss seine Tore, womit ein weiteres wichtiges Kapitel in der Traktorengeschichte endete. Dennoch betrieben David Brown Tractors und Case – nun unter der Flagge von Tenneco – gemeinsam Produktion, Marketing und Vertrieb.

Traktor Nr. 500 000: der 1412 (91 PS) von 1974, das erste echte Turbolader-Modell.

Deutz (Allis/Fahr)

1907–heute

Die Firma Deutz wurde von zwei Pionieren des Verbrennungsmotors gegründet, Nikolaus August Otto und Eugene Langen. Beide entwickelten Mitte der 1860er-Jahre einen Viertakt-Motor, den sie schließlich 1867 auf der Pariser Weltausstellung vorstellten. Anschließend gründeten Otto und Langen ein Unternehmen, die Gasmotoren-Fabrik Deutz AG, und gingen daran, die besten deutschen Ingenieure ihrer Zeit einzustellen, darunter Kapazitäten wie Gottlieb Daimler und Wilhelm Maybach.

1907 produzierte die Deutz AG ihre ersten Traktoren, aber auch einen Motorpflug, der damals als besonders fortschrittlich galt. 1926 stellte sie mit dem MTZ 222 einen Dieseltraktor vor. Sein Einzylinder-Motor erzeugte 14 PS und hatte Wasserkühlung (mit einem einfachen Einfülltrichter statt eines Kühlers). Dieser Dieselmotor führte zu grundlegenden Änderungen im deutschen Traktorenbau, und Deutz nahm bei Dieseln für Landmaschinen eine führende Rolle ein. Zu Beginn der 1930er-Jahre produzierte das Unternehmen die Stahlschlepper-Baureihe. Zu dieser gehörten die Modelle F1M 414, F2M 312 und F3M 315, die jeweils Ein-, Zwei- oder Dreizylinder-Dieselmotoren führten: die kleineren wurden mit einem elektrischen Mechanismus gestartet, die größeren mittels Druckluft. Im Betrieb erzeugte das Modell mit dem größten Hubraum bis zu 50 PS. Mittlerweile verkaufte Deutz seine Motoren auch an andere Traktorenhersteller. Dazu gehörte unter anderem die Firma Ritscher, welche Deutz-Diesel in den einzigen Dreirad-Traktor einbaute, den sie damals in Deutschland fertigte.

In den frühen 1930er-Jahren wurde der Deutz-Traktor stetig weiter entwickelt, und 1937 fertigte die Firma einen der ersten in Großserie produzierten Kleintraktoren.

Dieser wurde ebenfalls von einem Einzylinder-Diesel angetrieben, der nun 11 PS leistete (Zapfwelle, 540 U/min). Nun fusionierte man mit dem Maschinenbauer Humboldt und der Motorenfabrik Oberursel, und als Klöckner-Humboldt-Deutz fertigte die Firma im Zweiten Weltkrieg zahlreiche Fahrzeugtypen (zumeist mit Luftkühlung).

Deutz verwendete schon sehr früh Dieselmotoren mit einem, zwei oder drei Zylinder(n).

Die Modelle F1L 514 und F2L 514 von 1950 besaßen beide luftgekühlte Dieselmotoren.

Ein liebevoll restaurierter Deutz D15 mit Einzylinder-Diesel, fotografiert in Holland.

Zu Beginn der 1970er baute man den D80 06 mit einem Sechszylinder-Diesel (73 PS).

Nach dem Krieg nahm man die Massenproduktion wieder auf, und bald lief der 50000ste Traktor vom Band. In Frankreich gehörten Deutz-Modelle zu den meistverkauften Traktoren, was die Beliebtheit von Einzylinder-Maschinen europaweit steigerte. Vom Erfolg in Europa ermutigt, beschloss Deutz, die Produktionskapazität auszuweiten. Ab Mitte der 1960er kooperierte man mit dem Geräte-Hersteller Fahr, und 1969 fusionierten beide.

1967 hatte Deutz begonnen, Traktoren in die USA zu exportieren (u.a. den D5506 und den D8006), obwohl luftgekühlte Modelle dort nicht üblich waren. Mitte der 1980er erwarb Deutz die angeschlagene Firma Allis-Chalmers. Man hoffte, dass dieser be-

Ein Deutz D80 06 auf einem holländischen Acker. Der Motor war wegen seiner Lautstärke gefürchtet.

Mitte der 1980er erwarb Deutz Allis-Chalmers. Im Bild der Deutz-Allis 6265.

rühmte Markenname das US-Geschäft ankurbeln und Deutz Zugang zum großen Vertriebsnetzwerk von Allis-Chalmers verschaffen werde. Die ersten Deutz-Allis-Traktoren waren eine Kombination aus deutschen Importteilen und Allis-Zubehör. 1986 wurde aus dem Deutz-Fahr DX die Deutz-Allis-Serie 6200, die vom 6240 (43 PS, Zapfwelle) bis zum 6275 (71 PS, Zapfwelle) reichte. All diese Modelle führten luftgekühlte Deutz-Diesel. Dann wurden Fahrzeuge aus der Allis-Chalmers-Palette adaptiert und umbenannt, man produzierte den Deutz 5015, 8010, 8030, 8050, 8070 und 4W-305.

In den Folgejahren wurde das Deutz-Kontingent aufgestockt, da die alten Allis-Modelle schlecht liefen; die 7000er-Serie kam nun direkt aus Deutschland und führte Luftkühler-Diesel mit bis zu 144 PS. 1988 kündigte man an, die Firma White-New Idea werde für Deutz-Allis eine Traktoren-Klasse mit mehr als 150 PS bauen. Diese kamen in den nächsten Jahren als 9130, 9150, 9170 und 9190 heraus. Sie führten jedoch durchweg Deutz-Motoren mit 150 bis 193 PS und besaßen 18-Ganggetriebe mit Dreigang-Lastschaltung.

Im folgenden Jahr wurde Deutz-Allis von der Firma AGCO aufgekauft, und 1992 beschloss diese, die Deutz-Allis-Traktoren künftig AGCO-Allis zu nennen. Es sollten jedoch 4 Jahre verstreichen, bevor AGCO-Allis keine Deutz-Motoren mehr einbaute.

Als Allis-Teile in den USA knapp wurden, importierte man aus Deutschland u.a. den Deutz-Allis 7145.

1988 bildete die Serie 9100 die Spitze des Angebots. Hier der 9130 im Schwersteinsatz.

Der große, ebenfalls zur Klasse Deutz-Allis 9100 gehörige 9150 führte einen Sechszylinder von Deutz.

In Europa zog unterdessen der andere Zweig des Deutz-Konzerns, Deutz-Fahr, das Interesse mehrerer Großfirmen auf sich. Er wurde schließlich im Jahre 1995 von der italienischen SAME-Gruppe erworben. Mit diesem finanziellen Rückhalt setzte das Unternehmen Entwicklung und Bau mehrerer Hightech-Maschinen fort. Hervorzuheben war der Agrotron: dieser 1995 vorgestellte Traktor wirkte im Vergleich mit Zeitgenossen wie ein Produkt des Raumfahrtzeitalters. Seine lange, abfallende Kühlerhaube hatte als Design großen Einfluss, und der Motor – ein Deutz-Entwurf – war ein Diesel mit Wasserkühlung. Die Kabine war großflächig verglast und gewährte dem Fahrer optimale Rundumsicht; zu den größten Vorzügen des Typs gehörte seine elektronisch gesteuerte Hubhydraulik. Der Agrotron musste noch einige Kinderkrankheiten überwinden, doch am Ende sicherte sein Erfolg das

Am unteren Ende der Skala führte der 9130 ebenfalls einen Deutz-Sechszylinder mit 6129 cm^3 Hubraum.

Die Agrotron-Modelle (Mitte der 1990er) hatten großen Einfluss auf spätere Traktorkonstruktionen.

Überleben von Deutz unter den Fittichen von SAME. Es war indes keine große Überraschung, dass der nächste Traktor, der Agroplus, viel einfacher konzipiert war. Er basierte auf dem SAME-Modell Dorado, bekam jedoch Deutz-Motoren, deren Leistung zwischen 60 und 95 PS variierte. Deutz produziert weiterhin unter dem Banner von SAME. Seit den ersten Anfängen im frühen 20. Jahrhundert hat sich die Firma als eine von Europas langlebigsten Traktorenmarken bewährt.

Beim Motor des Deutz 2012 konnte man zwischen Leistungen von 75 bis 147 kW und vier bis sechs Zylindern auswählen.

Bei einer Motorleistung von 90–186 kW führt der Deutz 1013 wassergekühlte Vier- oder Sechszylinder.

Zur Agrotron-Serie gehören 15 Modelle mit zahlreichen Leistungs- und Ausstattungs-Optionen.

Die Modelle Agrotron 108 bis 165 führen starke Hochleistungsmotoren von Deutz.

Die abfallende Kühlerhaube und die Panoramascheibe ermöglichen eine gute Sicht auf die vorn angekoppelten Geräte.

Moderne Fahrzeuge besitzen Klimaanlagen und isolierte Kabinen zum Schutz vor Staub und Hitze.

E

Eagle

1906–1940er-Jahre

1906 baute die amerikanische Eagle Manufacturing Company ihren ersten Traktor. Er war eine schwere Zweizylinder-Maschine mit 32 PS und einem speziellen Kühlungssystem, bei dem Wasser aus einem Tank über ein Metallgitter strömte und so kühlenden Dampf erzeugte. Der nächste Eagle von 1911 war kein großer Erfolg, erst 1916 kam ein neues Modell heraus – eine große Vierzylinder-Maschine, die es auf 4 km/h brachte.

Anschließend machte sich Eagle an eine Serie von Kleintraktoren. So gab es den 8/16 (ebenfalls 1916), dessen Motor mit 400 U/min lief – für Maschinen dieses Typs ein sehr niedriger Wert. Da waren ferner der 1916-1932 produzierte Zweizylinder 16/30 und schließlich der Zweizylinder 12/20, den man später zum 12/22 und schließlich zum ab 1917 gefertigten 13/25 aufrüstete. Den ganzen Stolz der Firma bildete jedoch der 20/35, von dem es hieß, dass ihn „jedermann fahren und reparieren könne".

In den 1920er-Jahren wirkten die schweren Zweizylinder von Eagle allmählich veraltet (obwohl die Firma den 20/35 bis 1934 und den noch größeren 20/40 bis 1938 baute). 1930 produzierte Eagle – z.T. als Antwort auf diese Kritik – den überaus modern wirkenden 6A. Dieser führt zunächst einen Sechszylinder-Motor von Hercules, der jedoch von einem Sechszylinder-Waukesha abgelöst wurde. Zu den Weiterentwicklungen gehörten auch der 6B (für Hackfrüchte) und das Allzweckmodell 6C.

Eagle baute noch bis in die frühen 1940er-Jahre Traktoren. Im Krieg wurde die Produktion jedoch eingestellt und nie wieder aufgenommen.

Das Modell Eagle 6 löste dank seiner Wendigkeit und geringen Größe den mächtigen 20-35 ab.

Das Modell Eagle 20-35, ein Zweizylinder, der wegen seiner Größe schließlich unbeliebt wurde.

Eicher

1936–2005

Die deutschen Gebrüder Eicher – beide Ingenieure von Beruf – haben klein angefangen. Ihre Firma fertigte in den Jahren 1936–41 nur knapp 1000 Traktoren. Alle waren klein und von relativ einfacher Bauart. Von Deutz-Motoren angetrieben, ähnelten sie stark den Produkten der Firma Fendt, aber auch jenen von Deutz selbst. Nach dem Zweiten Weltkrieg entwickelten die Eichers jedoch eigene luftgekühlte Dieselmotoren. Von 1948 an wurden diese als Zwei-, Drei- oder Vierzylinder angeboten. Typische Modelle dieser Periode waren der EKL11 mit 1,5-l-Motor und jener Zweizylinder-Traktor (26 PS), der Eichers hauseigenen 2,6-l-Diesel führte. 1968 produzierte die Firma schließlich einen Sechszylinder-Diesel für den mächtigen Wotan-Traktor.

In den 1970er-Jahren prosperierte die Firma Eicher derart, dass Massey-Ferguson darauf aufmerksam wurde und Teilhaber des Unternehmens werden wollte. Massey-Ferguson war bereits Eigner von Perkins, und so begann Eicher, wassergekühlte Perkins-Motoren einzubauen. Bald danach fing man an, sich auf Traktoren mit Allradantrieb zu spezialisieren. Mitte der 1980er waren schon 120000 Stück gebaut worden, und man produzierte jährlich etwa 2000 weitere. Das Geschäftsklima wurde jedoch zunehmend rauer; der Ferne Osten galt als vielversprechender Markt, und so verlagerte man einen Großteil der Geschäfte nach Indien. Im Mai 2005 wurde Eicher von der indischen Firma TAFE übernommen, die so ihre Stellung als zweitgrößter Traktorenbauer des Subkontinents stärkte.

Der Eicher war für Kleinbauern gedacht: man beachte den Mähbaum an diesem Fahrzeug.

Die Traktorenfirma Eicher fing klein an; damals baute sie Modelle, die jenen von Deutz ähnelten.

In den 1970er-Jahren erhielten die Eicher-Traktoren etwas kantigere Karosserien und eine Kabine.

Emerson-Brantingham

1909–1928

Etwa um das Jahr 1850 erfand ein gewisser John H. Manny aus Rockford (Illinois) eine von Pferden gezogene Mähmaschine. Mit Hilfe der Investoren Waite Talcott und Ralph Emerson gründete er zu dessen Produktion eine Firma. Manny verstarb zwar kurz darauf, doch seine Partner arbeiteten als Talcott-Emerson weiter. 1895 dehnte die Firma ihr Tätigkeitsfeld auf weitere Landmaschinen aus. Emerson hatte inzwischen einen jungen Kaufmann namens Charles Brantingham eingestellt, der so erfolgreich arbeitete, dass man die Firma 1909 in Emerson-Brantingham umbenannte und Charles Brantingham als Vorstand fungierte.

Emerson-Brantingham begann rasch andere Firmen zu übernehmen, und so begann ihr Interesse an Traktoren. Von der Gas Traction Company erbte man den Big Four 30, ein Vierzylinder-Monstrum von 9,5 t Gewicht, das 60 PS leistete. Von Reeves & Co. übernahm die Firma eine Maschine des Typs 40/65, die sie dann noch bis 1920 baute.

Emerson-Brantingham begann auch eigene Traktoren zu entwickeln. 1916 brachte man das Modell L auf den Markt, ein Dreirad mit 12/20 PS, das einen Pflug mit drei Scharen zog. Abgelöst wurde dieser vom Vierradmodell Q 12/20, das bis 1928 in Produktion blieb. 1917 baute die Firma den kleinen 9/16, der auf den nun vom Fordson beherrschten Markt zielte. Er war jedoch kein Erfolg und wurde eingestellt. Es gab noch andere EBs, etwa das Modell AA (1918) und den 20/36 von 1919 – eine riesige Maschine mit Vierzylindermotor (stehende Ventile). Die 1920er Jahre erwiesen sich jedoch für die Firma als schwere Zeit: sie wurde 1928 von J.I. Case übernommen, und man baute keine EB-Traktoren mehr.

Das Modell L war das erste einer Serie von Kleintraktoren, die Emmerson-Brantingham auf den Markt brachte.

Fate-Root-Heath

1919–1954

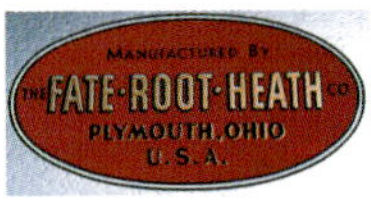

Ende des 19. Jahrhunderts zogen der Ziegeleiarbeiter J. D. Fate aus Pennsylvania und seine Partner nach Plymouth (Ohio), weil die dortige Gemeinde versprochen hatte, ihnen bei der Gründung eines Unternehmens zur Arbeitsplatzbeschaffung behilflich zu sein. 1882 begann die Fate & Gunsaullus Company mit dem Bau von Tonausformmaschinen zur Ziegelproduktion. 10 Jahre später zahlte Fate seine Partner aus und gründete die J. D. Fate Company. Dieser folgte im Jahre 1909 die Plymouth Truck Company, welche aber kein großer Erfolg wurde und schließlich 1915 geschlossen wurde.

Während Fate noch Lastwagen baute, fragte ihn einer seiner Kunden, ob er wohl eine Maschine fertigen könne, um die Maultiere zu ersetzen, die auf seinem Betriebsgelände die Loren zogen. Fates Feldbahn-Lokomotive wurde ein großer Erfolg und legte den Grundstein für das fortan wichtigste Produkt der Firma, die Plymouth-Lokomotiven.

1919 fusionierte Fate mit der Root-Heath Manufacturing Company zur Firma Fate-Root-Heath. Das neue Unternehmen baute weiterhin Tonausformmaschinen, Feldbahn-Lokomotiven und verschiedene Geräte zum Schärfen von Walzenrasenmähern. Die Geschäfte gingen gut, und die Firma prosperierte bis zum Börsenkrach von 1929.

In den frühen 1930ern gingen die Aufträge für Lokomotiven deutlich zurück. Um die Fabrik in Betrieb zu halten, brauchte Fate-Root-Heath ein Produkt, das sich in großer Menge absetzen ließ. Plymouth lang inmitten der fruchtbaren Äcker Ohios, und so schien ein Traktor die naheliegendste Ergänzung zu sein. Charles Heath schlug vor, einen Traktor zu bauen, um die Krise zu überstehen. Also konstruierte Floyd Carter, der Oberingenieur der Lokomotivenabteilung, ein mächtiges Ungetüm von Maschine, das ein großer Climax-Motor mit niedriger Drehzahl antrieb. Leider kam dieser Typ damals zugunsten kleiner, wendigerer Traktoren aus der Mode. Man stellte deshalb andere Ingenieure ein, und die Arbeit am neuen Traktor begann aufs Neue.

Heraus kam dabei ein wirklich neuartiger Typ, der Plymouth M. Dieses Modell war leicht und führte einen kleinen Motor mit hoher Drehzahl und Vierganggetriebe. Als Antrieb diente ihm der Hercules

Dieses Modell 42 (Mitte der 1940er) hat Gummireifen, die schon vor dem Zweiten Weltkrieg lieferbar waren.

Bürsten Sie den Schmutz von den Reifen, und Sie können sehen, was für ein adrettes Fahrzeug der Silver King ist!

Die Firma baute diese Traktoren anfangs unter dem Namen Plymouth, ging aber dann zu Silver King über.

IXA; es war ein Standardprofil-Fahrzeug mit einer Pflugschar. Die Ingenieure hatten eine Silberbronze erfunden, die gut haftete und auch vor Rost schützte. Da sie schon bei anderen Firmenprodukten zum Einsatz kam, lag es nahe, sie auch für den Traktor zu verwenden. Die Räder strich man als Kontrast blau. Damals trat der Farmer Luke Biggs, der einen eigenen Traktor gebaut hatte, bei Fate-Root-Heath ein. Zu den originelleren Merkmalen seiner Konstruktion zählte das vordere Einzelrad, und nachdem er Charlie Heath ein Bild gezeigt hatte, bot jener ihm sofort eine Stellung an. Biggs brachte den Traktor

Der Tank trug den Namen Silver King, doch auf den Kotflügeln stand Fate-Root-Heath zu lesen.

Ein R44 von 1937 im Schein der Abendsonne. Das R (für „rubber") verwies auf die Gummireifen.

und seine Erfahrungen mit dessen Bau in die Traktorenabteilung ein, und nach wenigen Wochen wurde er zu ihrem Leiter ernannt.

Das revolutionärste Element am neuen Plymouth-Traktor bestand darin, dass er als erste Zugmaschine mit Gummireifen fahren konnte. Obwohl die Firmenprospekte für diesen Reifentyp warben, gehörten zur Standardausstattung des Modells nach wie vor Eisenräder, während man Gummireifen extra bezahlen musste. Die ersten Plymouths bekamen vier Modellnummern (R-38, R-44, S-38, S-44), die sich ausschließlich auf Radstand und -typ bezogen. So war bspw. der R-38 ein Traktor mit Gummireifen und 38 Zoll (95 cm) Radstand, während der S-44 Stahlräder und einen Radstand von 44 Zoll (110 cm) besaß. Als sich das Angebot erweiterte, gab es auch weitere Modellnummern, und zeitweilig waren für die beiden Grundtypen nicht weniger als zehn verschiedene Nummern auf dem Markt.

Der Chrysler-Konzern verwendete den Markennamen Plymouth seit dem Jahre 1928 für seine Pkws und hatte gegen sein Erscheinen auf Lokomotiven nichts einzuwenden. Als aber Kleintraktoren dieses Namens mit 40 km/h über die Straßen sausten, gab es Ärger. 1934 stritten Fate-Root-Heath und Chrysler um die Namensrechte, aber die Tatsache, dass der Bau des einzigen Plymouth-Pkws aus dem Hause Fate-Root-Heath schon 1910 erfolgt war (also lange vor der Gründung von Chrysler), rettete die Traktorenfirma. Chrysler war sogar gezwungen, die Namensrechte für Plymouth von Fate-Root-Heath zu erwerben – angeblich für einen Dollar!

Die Firma brauchte also einen neuen Namen. Ihre Traktoren waren silbern lackiert, und die Belegschaft von Fate-Root-Heath hielt ihr Modell für den „König", sodass Charles Heath als Namen Silver King vorschlug. Er passte haargenau: deshalb sollten ihn ab der Seriennummer 143 alle Traktoren tragen.

1936 boomte das Traktorengeschäft wieder: jeden Tag rollten vier bis fünf Maschinen aus dem Werk. Biggs und seine Männer hatten einen Dreirad-Traktor entwickelt, der die Bezeichnung R-66 erhielt. Als Hackfrucht-Kultivator und -traktor konzipiert, besaß dieses Dreiradmodell ein einzigartiges Lenksystem aus Hebeln und Ketten, das als mächtiges Gebilde vor dem Kühler saß. Die niedrige, stabile Konstruktion des vierrädrigen Silver King (der auch Beleuchtung und Hupe besaß) machte ihn zum beliebten Allzweckfahrzeug (u.a. zog er in den Studios Filmkulissen).

In den späten 1930er-Jahren rollten die Traktoren sehr zahlreich vom Band. Die Montagebänder erfuhren eine Feinabstimmung, und wenn alle Teile zur Hand waren, konnte alle 30 Minuten ein Fahrzeug fertiggestellt werden. 1937 war für die Produktion des Silver King das beste Jahr: damals baute man über 1000 Stück. Im Jahre 1938 wurde der Dreirad-Traktor mit einem neuen rundlichen Kühlergitter ausgerüstet, das man 1939 auch dem neue Vierrad-Typ verpasste.

Die erste wichtige Änderung in der Mechanik des Silver King war 1940 zu verzeichnen. Der dreirädrige Traktor erhielt nun einen Continental-Motor, während beim vierrädrigen Modell vorübergehend einer vom Typ Hercules IXB-3 eingebaut wurde, bevor es ebenfalls den Continental erhielt.

Im Zweiten Weltkrieg entstanden nur sehr wenige Traktoren, da alle Baumaterialien knapp waren. Außerdem hatte das Verteidigungsministerium mit Fate-Root-Heath andere Pläne. Es bestand ein enormer Bedarf an Plymouth-Feldbahnen, und so konzentrierte die Firma fast ihre gesamte Kapazität auf diese und andere kriegswichtige Ausrüstungsstücke. Trotz dieser Schwerpunktbildung nahm man 1942 an der Baureihe Silver King die ersten großen Veränderungen vor: so bekamen alle Modelle den Motor Continental F-162. Der Traktor erhielt außerdem eine neu entwickelte Karosserie und wirkte so wirklich stromlinienförmig. Die Lenkung der Dreirad-Version wurde verändert, indem ein schlichter Zwischenhebel Kette und Zahnkranz ersetzte.

Der Tankverschluss dient bei diesem Vierzylinder-Hercules-Motor als Notbehelf für den fehlenden Schalldämpfer.

Auch nach dem Krieg blieb der Bedarf an Feldbahnen unverändert hoch, und der Wettbewerb war viel schärfer als auf dem Traktorensektor. Lokomotiven wurden nun zum Hauptgeschäftsfeld der Firma. Das hielt indes andere Unternehmen nicht davon ab, Fate-Root-Heath um Hilfe anzugehen, wenn sie die Nachfrage nach Traktoren befriedigen wollten. Cockshutt kaufte einige Fahrzeuge zu Testzwecken und war davon so sehr angetan, dass man Fate-Root-Heath aufforderte, Chassis und Achsantrieb für einen bei Cockshutt gebauten Traktor zu produzieren. Mangelndes Interesse verhinderte die weitere Zusammenarbeit.

Auch als die Unterstützung durch das Management nachließ, verbesserten die Ingenieure der Traktorenabteilung den Silver King ständig. Biggs und Co. waren ausgeschieden, doch die meisten Fließbandarbeiter waren nun frühere Farmer, und so herrschte kein Mangel an Verbesserungsvorschlägen. In der Nachkriegszeit baute man eine neue Hydraulik und andere Neuerungen ein.

1954 verlor das Management die Geduld mit der Traktorenabteilung und verlagerte die Produktion von Einzelteilen und Werkzeugen zur Mountain State Fabricating Company in Clarksburg (West Virginia). Obwohl man bei Mountain State wieder neu mit der Seriennummer 50000 anfing und etwa 75 Traktoren baute, waren die Tage des Silver King gezählt. Die Firma stellte seine Produktion ein und sandte die restlichen Teile nach Plymouth zurück. Dort endeten sie auf einem örtlichen Schrottplatz. Damit war Fate-Root-Heath völlig aus dem Traktorengeschäft ausgeschieden.

Der Name Silver King war auch in der Mitte des Kühlergitters zu lesen.

Fendt

1928–heute

Als die Brüder Hermann, Xaver und Paul Fendt aus Weimar in den 1920er-Jahren in einer Schmiede mit der Produktion von Traktoren begannen, konnten sie die gewaltigen Veränderungen noch nicht voraussehen, die in der Industrie des 20. Jahrhunderts vor sich gehen sollten. 1928 baute Hermann Fendt eine Mähmaschine, die kaum mehr als ein stationärer Motor mit Getriebe auf Rädern war. 1930 präsentierte er dann gemeinsam mit seinen Brüdern einen kleinen Traktor mit 6-PS-Motor, fest montiertem Pflug und unabhängig angetriebener Mähmaschine. Der Name dieses Traktorensystems lautete passenderweise Dieselross.

Am 31. Dezember 1937 wurde die Firma Xaver Fendt & Co. gegründet, und 1938 rollte bereits ihr 1000ster Dieselross-Traktor vom Band: ein F18 mit 16 PS. Im folgenden Jahr brachte man das Modell F22 auf den Markt. Mit seinem Zweizylinder-Motor, einem konventionellen Standkühler und Viergang-getriebe wies er auf künftige Entwicklungen voraus. 1942 führten der kriegsbedingte Mangel an Dieselöl und das Verbot aller Dieseltraktoren zur Entwicklung eines Methangas-Traktors mit 25 PS starkem Motor. Die Mangelsituation regte Fendt in der Folge dazu an, Modelle zu produzieren, die sich mit fast jeder Art von Brennstoff betreiben ließen.

Nach dem Zweiten Weltkrieg erlebte die Firma einen raschen Aufschwung (im Jahre 1946 setzte sie bereits insgesamt 1000 Dieselross-Traktoren ab). Gleichzeitig wechselte sie ihren Motorenlieferanten und verwendete fortan MWM- statt der Deutz-Modelle. Einer der letzten Fendt-Traktoren mit Deutz-Antrieb war der Einzylinder F18H (18 PS) aus dem Jahre 1949. Den Kontrast dazu bildete der stärkere Dieselross F28, der einen Zweizylinder von MWM führte. Beide Traktoren blieben jedoch dem ursprünglichen Dieselross-Konzept treu.

Der Dieselross F12L (12 PS) wurde zum ersten Mal im Jahre 1952 präsentiert und ging schließlich 1953

Der Name Dieselross bezeichnete eine ganze Reihe von Traktoren. Hier sieht man das Modell F15 von 1950.

Hier sieht man den kleinen 6-PS-Traktor mit Pflug, den Hermann Fendt und sein Bruder bauten.

in Serie. Die 12-PS-Zugmaschine der Firma Fendt kam ebenfalls 1953 auf den Markt. Der Favorit 1, ein Trendsetter in Sachen Design mit solchen Vorzügen wie einem 40-PS-Motor und Vielganggetriebe, wurde 1958 produziert.

Im Jahre 1961 rollte der 100000ste Fendt-Traktor vom Band, ein Farmer (30 PS). Mit bis heute über 60000 verkauften Exemplaren erwies sich der Tool Carrier, eine Maschine für Aufgaben wie Säen und Ernten, als besonders erfolgreiche Konstruktion. Ein technischer Durchbruch erfolgte dann 1968 mit dem Turbomatik, den man mit stufenlosem Automatikgetriebe produzierte.

Mit der 1976 eingeführten Favorit-Klasse, zu der Modelle von bis zu 150 PS gehörten, sprach Fendt einen neuen Marktsektor an. 1979 konnte die Firma eine ihrer stärksten Maschinen anbieten, den Favorit 626 mit einem 262-PS-Motor aus dem Hause MAN. Diesem Giganten folgte 1980 die Klasse Farmer 300; es gab sie mit Turbomatik und solchen Neuerungen wie 40 km/h Höchstgeschwindigkeit und gummigefederter Kabine. 1984 kam der 380 GTA System Traktor auf den Markt – ein Fahrzeug mit Rundumsicht, dessen Geheimnis sein Unterbodenmotor war. Im folgenden Jahr übernahm Fendt dann erstmals die Marktführung in Deutschland. Hightech und kompakte Maße bildeten die Markenzeichen der 200er-Klasse, die mit 40 bis 75 PS im Angebot war. Produziert wurde sie als Standardtraktor sowie als Spezialversion für Winzer und Obstbauern.

Die 800er-Klasse war der erste Schwertraktor mit Turboshift-Getriebe, hydropneumatischer Kabine, Vorderachsfederung und 50 km/h. Höchstleistungen erbrachte der Favorit 824 mit seinem 230-PS-Motor. Die ebenfalls 1984 eingeführte Baureihe Favorit 500 C (90 bis 140 PS) besaß erfolgreiche Vorzüge wie 50 km/h Geschwindigkeit, Sprungfederung und ein Turboshift-Getriebe.

Im Jahre 1995 kam das bahnbrechende Fahrzeug Xylon (110 bis 140 PS) auf den Markt. Es eignete sich für vielerlei Aufgaben auf dem Feld, im Landschaftsbau und in der Stadt und fing gewissermaßen dort an, wo der berühmte MB Trac aufgehört hatte. Es handelte sich um einen Systemtraktor mit zentraler Kabine, an den man gleichzeitig vorn und hinten Geräte ankoppeln konnte. Es gab insgesamt vier Ankopplungsmöglichkeiten, sodass sich mehrere Arbeiten in einem Gang erledigen ließen. Der Xylon hatte Allradantrieb und fast gleichgroße Räder; als Motor diente hier ein Vierzylinder-Diesel von MAN mit Zwischenkühler (bis zu 140 PS). Das Modell besaß eine Variofill-Turbokupplung, die den Turbo nach Bedarf zu- und ausschaltete. Das komplexe Getriebe hatte 24 Kriech- und 24 Arbeitsgänge; auf der Straße schafft der Traktor maximal 50 km/h. Mit vier Scheibenbremsen, Vorderachsfederung und voll isolierter Kabine war der Xylon ein durch und durch modernes Fahrzeug, das viele Elemente von Fendts konventioneller Favorit-Klasse übernahm. 1996 folgte ihm der Vario 926, der erste Traktor für Schwereinsätze mit stufenlosem Vario-Getriebe von Fendt.

Mitte der 1990er war Fendt die in Deutschland am häufigsten verkaufte Marke: sie deckte 17% des Marktes ab. Mit einem Gesamtabsatz von 10000 Stück war sie indes nach Weltmaßstäben noch klein und übernahmegefährdet. So kam es im Jahre 1997 dazu, dass Fendt im Riesenkonzern AGCO aufging.

Der Dieselross F12L wurde erstmals 1952 präsentiert und ging dann 1953 in Serie.

Hier sieht man den Fendt 309 LSA mit dem stufenlosen Turbomatik-Getriebe, das Fendt selbst entwickelte.

Als echter Mehrzwecktraktor erledigt der Fendt Xylon auf dem Hof mit Leichtigkeit vielfältige Aufgaben.

Der erste Vario 700 wurde 1998 präsentiert und entwickelte sich zur meistverkauften Traktorenklasse.

Hier kann man sehen, wie der zwischen 1995 und 2004 gebaute Xylon hohes Gras mäht.

Der neue 300 Ci führt als Motor einen brandneuen Vierzylinder-Turbolader mit 4 l Hubraum.

Im gleichen Jahr führte die Firma die Favorit-Klasse mit Vario (170 bis 260 PS) und stufenloser Lenktechnologie ein. Wichtiger noch war das Erscheinen der neuen Traktorengeneration Farmer 300C mit 75 bis 95 PS. Durch die Markteinführung der neuen Klasse Vario 700 (140 bis 160 PS) setzte Fendt in der Traktorentechnologie neue Standards: das innovative Lenksystem erhielt internationale Auszeichnungen. Ebenfalls 1998 kamen der 380 GTA-Turbo und der 370 GTA mit 75 PS auf den Markt. 2002 bot man den Favorit Vario mit variabler Geschwindigkeit an

Der 930 Vario ist mit seinem 310-PS-Motor selbst für die härtesten Einsatzbedingungen gerüstet.

Das Modell 206V. Fendt bietet Spezial, Standard- und Variotraktoren mit 65 bis 310 PS.

– 1 bis 32 km/h oder 2 bis 50 km/h. Theoretisch durfte der Vario auf der Straße bis zu 44 km/h fahren, aber im praktischen Einsatz sollte er bei 1680 U/min locker 50 km/h schaffen. Tatsächlich war die Version 2002 viel leichter als der ursprüngliche Vario zu bedienen – und auch effektiver. Sie blieb der einzige Traktor dieser Stärkeklasse mit stufenlosem Automatikgetriebe (ihr Sechszylinder-MAN-Motor mit Zwischenkühler erzeugte satte 271 PS). Seit dem Dieselross hat Fendt eine weite Strecke zurückgelegt, und man ist weiterhin einer der leistungsfähigsten europäischen Produzenten.

Extraniedrige Erntehöhe und hohes Kompressionsvermögen führen zu wohlgeformten, dichtgepackten Rundballen.

Die Serien 200 V, F und P umfassen 14 Modelle, beginnend mit dem schmalen Weinbergtraktor.

Die mittleren Vario-Traktoren mit hoher Motorleistung – wie dieser 400er – haben die Marke geprägt.

Ferguson

1884–1960

Henry George Ferguson kam am 4. November 1884 in der irischen Kleinstadt Growell (Cty. Down) bei Belfast zur Welt. Er zeigte schon sehr früh eine ungewöhnliche Begabung für alles Mechanische, hatte aber zur Enttäuschung seines Vaters nicht die geringste Lust, Farmer zu werden. Die Erfolge der Gebrüder Wright faszinierten den jungen Ferguson, und so besuchte er Flugtage und Ausstellungen in ganz Europa. Wieder im heimischen Belfast, überzeugte er seinen Bruder Joe davon, dass der Bau eines Flugzeugs ihrem Garagengeschäft förderlich sein werde! Dessen Konstruktion nahm das ganze Jahr 1909 in Anspruch, wobei sich noch mehrere Änderungen und Verbesserungen ergaben. Als der Tag des ersten Flugversuchs nahte, zog man die Maschine durch Belfasts Straßen zum Hillsborough Park. Erste Startversuche scheiterten indes an Propellerproblemen und am schlechten Wetter. Am 31. Dezember 1909 war das Flugzeug dann endlich fertig. Ein Reporter des „Belfast Telegraph“ schrieb dazu: „Das Röhren der acht Zylinder klang wie die Salve eines Gatling-Maschinengewehrs. Die Maschine wurde nun in den Wind gedreht, und die Zugkraft des prächtigen neuen Propellers ließ sie erzittern, während Mr. Ferguson den Schalthebel nach vorn drückte. Als er aufs Pedal trat, erhob sich das Flugzeug unter dem Jubel der Zuschauer neun bis zwölf Fuß hoch in die Lüfte.“

So gelang Ferguson der erste Flug in Irland, und damit war er auch der erste Brite, der persönlich ein Flugzeug baute und flog.

Henry Ferguson – gemeinhin Harry genannt – heiratete im Jahr 1913 seine Braut Maureen. Anschließend machte er sich mit Hilfe des Ingenieurs Willie Sands daran, den so genannten Belfast-Pflug zu entwickeln. Diese Maschine wurde als Zusatzgerät für den Ford Eros geplant, die Traktorenvariante des Autos Modell T. Im Jahre 1917 schließlich stand er als erster räderloser Pflug zum Einsatz bereit; seine erste Erprobung fand vor einem Publikum aus Farmern in Coleraine statt.

Ford hatte bereits angekündigt, er wolle in Cork eine Traktorenfabrik bauen, doch unglücklicherweise beschloss die Firma, 6000 Exemplare ihres neuesten Fordson F aus den USA zu importieren, noch bevor das Werk fertig war. Der F war nach dem Eros der meistverwendete Traktor und leichter als alle Zeitgenossen. Billiger als der Eros, verkaufte er sich reißend. Als er in Massen auf den Markt geworfen wurde, war Fergusons Pflug nicht mehr gefragt.

Ferguson grollte nicht lange über seinen Misserfolg, sondern verkaufte die Restbestände des Eros-Pflugs. Dann konzentrierte er sich voll und ganz auf die Entwicklung eines speziell für den Fordson F gedachten Modells. Heraus kam so der berühmte Ferguson-Pflug mit seiner Zweipunkt-Anhängerkupplung, die man später Duplex-Kupplung nannte. Sein größter Vorzug – neben dem geringen Gewicht – bestand darin, dass er nicht auf den Fahrer auffahren konnte, wenn der Traktor auf ein Hindernis stieß und so unvermittelt gebremst wurde. Das war das Grundprinzip aller künftigen Ferguson-Kupplungen, nämlich der „virtuelle Knotenpunkt“. Die Ferguson-Kupplung mit ihren simplen Querlenkern ermöglichte es, dass der Pflug gezogen wurde, wenn der Kupplungspunkt nah am Boden und unweit vom

Hier wird die Ferguson-Dreipunktkupplung vorgeführt – ein häufig kopierter Entwurf.

Nahansicht der berühmten Ferguson-Dreipunktkupplung.

Harry Ferguson suchte jemand, der seine Konstruktion verkaufen konnte, und so entstand der Brown-Ferguson.

Traktorzentrum lag. Er ließ sich auch vom Sitz aus mit einem federunterstützten Hebel anheben und senken. Die geniale Geometrie des Ferguson-Systems verschaffte auch leichten Anhängegeräten ohne eingebautes Gewicht eine größere Eindringtiefe.

1925 präsentierte Ferguson eine weitere wichtige Erfindung, die Zugsteuerung. Sie ermöglichte es, die Tiefe des Anhängegeräts automatisch einzustellen – je nachdem, wie viel Kraft zum Durchpflügen des Bodens nötig war. Damit besaß man die perfekte Ergänzung zum „virtuellen Knotenpunkt“. Weitere Änderungen (u.a. die Hinzufügung eines dritten Arms) gipfelten in der Dreipunkt-Kupplung.

Es war nicht leicht, eine Firma zu finden, die das neue System übernahm – während der Weltwirtschaftskrise herrschte Geldknappheit. Die Morris Motor Company zeigte zwar Interesse, zog sich aber im letzten Augenblick zurück. Ferguson beschloss daher, selbst einen passenden Traktor zu entwickeln. Gebaut wurde dieser 1933 in seiner Belfaster Werkstatt, wobei man viele Komponenten (z.B. den Hercules-Motor und das Getriebe von David Brown) hinzukaufte. Zur Vervollständigung dienten Fergusons Dreipunkt-Kupplung und Zugsteuerung. Ein Dreigang-Getriebe mit Dauereingriff übertrug die Kraft auf die Spiralkegel-Hinterachse; die Feinabstimmung unterstützten eigenständige Bremsen. Der Traktor hatte wie die frühen Fordsons Speichenräder

Der Brown-Ferguson ähnelte dem ersten „schwarzen“ Traktor, führte jedoch als Motor einen Coventry Climax.

und lief mit Benzin oder Paraffin. Man nannte ihn Ferguson Black. Nachdem die Maschine fertig war, brauchte Ferguson jemand, der sie in Massen produzierte. Das übernahm David Brown, wo man bereits die Ersatzteile fertigte. Er gründete die David Brown Tractors Ltd., und der Traktor wurde fortan schlachtschiffgrau statt schwarz lackiert.

Im Oktober 1938 schickte Harry Ferguson den Traktor Nr. 722 mitsamt Anhängegeräten in die USA. Der Amerikaner Ebner Sherman, der in den 1920ern den Ferguson-Pflug mit Duplex-Kupplung gefertigt hatte, sorgte dafür, dass Harry Ferguson seinen Traktor Henry Ford sen. vorführen konnte. Der war tief beeindruckt, und man kam per Handschlag ins Geschäft. Das Abkommen besagte, dass Ford für Harry Ferguson einen Traktor mit allen neuen Erfindungen und Konstruktionen des letzteren bauen sollte. Nachdem Ferguson nach England zurückgekehrt war, baute Ford zwei Prototypen, die sich aber als völlig unbrauchbar erwiesen. Im Februar 1939 reiste Ferguson mit einem kleinen Ingenieurteam nach Dearborn, und unter ihrer Leitung begann man erneut an einem Prototyp namens 9N zu arbeiten. Fords Produktionsingenieure machten den neuen Traktor mittels der neuesten Fließbandtechnik in Rekordzeit serienreif. Ferguson musste einen Ford-Motor mit seitlichen Ventilen akzeptieren, obwohl er hängende bevorzugt hätte; man bemühte sich, nach Möglichkeit vorhandene Teile zu nutzen, und die Schaltung glich der des alten A.

Schließlich kam der 9N mit einem modifizierten Zerstäuber des Typs Holley 295, der mit TVO (Tractor Vaporising Oil) lief, nach Großbritannien; man nannte ihn 9NAN. Rohstoffmangel im Krieg erzwang die Produktion des Allzweckmodells 2NAN. Als Henry Ford II 1945 das Firmenimperium übernahm, bestand seine erste Aufgabe darin, wieder schwarze Zahlen zu schreiben. Er wollte keine Traktoren produzieren, die eine andere Firma verkaufte. So wurde das Abkommen zwischen Ford und Ferguson 1947 gekündigt, und ab 1948 baute Ford seinen eigenen Traktor, den 8N, der nur ein verbesserter 9N mit anderem Anstrich war.

Das Ganze endete vor Gericht, wo das Verfahren am 29. März 1951 begann.

Nach langen, kostspieligen Verhandlungen akzeptierte Ferguson einen Vergleich in Höhe von 9,25 Mio. US-$, der lediglich die unerlaubte Verwendung der Ferguson-Hydraulik kompensierte. Die Klage wegen entgangener Gewinne wurde hingegen abgewiesen.

Im Zweiten Weltkrieg betrieb die Standard Motor Company im Auftrag der Regierung eine neue „Schattenfabrik", die Flugzeugmotoren baute. Sie lag in Banner Lane (Coventry) und stand leer, nachdem der Krieg zu Ende war. Der Standard-Vorsitzende Sir John Black und Harry Ferguson schlossen ein Abkommen, nach dem Ferguson für Entwicklung, Vertrieb und Service verantwortlich war, während die Standard Motor Company den Bau übernahm. Bald entstand der TE20 (TE = Tractor England), der erstmals am 6. Juli 1946 vom Band lief.

Der kleine graue Fergie erledigt treu alle Arbeiten, hier bei der Heumahd. Man beachte den Überrollbügel.

Dieses liebevoll restaurierte Modell ist ein TE20, der noch die Farben des Surrey County Council trägt.

Er führte einen amerikanischen Z-120 von Continental, bis ab Juli 1948 der Standard Vanguard (2088 cm^3) eingebaut wurde. 1951 folgte eine Diesel-Variante, der TEF20.
Ferguson baute auch in Detroit eine Fabrik, wo man eine amerikanisierte Version fertigte, den TO20. Er wurde später zum TO35 mit stärkerem Motor und Sechsganggetriebe aufgerüstet.
1953 fusionierte Massey Harris mit Ferguson und übernahm bald die Leitung. Ein Prototyp namens Ferguson 60 wurde entwickelt, aber nie produziert. Als Harry Ferguson merkte, dass er nichts mehr zu sagen hatte, ließ er sich abfinden. Er starb am 25. Oktober 1960.

Dieser TE20 wurde hergestellt, nachdem sich Ferguson mit Brown und Ford zerstritten hatte.

Das Modell T20: bei der seltsamen Konstruktion über den Rädern handelt es sich um Kästen zur Verbreiterung des Profils.

Hier sieht man einen restaurierten Ferguson TEA, der normalerweise einen Pkw-Motor führte.

Dieser Fergie ist ein TO (Abkürzung für „Tractor Overseas"). Gebaut wurde das Modell in Detroit (USA).

Ein ausländisches Werbeplakat für das Dieselmodell FE, eine modernisierte Version des ursprünglichen T20.

Der TE20 im Schwereinsatz. Dieses Ferguson-Modell wurde von der englischen Firma Standard Motor gebaut.

Ein seltener Traktor: die US-Version des Ferguson 35 mit Continental-Motor (2212 cm³).

Der Ferguson 35 mit dem goldenen Motor wurde nur etwa ein Jahr lang hergestellt.

Den Ferguson Road Roller bekommt man sogar auf Oldtimer-Treffen nur selten zu Gesicht.

Fiat

1919–heute

Der Erste Weltkrieg war noch im Gange, als sich eine Gruppe italienischer Industrieller und Regierungsvertreter auf einem Feld bei Turin mit dem Unternehmer Giovanni Agnelli trafen, um dort Italiens (eventuell sogar Europas) erstes Traktorenwerk zu besichtigen. Der Fiat 702 wurde ab 1919 verkauft und im Turiner Werk gemeinsam mit Pkws und Lkws produziert. Das zum Pflügen und als Antrieb stationärer Dreschmaschinen gedachte Modell 702 galt schon bald als einer der besten Traktoren der Welt und wurde in großen Stückzahlen exportiert. Es spielte bei der Agrarrevolution des frühen 20. Jahrhunderts eine wichtige Rolle. Der für den 702 gewählte Motor stammte ursprünglich aus einem 3,5-t-Lkw von Fiat. Er war ein Vierzylinder und leistete als Benziner 30 PS, in der Paraffinversion hingegen 25 PS. Im Laufe der folgenden Jahre produzierte man neben dem modernisierten, für die Industrie gedachten Traktor 703 noch mehrere Varianten dieses Modells.

Gegen Ende der 1920er-Jahre kam die kleinere Baureihe 700 auf den Markt, und zwar in einer Rad- und einer Kettenversion, die beide wahlweise Diesel- oder Benzinmotoren führten. Die Raupenversion 700C aus dem Jahre 1932 war wohl der am häufigsten verkaufte italienische Traktor seiner Zeit, und sein Erfolg trug – zusammen mit dem Erwerb der Firmen Ansaldo, Ceriano, SPA und OM – zur Stärkung der Traktorensparte von Fiat bei. Der Raupenschlepper führte einen Vierzylinder-Motor mit 30 PS und war vorn mit einem Planierpflug versehen. In den 1930ern baute die Firma außerdem den 708C und das Modell 40. Letzteres hatte einen Boghetto-Motor, der sich mit Benzin starten ließ und nach Erreichen der Betriebstemperatur zu Diesel überwechselte. Im Zweiten Weltkrieg bildeten diese Raupenschlepper und Traktoren die Grundlage zahlreicher italienischer Militärfahrzeuge. So führte bspw. der Panzer L6/40 einen SPA-Motor.

Der Zweite Weltkrieg führte in Italien zu großen Zerstörungen. Danach konnte Fiat zwar viele Kleinwagen absetzen, aber mit Traktoren verhielt es sich ganz anders. Es galt kaum große Landgüter zu beliefern, und Fiat-Traktoren waren für normale Bauern zu groß und zu teuer. Die Lösung bildete ein Fahrzeug, das sich für alle eignete: Das Modell 18 oder „La piccola“ (Die Kleine) konnte auf großen Höfen große Aufgaben und auf kleinen kleine erledigen. Es

Ein Musterexemplar des Modells Fiat 702, das vor allem Pflüge zog und Dreschmaschinen antrieb.

Fiat baute auch in großem Umfang Raupenschlepper für Baufirmen und Landwirte.

war ungemein erfolgreich: im ersten Jahr verkaufte man 2550 Stück, und es gab insgesamt etwa 30 Varianten. Der kleine Traktor hatte sechs Vorwärts- und zwei Rückwärtsgänge, die mit einem lüftgekühlten 18-PS-Motor gekoppelt waren. Auch in

Dieser Fiat 1100, der sich bei einem Traktor-Wettziehen präsentiert, hat etwas breitere Reifen.

Rumänien, Jugoslawien, der Türkei und Argentinien fand er reißenden Absatz.

1962 ging Fiat mit der türkischen Firma Koa Holding ein Joint Venture ein. Damals war bereits eine Riesenauswahl von Fahrzeugen aller Größen und Typen im Angebot. Vier Jahre später wurde eine Sparte für Traktoren und Erdbewegungsmaschinen eingerichtet, und 1970 gründete man dafür im süd-

Auf einem Oldtimer-Treffen war dieser seltene Fiat 18 „La piccola" zu sehen.

Der Spezialtraktor 500 war nicht so erfolgreich wie der Pkw Fiat 500, doch bei den Bauern beliebt.

Der zwischen 1965 und 1968 gebaute Fiat 315 führte einen Vierzylinder-Diesel mit 33 PS.

Der Raupentraktor Fiat 505, ein schweres, robustes Fahrzeug für härteste Einsätze.

Das 1975 gefertigte Modell Fiat 780 besaß einen Vierzylinder-Motor mit 3670 cm³ Hubraum.

Der Traktor Fiat 100-90 besaß einen Sechszylinder-Motor und zwanzig Vorwärtsgänge.

italienischen Lecce die Fiat Macchine e Movimento Terra S.p.A. Anschließend übernahm die neue Firma Simit, den führenden italienischen Hersteller hydraulischer Bagger, und 1974 bildete Fiat Macchine e Movimento Terra mit dem US-Produzenten Allis Chalmers ein Joint Venture, aus dem der neue Konzern Fiat-Allis hervorging. Im gleichen Jahr gründete man die Fiat Trattori S.P.A., die 1975 auch Teilhaber des Laverda-Konzerns wurde.

Das Modell 90-90 wurde zwischen 1984 und 1991 gebaut; es führte einen Vierzylinder-Dieselmotor.

1977 übernahm Fiat die Firma Heston – damit verschaffte sich das Unternehmen Zugang zum riesigen US-Markt. Gleichzeitig erwarb es die Firma Agrifull, welche sich auf kleine bis mittlere Traktoren spezialisiert hatte. Mit der Pakistani Tractor Corporation kam es 1983 zu einem Joint Venture, und ein Jahr später wurde Fiat Trattori zu FiatAgri, der Konzernholding für den Landmaschinensektor. Neben weiteren Fusionen und Firmenkäufen konzentrierten sich alle Aktivitäten von FiatAgri und Fiat-Allis auf die Bildung der neuen Firma FiatGeotech. Anschließend erwarb man Ford New Holland, und das Konglomerat hieß fortan N.H. Geotech. So kamen durch einen komplizierten Integrationsprozess all diese Firmen unter ein gemeinsames Dach.

Gegen Ende der 1980er kam die neue Traktoren-Baureihe 90 mit 55 bis 180 PS heraus. Die Fusion mit New Holland stärkte Fiats Position auf dem weit größeren Markt für moderne Traktoren, und die Modelle der Baureihe New Holland 70 wurden auf einigen Märkten als Fiat G angeboten (und zwar in Fiat-Rot statt New-Holland-Blau). Unabhängig von

der Farbe waren es jedoch die gleichen Produkte, und der Name war nur Teil einer großen Umbenennungsaktion, die in beiden Richtungen funktionierte. So wurde etwa die L-Serie in einigen Ländern auch als New Holland 5635 verkauft.
Mitte der 1990er-Jahre kam die Baureihe 66S auf den Markt, deren Motoren 35 bis 60 PS erzeugten. Alle Modelle führten Dreizylinder-Diesel und hatten Getriebe mit 16 bis 22 Gängen. Die größeren 66er brachten es auf 65 bis 80 PS, die stärkere Reihe 93

Hier sieht man den Sechszylinder-Turbodieseltraktor Fiat 44-28 mit seiner Gelenkkabine.

hatte bis zu 85 PS (mit Turbolader) vorzuweisen.
Der komplexe Prozess von Firmenkäufen, der den ganzen Fiat-Konzern umgekrempelt hatte, war aber noch lange nicht zu Ende. Als die Versatile Farm Equipment Company Bestandteil von Ford New Holland wurde, expandierte der US-Zweig von N.H. Geotech noch stärker. 1993 benannte sich N.H. Geotech in New Holland um; das war die Geburt des Weltkonzerns GNH, der wächst und wächst …

Ford

1928–1994

Der für seine wichtigen Beiträge zur Automobilindustrie berühmte Henry Ford war der Sohn eines Farmers aus Michigan und erkannte früh die Notwendigkeit, Landwirtschaft mit neuester Technik zu betreiben. Der Erfolg seines Traktors Modell T vermochte den Ford-Vorstand jedoch nicht davon zu überzeugen, dass Zugmaschinen eine Investition wert waren. So war Ford, als seine eigenen Versuche mit dem Modell F 1917 allmählich Früchte trugen, gezwungen, zur Vermarktung eine neue Firma zu gründen (s. FORDSON). Als er mit dem Modell F im Jahre 1928 großen Erfolg hatte, schloss Ford die Fordson-Fabrik in den USA und verlagerte die Produktion nach Irland und Großbritannien.
Er dachte aber weiterhin daran, in den USA Traktoren zu bauen. Seine Ingenieure entwarfen und testeten in den 1930ern sogar einige Prototypen. Heraus kam dabei der Ford 9N, dessen Vorbild gemäß einem persönlichen Übereinkommen zwischen Ford und Harry Ferguson der Ferguson-Brown-Traktor war.
Der Ford 9N war ein revolutionärer Entwurf: niedrig gebaut und mit 1061 kg relativ leicht, verkörperte er einen neuen Typ des Nutztraktors, der sich für alle Arbeiten auf den Höfen eignete. Er führte einen ruhig laufenden Vierzylinder, hatte eine schalldichte

Henry Ford übte auch auf den Landmaschinen- und Traktorenbau einen starken Einfluss aus.

Als Sohn einer Farmerfamilie hatte Ford ein gutes Gespür für die Bedürfnisse der Landwirte.

Diese Plakette zeugt deutlich von der Geschäftsbeziehung zwischen Harry Ferguson und Ford.

Kabine und besaß elektrische Zündung sowie Luftdruckreifen. Die wichtigsten Verbesserungen bildeten jedoch die Anhängerkupplung und -lenkung von Ferguson, welche die Arbeit auf dem Feld schneller und effektiver gestalteten.
Der 9N, das Ergebnis der Zusammenarbeit von zwei bedeutenden Traktorenbauern, wurde ein durchschlagender Erfolg. Im ersten Halbjahr nach der Präsentation 1939 verkaufte man etwa 10 000 Stück, was es der Firma Ford, die gegenüber der Konkurrenz zurückgefallen war, ermöglichte, ihren Marktanteil bedeutend zu vergrößern.

Der Ford 2N besaß anfangs wegen des kriegsbedingten Rohstoffmangels weder Elektrik noch Gummireifen.

Im Jahre 1942 musste Ford jedoch die Produktion des 9N einstellen, da alle Rohstoffe nun der Rüstungswirtschaft zugeführt wurden. An seine Stelle trat für kurze Zeit der 2N, ein Traktor, der auf weniger knappe Werkstoffe angewiesen war.
Im April 1947 starb Henry Ford – der Mann, der dem Durchschnittsamerikaner das Auto geschenkt hatte –

Dearborn (USA) war „Ford Country", und dort lagen auch seine Farmen.

mit 83 Jahren. Sein Tod bedeutete für die Zusammenarbeit zwischen Ford und Ferguson das Ende. Fords Enkel Henry Ford II kündigte den Verkauf einer modernisierten Version des Modells 9N an, an der Ferguson nicht mehr beteiligt sein würde – eine kostspielige Entscheidung, da Ferguson nun imstande war, direkt mit Ford zu konkurrieren. Das blieb jedoch einstweilen noch Zukunftsmusik. Unterdessen baute Ford mit dem Traktor 8N seinen Marktanteil aus: er sollte sich zum meistverkauften Modell der Firma entwickeln.

Zu den wichtigsten Neuerungen am 8N gehörte sein Vierganggetriebe. Das Modell führte jedoch nach wie vor das schon in der Baureihe 9N verwendete Ferguson-System, und diese unerlaubte Nutzung wurde zum Kernpunkt des Streites, in dem Ferguson gegen Ford prozessierte. Trotz hoher Verkaufszahlen zwang das Urteil Ford, einen neuen Hydraulikstellantrieb einzubauen. Diese Änderung kam dann beim 1953 auf den Markt gekommenen Ford NAA zum Einsatz, den man oft „Jubilee" (Jubiläum) nannte, weil er zum fünfzigsten Jahrestag der Firma präsentiert wurde.

Das Prinzip des vereinfachten Montagebands, das Ford erstmals beim Pkw Modell T eingeführt hatte und auf dem auch die Ford-Traktoren entstanden, endete 1954 mit dem NAA. In diesem Jahr präsentierte man die Baureihen 600 und 800. Die 600er-Traktoren basierten auf dem NAA-Entwurf und waren für Kleinfarmer gedacht, während sich die stärkeren 800er an größere Betriebe richteten.

Ford bemühte sich nunmehr, sämtliche Sektoren des Traktorenmarkts zu bedienen. So brachte man den 700 und den 900 heraus. Beide waren Dreirad-Modelle, die sich für eine Vielfalt von Aufgaben eigneten, u.a. für die Bestellung von Hackfruchtäckern. Ansonsten glichen sie von ihrer Grundkonzeption her den Baureihen 600 und 800.

1957 beschloss Ford, das Gesicht seiner Produktpalette gründlich aufzupolieren. Die wichtigste Änderung lag dabei in der Hinzufügung einer Reihe von Querstäben am vorderen Kühlergitter. Alle lieferbaren Typen behielten ihre jeweilige Spezifikation bei, doch nun stand am Ende jeder Modellnummer statt der „0" eine „1". So wurde aus dem 600 der 601 usw. Außerdem steigerte man die Leistung der Baureihen 601 und 801 durch den Einbau von Workmaster- bzw. Powermaster-Motoren. Alle Ford-Traktoren ließen sich fortan optional auch mit Flüssiggas antreiben.

Der Ford NAN lief mit Benzin und TVO; er wurde 1950 in den USA hergestellt.

Ford war entschlossen, an der Spitze zu bleiben. Dieses Werbeplakat zeugt vom Streben nach immer höherer Leistung.

In Großbritannien war der Fordson New Major ein großer Verkaufsschlager, doch nun galt er als zu groß für manche Aufgaben. 1957 erkannte Ford, dass das Fehlen eines brauchbaren Kleintraktors seine Marktstellung in Europa gefährdete. Um dem gegenzusteuern, entwickelte man den Dexta, der einen Dreizylinder-Diesel von Perkins führte.
Wie die Dexta-Story vermuten lässt, zehrte Ford in dieser Periode hauptsächlich vom Erfolg des Fordson in Europa. 1958 wurde der Fordson New Major vom Power Major abgelöst. Letzterer besaß – wie schon sein Name andeutet – eine stärkere Version des Motors, der Europas Traktorenindustrie revolu-

1959 präsentierte Ford die Einfurchen-Serie 501 mit dem Farbschema „Red Belly" (roter Bauch).

Der NAA löste den 8N ab und wurde zur Feier des 50jährigen Firmenjubiläums auch „Golden Jubilee" genannt.

tionierte, und führte damit einen konkurrenzfähigen Diesel ein. So brachte Ford nach und nach modernere Versionen all dieser Modelle heraus.

Als der Super Major 1961 den Power Major ablöste, baute man anstelle des Dexta den Super Dexta.

1959 hatte Ford das Getriebe Select-O-Speed eingeführt. Es war auf zehn Vorwärts- und zwei Rückwärtsgänge ausgelegt und sollte den Landwirten das Fahren in unebenem Terrain erleichtern. Dieses Projekt erweis sich aber zunächst weitgehend als Fehlschlag, denn die ersten Modelle mussten ständig repariert und umkonstruiert werden. Nach langer Fortentwicklung hatten die späteren Versionen des Systems jedoch Erfolg.

Ende 1961 brachte Ford als Ablösung für die Baureihe 601 die 2000er-Serie heraus; am oberen Ende des Spektrums ersetzten die 4000er mit ihren mächtigen Sechszylindern die Reihe 801 (der Ford 6000 wurde hingegen ein Fehlschlag, und man musste alle Exemplare wegen technischer Mängel ersetzen.) Inzwischen führte man zur Harmonisierung der amerikanischen und europäischen Traktorensparten den Fordson Super Dexta aus europäischen Werken in die USA ein und verkaufte ihn dort als Ford 2000 Diesel, während der Fordson Super Major als Ford 5000 herauskam. Die Marke Fordson gab man auf, sodass alle Ford-Traktoren nun das gleiche Markenzeichen und einen blau-grauen Anstrich trugen. Henry Fords Vision vom weltweiten Traktorenbau war damit wahr geworden, und die Traktoren gliederten sich nicht länger in Ford und Fordson auf.

1965 rüstete man die Modelle 2000 bis 4000 mit einem neuen Dreizylinder-Diesel auf. Der 5000 bekam einen Vierzylinder-Diesel, während der 6000 in Commander 6000 umbenannt und zur Behebung seiner Kinderkrankheiten umkonstruiert wurde. Im Laufe der folgenden zehn Jahre expandierte die gesamte, nun ausschließlich nach „Tausendern" benannte Ford-Modellpalette. Dennoch bewahrten vie-

Ende 1961 präsentierte Ford als Spitzenmodell den 6000. Er führte einen mächtigen Sechszylinder.

Wie der Werbetext deutlich betont, war der Traktor 6000 zweifellos groß, stark und bequem.

Der Ford 4000 kam zu Beginn der 1960er-Jahre als Ablösung für die Modelle 800/900 auf den Markt.

le Typen die alte niedrige „Utility“-Anordnung, wo der Fahrer rittlings über dem Getriebe saß.
In den 1970er-Jahren wandte Ford sich auch den Kleintraktoren zu. Auf diesem Sektor betätigte sich die Firma derart erfolgreich, dass sie gegen Ende des Jahrzehnts das ganze Spektrum anbot, vom 11-PS-Modell 1100 bis zum 1900 mit 27 PS. Alle Kleintraktoren aus dem Hause Ford trugen nun die Bezeichnung „10“, die bei den meisten kleinen auf deren Dreizylinder-Diesel und bei mittleren auf die 16-Gang-Option verwies. Weitere Optionen waren nun Allradantrieb und Vorderachs-Starthilfe.
1985 kaufte Ford den Gerätehersteller New Holland. Die Firma verfügte nun über alle Landmaschinen, die man mit Traktoren einsetzen konnte. Wenig später kündigte Ford (sicher aus finanziellen Gründen) an, man werde die ganze Traktorenbausparte aus den USA verlagern. Die kleineren Modelle sollten fortan in Basildon (Großbritannien), die größeren im belgischen Antwerpen gefertigt werden.
Was Traktoren anging, blieb die Strategie der Firma einigermaßen verwirrend. 1987 kaufte Ford die Versatile Farm Equipment Company, und die nun New Holland Inc. benannte Firma brachte eine Reihe von Super-Traktoren auf den Markt. Aus den vorhandenen Versatile-Maschinen wurden Ford Versatiles mit dem blau-grauen Ford-Anstrich. Als Antrieb dienten ihnen V8-Motoren vom Typ Cummings, deren Leistung 193 bis 360 PS betrug.

Der Traktor 5000 war unmittelbar vom Fordson Super Major abgeleitet.

Der Ford FW 30 führte einen starken Achtzylinder-Motor (14797 cm^3) der Firma Cummins.

Der zwischen 1975 und 1981 gebaute 4610 führte einen Ford-Dreizylinder mit 3294 cm^3 Hubraum

Es war keine Schande, wenn man diesen Traktor nicht als Ford erkannte – es ist aber das Modell 334 von 1982.

In den späten 1980er-Jahren produzierte man in steigender Anzahl technisch ausgefeilte Traktoren. Fords Antwort darauf war die 20er-Serie. An den Modellen 1120 bis 1520 wurde ein Neunganggetriebe eingebaut, während es Vorderrad-Starthilfe

Traktoren müssen nicht immer groß sein: hier sieht man den ideal für leichte Arbeiten geeigneten Ford 4110.

Nach der Übernahme von New Holland kaufte Ford 1985 auch Versatile. Dies ist der 276 von 1987.

Ein Ford TW-15 wartet, während die angekoppelte Reihendüngmaschine gefüllt wird. Die TW-Klasse kam 1983 auf den Markt.

und hydrostatisches Getriebe als Option gab. 1990 kam die mittlere 30er-Serie heraus. Die vier kleineren Maschinen hatten alle Dreizylinder-Diesel und Achtganggetriebe. Die Modelle 8530, 8630, 8730 und 8830 hingegen besaßen durchweg 16-Ganggetriebe und lösten die große TW-Baureihe mit Zweiradantrieb ab. In den frühen 1990ern kam es bei Ford zum endgültigen Aus für die schon jahrelang kränkelnde Traktorenproduktion. 1991 verkaufte die Firma 80% von Ford New Holland Versatile an FIAT. Drei Jahre später erwarb FIAT auch die restlichen 20%; das Unternehmen nannte sich fortan FIATGeotech.

Hier sieht man den Ford 8210 (Mitte der 1980er), einen Allradtraktor mit 110-PS-Motor.

Dieser Ford 946 ist in den Firmenfarben lackiert, doch das sollte sich bald ändern.

Der Ford-Industrietraktor 6610. Das Auftanken dieses Giganten war ein gutes Stück Arbeit.

Der Traktor 8340, das Spitzenmodell von Ford New Holland, gehört heute Fiat.

Fordson

1917–1961

Henry Ford, der selbst Sohn eines Farmers war, begann schon im Jahre 1907 mit Traktoren zu experimentieren. Es gelang ihm allerdings nicht, den Vorstand der Autofirma Ford für den Landwirtschaftssektor zu interessieren. 1917 sah sich Ford daher gezwungen, zur Vermarktung des von ihm entwickelten Traktors eine eigene Firma zu gründen – die Ford & Son Inc., später kurz Fordson genannt. Das Fordson-Modell F (dem angeblich nicht weniger als 50 verschiedene Prototypen vorausgegangen waren) bedeutete für den Traktorenbau einen großen Sprung nach vorn. Motor und Getriebe übernahm man vom Ford Modell B, die Steuerung in modifizierter Form vom Modell K. Anders als bei den meisten Zeitgenossen waren Motor, Getriebe und Achsverkleidung zusammengenietet, um so den Kern der Maschine zu bilden. Wichtiger noch: der Traktor wog mit 1230 kg relativ wenig, und als Antrieb genügte ein kleiner 4,1-l-Motor.

Zuerst produzierte man den Fordson Modell F nur in geringen Mengen. Im Jahre 1918 wurde die Fertigung jedoch massiv hochgefahren. Den Anstoß dazu gab die britische Regierung: die Belastungen infolge des Ersten Weltkrieges führten in Großbritannien zu einem empfindlichen Mangel an Arbeitskräften, Pferden und Getreide. Nachdem die Tests der Prototypen in Großbritannien erfolgreich verlaufen waren, bestellte die Regierung sogleich 6000 Stück.

Um derart viele Maschinen herstellen zu können, musste Ford auf die schon beim Modell T angewandte Fließbandtechnik zurückgreifen. Dank seiner kompakten Bauweise war das Modell F für diese

Dem Fordson F gingen angeblich etwa fünfzig Prototypen voraus.

schnelle, billige Produktionsmethode hervorragend geeignet. Wie schon beim T führten die niedrigen Herstellungskosten zu einem günstigen und daher für normale Farmer erschwinglichen Preis. Als das Modell F erstmals auf den Markt kam, kostete es etwa 750 US-$, später hingegen 385 US-$ – etwa ein Drittel so viel wie vergleichbare Modelle – und am Ende gar nur noch 285 US-$. So begann die durchgreifende Mechanisierung der Landwirtschaft.

Die USA und Großbritannien profitierten nicht als einzige Länder vom Masseneinsatz des Modells F: Russland litt nach der Revolution unter Hungersnöten, und Ford war fest davon überzeugt, dass eine prosperierende Sowjetunion auch ein friedliches Land sein werde. Er sorgte also für den Export von 26000 Exemplaren des Modells F in die UdSSR, wo später auch viele Tausende in Lizenz gebaut wurden. 1927 schätzte man, dass über 70 % der im Lande verwendeten Traktoren Fordsons waren.

In den USA verkaufte sich das Modell F in riesigen Stückzahlen. Den rivalisierenden Firmen fiel es zunehmend schwerer, mit dem niedrigen Preis des Traktors zu konkurrieren, und viele zogen sich daher aus dem Geschäft zurück. Das heißt aber noch lange nicht, dass das Modell F – ungeachtet seiner Robustheit und Wendigkeit – der perfekte Traktor gewesen wäre. Vielmehr neigte er – möglicherweise wegen der zu geringen Hinterachslast – zum Radschlupf, und seine Zugdeichsel funktionierte nur mäßig gut. Eine weitere Folge des Leichtgewichts bestand darin, dass die Maschine auf unebenem Terrain leicht umkippte – ein großes Risiko für den schutzlosen Fahrer. Leistungsvergleiche im Jahre 1920 ergaben ferner, dass der Benzinverbrauch sehr hoch lag.

Den Kunden schienen diese Nachteile jedoch kaum etwas auszumachen: das Modell F war zuverlässig, preisgünstig und billig im Unterhalt; bis 1928 wurden etwa 750000 Stück gebaut.

In diesem Jahr beschloss Ford jedoch, die Produktion in den USA einzustellen. Sein Pkw-Modell A war fast serienreif, und er wollte alle Kapazitäten dafür reservieren. Also verlagerte man die Fertigung des Modells F in ein neues Werk im irischen Cork (Ford, dessen Großvater aus Irland kam, war sehr stolz auf seine irischen Wurzeln).

In Cork verwandelte sich das Modell F in das Modell N. Letzterer war im Kern ein modernisiertes Modell F, hatte aber einen stärkeren Motor, kräftige Vorderräder und eine insgesamt bessere Bodenhaftung. Er besaß außerdem einen Thermostat, eine Wasserpumpe und einen Hochspannungs-Magnetzünder der die primitive Zündung des Modell F ersetzte. Der Umzug nach Irland zahlte sich indes nicht aus: das Land war damals noch relativ isoliert und lag weitab von Fords Hauptabsatzmärkten in den USA und Großbritannien. Außerdem musste man alles Rohmaterial importieren, was die Kosten hochtrieb.

Dieses Modell F von 1929 besitzt „Obstkultur-Kotflügel". Sie halfen verhindern, dass es nach hinten umkippte.

1933 zog das Fordson-Werk abermals um, nun wurde es Bestandteil des neuen Fabrikkomplexes im englischen Dagenham. (Fordson blieb allerdings ein selbstständiger Geschäftszweig der Firma.) Das Modell N erlebte kaum Veränderungen, nur sein Anstrich wechselte von grau zu blau. In Großbritannien verkaufte er sich gut, während sein Absatz in den USA zurückging. Offenbar war es Fords Konkurrenten (etwa John Deere, Farmall und Allis-Chalmers) gelungen, Typen zu entwickeln, die dem alten Modell F und dem neuen Modell N gleichwertig oder gar überlegen waren. Fordsons Antwort bildete der All-Around, ein Allzweck-Hackfrucht-Traktor. Obwohl stärker als das Modell N, zog er bei der US-Kundschaft nicht.

1939 teilte sich die Geschichte der Ford-Traktoren (dazu gehörten Fordson in England und der Ford-Traktor-Zweig in den USA): das Werk in Dagenham beschloss, den neuen, in den USA entwickelten 9N nicht zu bauen und zog es vor, für die treuen britischen Kunden weiter das alte Modell zu fertigen.

Als das US-Werk 1945 den erfolgreichen 9N in Massen produzierte, entschied man sich in Dagenham einfach für eine moderne Variante des Modell N namens E27N. Als Basis diente dabei ein modernisierter Motor des Fordson N mit drei Vorwärtsgängen, Rückwärtsgang, konventioneller Kupplung

Ein Musterexemplar des Fordson N: die Perkins-Plakette auf dem Kühler verrät, dass es einen Dieselmotor führt.

Ein wunderschön restaurierter Fordson N von 1939. Dieser Traktor wurde in Irland gebaut.

Dieser Fordson wurde im englischen Dagenham gebaut, das näher am Hauptabsatzmarkt lag.

Einer der größten Vorzüge des Modells N gegenüber dem F war sein stärkerer 27-PS-Motor.

Herstellermarken auf der Rückseite des Benzintanks eines Fordson N.

Der Fordson Allround, der erste Dreirad-Hackfrucht-Traktor aus dem Jahre 1936.

und Hinterradantrieb. Der neue Traktor besaß ein Spiralkegelrad und statt des Schneckenantriebs ein normales Differential; hinzu kam eine Einscheiben-Nasskupplung. Als Antrieb diente ein Vierzylinder-Reihenmotor mit Seitenventilen, der bei 1450 U/min 30 PS erzeugte. Es gab ihn in vier Versionen, jeweils mit unterschiedlichen Bremsen, Reifen und Gangstufen.

Das Vorderteil des Allround. Man konnte ihn mit einem oder zwei Vorderrädern einsetzen.

Der Fordson E27N: das E stand für England, 27 für die PS-Zahl und N für die Modellklasse.

1948 bot man eine Variante mit Perkins-Motor an, in diesem Jahr wurden über 50000 Exemplare des E27N gefertigt. Die Produktion lief bis 1951 mit diversen Neuerungen und Optionen (u.a. Elektrik, Hydraulik und Dieselmotoren) weiter. Einige E27N wurden von Ford in die USA importiert und dort unter dem Namen Major verkauft. Der Major besaß dort einen gewissen Neuigkeitswert, da er über eine

1950 war auch eine Version mit Perkins-Diesel zu haben, nachdem der Kerosinmotor Probleme machte.

Die Kabine sah zwar seltsam aus, doch der Fahrer wusste sie bei schlechtem Wetter zu schätzen.

Der Fordson Power Major wurde ab 1958 in den Fordwerken im englischen Dagenham gebaut.

Diesel-Option und die hohe Bodenfreiheit verfügte, die vielen US-Traktoren abging.

1952 ersetzte das Werk in Dagenham den E27N durch das Modell New Major. Dieses war größer und schwerer als der Vorgänger, und seine Diesel-, Benzin- oder TV-Motoren nutzten durchweg die gleichen Zylinderblöcke bzw. Kurbelwellen. Alle drei Varianten besaßen Sechsganggetriebe und hydraulische Dreipunkt-Kupplung, jedoch keine Zugsteuerung. Das änderte man 1958 beim Power Major, der 43 PS leistete und Servolenkung anbot.

Unverwechselbar: zweifellos eine sehr schöne Plakette für einen schlichten Traktor.

Die nächsten Modelle aus dem Werk in Dagenham waren der Super Major und der New Performance Super Major. Beide besaßen Differentialsperre, Scheibenbremsen und Zugsteuerung. Später sollte man den Super Major in den USA als Ford 5000 verkaufen, und auch der kleinere Fordson Dexta, der einen 31-PS-Diesel führte, war auf dem US-Markt zu haben. Dexta und Super Major waren die letzten Traktoren der Marke Fordson. 1961 fasste Ford das US-Geschäft mit dem britischen zusammen, und beide wurden vollständig ineinander integriert.

Der Fordson Dexta von 1957 war eine grundlegend neue Konstruktion.

Ausgerüstet war der Dexta mit einem Dreizylinder-Dieselmotor (30,5 PS, Direkteinspritzung).

Friday Tractor Company

1947–1957

Die um 1947 entstandene Firma Friday produzierte das Obstkulturmodell O-48 Orchard. Es blieb bis in die 1950er-Jahre auf dem Markt und führte den Chrysler-Sechszylinder Industrial IND-5 mit 3567 cm³ Hubraum. Dieser Traktor hatte neun Vorwärtsgänge und brachte es maximal auf 52 km/h. Im Katalog der Firma stand außerdem noch bis 1957 ein

Der reichlich seltsam wirkende 0-48 Orchard war ein Produkt der Friday Tractor Company.

weiteres Modell, der O-48. Die verfügbaren Informationen zu diesem Modell (wie zur Firma als solche) sind insgesamt recht dürftig.

G

Gaar-Scott

1909–1911

Der Traktorkonzern Gaar-Scott existierte nur wenige Monate. Bekannter war diese in Richmond (Indiana) ansässige Firma für ihre Dreschmaschinen, die sie seit 1849 herstellte.

Im Jahre 1909 kündigte sie an, dass sie ihren ersten Traktor bauen wolle. Dieser kam zwei Jahre später als Gaar-Scott 40-70 auf den Markt. Die Maschine führte einen Vierzylinder-Motor und war keineswegs ein Leichtgewicht. Gegen Ende 1911 wurde das Unternehmen von der M. Rumely Company aus LaPorte (Indiana) aufgekauft, welche die Restbestände unter dem Namen Gaar-Scott Tiger Pull vertrieb. Als alle Ersatzteile verbraucht waren, lief die Fertigung aus.

Gaar-Scott stellte anfangs Dreschmaschinen her; Traktoren wurden erst ab 1911 gebaut.

Garner

1907–1955

Henry Garner gründete im Jahr 1907 eine Firma und importierte 1915 einen Traktor von William Galloway aus Waterloo (Indiana), den er unter seinem Namen verkaufte. Dieser besaß einen Vierzylinder-Motor (30 PS, Benzin/Paraffin) mit Dreiganggetriebe und fuhr maximal 5 km/h. Der Absatz lief schleppend, und im Jahr 1924 stoppte Garner die Vermarktung endgültig. Nun erwarb die Firma Sentinel (Shrewsbury) die Mehrheit der Anteile an Garner Motors, und ab 1935 trugen alle nicht dampfgetriebenen Lkws die Logos von Sentinel und Badger. Im Jahr 1937 schließlich wurde die Firma abgewickelt.

Vor dem Zweiten Weltkrieg kaufte eine Gruppe von

Dieser Vorkriegs-Garner wurde im Westen der englischen Midlands hergestellt.

Geschäftsleute den Namen Garner und verlagerte das Werk nach North London.

Nach Kriegsende entwickelte Garner einen leichten Zweirad-Traktor mit eigenen Zusatzgeräten. Man gründete die Firma Garner Mobile Equipment Ltd., die das Modell ab 1948 produzierte. Ein Jahr später kam ein Vierradtraktor hinzu, dem abermals ein Jahr darauf ein etwas größerer und stärkerer folgte.

Die Produktion leichter Traktoren lief 1955 aus, doch Garner fuhr noch bis 1968 mit dem Bau von Allwettertraktoren und Pkw-Anhängern fort.

General Motors Corporation

1918–1922

1882 begann die Janesville Machine Company in Janesville (Wisconsin) mit dem Bau von Landmaschinen. Dazu gehörten Produkte wie der Janes - ville-Pflug, der Janesville-Traktorpflug, die Janesville-Getreidesämaschine und viele andere mehr.
Im Bestreben, den Erfolg von Henry Fords Fordson-Traktor zu wiederholen, beschloss William Durant, der Vorsitzende der General Motors Corporation, ebenfalls auf dem Traktorenmarkt aktiv zu werden, und so kaufte und sanierte die GMC 1919 die Janesville Machine Company in Janesville und die Samson Tractor Company in Stockton (Kalifornien). Die neue Firma erhielt den Namen Samson Tractor Division of General Motors Corporation und nahm am 1. Mai 1919 ihre Tätigkeit auf.
Die Produktion des Modells Samson Sieve Grip lief noch einige Zeit weiter, bis die GMC das neue Samson-Modell M ankündigte. Es sollte 650 US-$ kosten und besaß Kotflügel, Thermostat, Antriebsscheibe und andere Extras, die beim Fordson kein Standard waren. 1919 sollte ihm das Modell A folgen, der jedoch niemals in Produktion ging.
Im Januar des gleichen Jahres erwarb die GMC auch die Rechte am Motorkultivator von Jim Dandy, den man modifizierte und so zum Modell D Iron Horse umbaute. Das Konzept war zwar innovativ, aber kein Verkaufsschlager, und die Maschine galt unter Farmern als „begrenzt tauglich“: für die GMC wurde der Iron Horse zu einem Flop, der gewaltige Verluste einfuhr. Angesichts des hart umkämpften Marktes, finanzieller Verluste und eines Wechsels im Management zog sich die Firma 1922 völlig aus dem Trak torenbau zurück.

Das Modell Samson S wurde bei General Motors in Konkurrenz zu Henry Fords Fordson gebaut.

Gibson Manufacturing Corporation

1948–1956

Die in Longmont (Colorado) ansässige Firma Gibson begann im Jahr 1948 (möglicherweise sogar schon etwas früher) ihr Traktorenmodell D zu bauen. Diese Maschine führte einen Einzylinder-Motor des Typs Wisconsin AEH und besaß drei Vorwärtsgänge.
Das Modell H mit seinem Vierzylinder-Motor der Marke Hercules IXB-3 wurde 1949 bei den Nebraska-Tests erprobt und anschließend noch bis 1956 produziert. Am Treibriemen erzeugte es etwa 23 PS.
Zwischen 1948 und 1956 produzierte man dann das Modell I. Es besaß einen Sechszylinder-Hercules-Motor.

Der Gibson Hackfruchttraktor (Modell 1) führte einen Hercules-Sechszylinder

Ab 1957 wurden die Gibson-Traktoren unter dem Markennamen der ebenfalls in Longmont ansässigen Firma Western American Industries vertrieben.

Graham-Bradley

1937–1947

Ihren ersten Traktor, das Modell 503, produzierte die Graham-Paige Motor Corporation aus Detroit (Michigan) unter dem Namen Graham-Bradley. Diese von der Sears Roebuck Company vertriebene Maschine kam im Jahre 1938 unter der Bezeichnung 504.103 auf den Markt und führte einen firmeneigenen Sechszylinder-Motor. Im folgenden Jahr brachte das Unternehmen den Vierradtraktor 503.104 heraus, aber seine Produktion wurde nach dem Kriegseintritt der USA 1942 zugunsten von Rüstungsgütern eingestellt und später nie wieder aufgenommen.
1944 trat Joseph W. Frazer bei Graham-Paige Motors an und wurde Vorstand der Firma. Im gleichen Jahr erwarb Graham-Paige die kommerzielle Sparte von Rototiller. Im Februar 1947 verschleuderten Aktionäre die Firma Graham-Paige an die 1945 übernommene Kaizer-Frazer Corporation.

Die Firma Graham-Paige war eher für ihre Pkws bekannt, stieg aber auch in den Traktorenmarkt ein.

Gray Dort

1930er-Jahre

In der Weltwirtschaftskrise der 1930er konnten nur wenige Farmer Geld in neue Traktoren investieren, und so produzierte man viele innovative Modelle, unter anderem den Gray Dort. Entworfen worden war er von Gerald Miller, der in der Stadt Addison unweit von Rockville (Ontario, Kanada) lebte. Sein speziell für die Heumahd konzipierter Traktor basierte auf einem Pkw der Firma Gray Dort, von dem er nur Chassis, Motor, Getriebe und Kühler als Grundlage übernahm. Um mehr Kraft zu erzeugen, musste man die ganze Maschine herunterschalten, und so montierte er am Heck zwei Heumäher-Getriebe – ein kleines vor der Achse und ein größeres dahinter. Als Motor diente ein Vierzylinder von Lycoming mit 76-mm-Bohrung, 126-mm-Hub und

Der Gray-Dort-Traktor war ein Einzelstück, das aus Autoteilen zusammengebaut wurde.

maximal 2000 U/min – ein angenehm langsames Modell.
Das abgebildete Fahrzeug ist sehr klein; es wurde verkürzt und schmaler gemacht. Damals konnte man Bausätze kaufen, um seinen Traktor auf jedes beliebige Pkw-Chassis zu montieren.

Gray Tractor Company

1914–1933

Der Gray-Traktor war eine seltsam anzusehende Maschine, und er änderte sich kaum, nachdem die Firma 1914 Bestandteil von Minneapolis (Minnesota) geworden war. Seine Wurzeln liegen in einem kleinen Zweizylinder-Modell (zum Antrieb des einzelnen Hinterrades), das W. Chandler Knapp baute. Chandler verwendete als erster zwei hintere Antriebsräder, die dicht beisammen saßen, um so das Differential einzusparen. Dieses Merkmal wies auch der Gray-Traktor auf. Die Firma fertigte überdies einige andere Modelle unterschiedlicher Größe, u.a. den 22-40 Canadian Special und den beliebten 18-36 von 1920 mit Vierzylinder-Waukesha. Diese Traktoren hatten im Gegensatz zu ihren Zeitgenossen die Eigenart, dass alle Getriebe und Antriebsketten verkleidet waren. Die Firma wurde 1933 liquidiert.

Hier sieht man den seltsamen, aber unverwechselbaren Gray-Traktor, der als „Hinterrad" eine 54-Zoll-Walze besaß.

Güldner

1904–1969

Hugo Güldner experimentierte schon seit 1894 mit Zweitakt-Motoren. 1904 gründete er die Güldner-Motoren GmbH. Obwohl sein erster Traktor, das Modell A40, schon 1938 präsentiert wurde, kam er erst 1940 auf den Markt. Die Maschine besaß einen Einzylinder-Diesel, der 20 PS erzeugte. Das Werk wurde im Zweiten Weltkrieg zerbombt, konnte aber ab 1947 wieder produzieren. Neben dem 1949 gefertigten A(F)15 – das F (= four) stand für vier Gänge – produzierte man auch mehrere Modelle der Baureihe A mit Zwei- und Dreizylinder-Motoren. Die Baureihe G war mit verschiedenen Zwei- bis Sechszylindern ausgerüstet. In den späten 1950er-Jahren einigte man sich mit Fahr und Deutz-Fahr darauf, deren Traktoren in den Güldner-Werken zu bauen, doch 1969 lief die Produktion sämtlicher Güldner-Typen aus.

Das Güldner-Modell G35. Die Firma war auf Kleintraktoren spezialisiert, lieferte aber auch größere.

Hier lenkt ein zufriedener Bauer seinen 15-PS-Güldner. Diese Traktoren waren ideal für kleinere Höfe.

Hanomag

1835–1971

Die Hannoverische Maschinenbau AG – besser bekannt unter dem Namen Hanomag – hatte ihren Sitz in Hannover. Sie wurde bereits 1835 auf dem Schwermaschinensektor aktiv und produzierte Dampflokomotiven, später auch -schiffe und -Lkws.

Nach der Jahrhundertwende machte die Mechanisierung der Landwirtschaft gewaltige Fortschritte, als neuartige selbstfahrende Zugmaschinen für Ackergeräte verfügbar wurden. Unter der Markenbezeichnung WD (den Initialen von Ernst Wendeler und Boguslaw Dohm) produzierte die Firma eine 80-PS-Maschine mit Vierzylinder-Motor, von der sie in den 1920er-Jahren ungefähr 1000 Stück verkaufte.

1919 brachten Wendler und Dohm dann Europas erste Kettenzugmaschine heraus: sie führte einen Vierzylinder-Motor mit 20 PS, ließ sich mit einer Mischung verschiedener Brennstoffe betreiben und hatte Bosch-Magnetzündung sowie – was damals ungewöhnlich war – einen Luftfilter.

In den 1930ern präsentierte Hanomag den weltweit ersten echten Dieseltraktor. Hier sieht man das Modell R25.

Testvorführungen im Jahre 1921 führten zur Entwicklung einer 20-PS-Version. Ihr folgten ein Modell mit 25 PS und noch im gleichen Jahr der 50-PS-Typ Z 50.

In den 1920er-Jahren produzierte die Firma die Modelle R26 und R28, doch Hanomag erkannte bereits, dass der Diesel eine große Zukunft hatte und für Landwirte aus vielen Gründen die erste Wahl war. Schon bald rüstete man die meisten Traktoren mit

Dieselmotoren aus; viele davon hatte Lazar Schargorodsky entwickelt. Zu den bekannteren Modellen gehörte der R40, welcher einen Vierzylinder-Diesel vom Typ D 52 (40 PS, 5,2 l) führte. Diese Traktoren waren sehr gut ausgestattet und besaßen solche Vorzüge wie Windschutzscheiben und Toe-Hooks, die der Kunde selbst auswählen konnte. Die Zeiten waren hart, und die Firma hatte schwer zu kämpfen. 1933 kam der wirtschaftliche Aufschwung, und Hanomag produzierte verbesserte Modelle mitsamt der passenden Zusatzausstattung. Nun gab es auch Luftdruckreifen, die damals völlig neu waren und Hanomag einen gewaltigen Marktvorteil verschafften. Am Ende des Zweiten Weltkriegs waren alle Werke der Firma von alliierten Bombern zerstört worden. Man kam jedoch bald wieder ins Geschäft, und die bewährten Modelle R40 und RL20 liefen erneut vom Band. In den späten 1940ern und frühen 1950ern erschienen der R16 und der R45 sowie der Raupentraktor K55. 1954 verließ der 100000ste Traktor die Produktionshallen.

1961 wurde das Unternehmen ein Teil der Rheinstahl-Gruppe, und 1964 folgten mit den Baureihen 300, 400, 500 und 600 neue Viertakt-Modelle sowie als Flaggschiff der neue 800er. Dennoch lief das Geschäft schlecht. Das Traktorenwerk in Argentinien wurde an Massey-Ferguson verkauft, die Hanomag-Lkws an Daimler-Benz. 1971 lief die Produk-

Das Combitrac-Modell Hanomag R12 war ein neuer Traktor, der viele verschiedene Aufgaben erledigen konnte.

Es war verzeihlich, hier nicht an einen Traktor zu denken: Hanomag-Typen ähnelten oft eher Lkws.

tion von Traktoren endgültig aus. Im Laufe von beinahe 70 Jahren hatte das Unternehmen über 250 000 Stück hergestellt; den Rest des Unternehmens übernahm die Firma Kubota.

In den frühen 1960ern wechselte Hanomag den Besitzer, und so gab es neue Modelle. Hier sieht man den Granit 500 E.

Der große, starke Traktor Brilliant 600 konnte auch schwerste Arbeiten bewältigen.

Obwohl Hanomag keine Landtraktoren mehr baut, lebt der Name bei den Konstruktionen weiter.

Happy Farmer

1915–1916

Die Happy Farmer Tractor Company war vor ihrer Übernahme nur sehr kurze Zeit selbstständig. Sie entstand 1915 in Minneapolis (Minnesota) und begann im folgenden Jahr Traktoren zu bauen. Der Happy Farmer besaß einen Zweizylinder-Boxermotor.

1916 gründete man in LaCrosse (Wisconsin) die LaCrosse Tractor Company, sie ging aus der Fusion der Happy Farmer Tractor Company mit der Sta-Rite Engine Company aus LaCrosse hervor. Die ersten Maschinen der Firma, der 8-17 Modell A und der 12-24 Modell B – beide mit Zweizylinder-Motor – waren stark dem ursprünglichen Happy Farmer verpflichtet. Sie trugen den Namen LaCrosse-Happy Farmer.

Der Traktor Happy Farmer wurde nur kurze Zeit gebaut; er führte einen Zweizylinder-Boxermotor.

Hart-Parr

1901–1929

Charles City (Iowa) gilt gemeinhin als Geburtsstätte der Traktorenindustrie und ist seit 1900 ein Synonym für Traktoren. Zwei Studienkollegen, Charles W. Hart and Charles H. Parr, zogen aus Madison (Wisconsin) dorthin, nachdem einige Investoren sie eingeladen hatten, ihr Geschäft in Charles City auszubauen. Der Begriff „Traktor“ wurde im Jahre 1907 durch W.H. Williams, den Verkaufsleiter von Hart-Parr, zur Charakterisierung ihrer Erfindung geprägt.

Frühe Hart-Parrs wie dieser dienten meist zum Antrieb von Dreschmaschinen.

Die beiden Freunde entwickelten gemeinsam einen erfolgreichen Benzinmotor auf Rädern und hatten so genug Geld zur Gründung einer kleinen Fabrik. Ihr erster Traktor – gewöhnlich als No. 1 bekannt – wurde 1901/02 hergestellt und hatte einen Zweizylinder mit Ölkühlung. Bald folgte der ebenfalls 1902 gebaute Hart-Parr No. 2 (22-45), der es der Firma ermöglichte, weitere Traktoren zu entwickeln. Im nächsten Jahr folgte natürlich der No. 3, den man 17-30 taufte. Er führte ebenfalls einen Zweizylinder und leistete als Zugmaschine 17 PS, an der Antriebsscheibe 30 PS. 1907 wurden Zylinderbohrung und -hub vergrößert, und nach Hinzufügung von einer hängenden Nockenwelle und Ventilen am Zylinderkopf erhöhte sich die Leistung auf 30 bzw. 60 PS. Dieser sehr erfolgreiche Traktor mit der Typenbezeichnung 30-60 wurde später als Old Reliable bekannt und bis 1918 gebaut.

Das Modell 40-80 kam zwischen 1908 und 1914 auf den Markt. Es führte einen Vierzylinder-Motor, der unter der sehr weit vorn angeordneten Fahrerplattform positioniert war. Ihm folgte das Modell 15-30, anfangs mit Boxermotor, den man später gegen den stehenden Zweizylinder austauschte. 1911 kam dann der 60-100 heraus, ein Ungetüm von Maschine und einer der größten jemals gebauten Radtraktoren: er wog etwa 25 t!

1914 führte Hart-Parr einen neuen, leichten Traktor namens Little Devil ein. Dieses Modell zielte auf jene Kleinfarmer, die damals keine riesigen Maschinen benötigten. Es wurde von einem Zweizylinder-Motor angetrieben und besaß ein einzelnes Hinterrad. 1914–16 wurden insgesamt 725 Stück gebaut, aber sie waren ein Desaster. Um den guten Namen

Um 1918 wechselten die Modelle von Hart-Parr ihre Form, und die Riesenmaschinen wurden abgelöst.

Das Modell 12-24 wurde ab 1924 gebaut und löste den älteren 20er-Traktor ab.

Ein Musterexemplar des Hart-Parr 12-24E. Er verkörperte einen neuen Traktorenstil.

der Firma zu schützen, ließ Hart-Parr alle erreichbaren Exemplare zurückrufen und zerstören; die Käufer bekamen als Ersatz gebrauchte Maschinen des Typs 30-60 Old Reliable.

1918 brachte Hart-Parr eine neue Serie kleinerer Traktoren auf den Markt, die bei den Farmern gleich sehr beliebt waren. Entworfen hatte dieses Modell Charles Parr, der die Firma 1917 nach langem Streit mit den Hauptinvestoren verließ; es war ein auf 12–25 PS ausgelegter Zweizylinder, den man später auf 15–30 PS aufrüstete. Der New Hart-Parr, wie er schon bald hieß, wurde 1917 entworfen; sein Treibstofftank saß über dem Kühler – eine Anordnung, die man bis 1930 beibehielt.

1927 brachte die Firma das Modell 28-50 auf den Markt: es führte zwei 50-30-Motoren, die Seite an Seite auf einem einzigen Kurbelgehäuse saßen. Beide Typen bewährten sich ausgezeichnet und waren bis in die 1950er im Einsatz.

Am 1. April 1929 fusionierte die Firma mit drei anderen zur Oliver Farm Equipment Corporation; das war das Ende für den alten Namen Hart-Parr.

Hier sieht man das größere Modell 28-50 aus den späten 1920ern. Es führte einen Vierzylinder-Motor.

Hatz

1880–1963

Obwohl die Firma Hatz viele Jahre lang im Geschäft war, befasste sie sich nur in den 1950er- und 1960er-Jahren für kurze Zeit mit dem Bau von Traktoren.
Heute ist Hatz ein wichtiger Hersteller von Dieselmotoren, die nach wie vor das Kerngeschäft bilden. Der erste Traktor der Firma wurde Anfang der 1950er-Jahre gebaut und war ein kleines Nutzfahrzeug, ähnlich wie die Produkte vieler anderer deutscher Firmen dieser Epoche. Diese frühen Traktoren hatten Ein- oder Zweizylinder-Diesel mit Luftkühlung, doch in den 1960ern baute man auch noch einen Dreizylinder.
Damals herrschte schon ein scharfer Wettbewerb, sodass Hatz den Traktorenbau aufgab, um sich fortan hauptsächlich auf die Produktion von Dieselmotoren zu konzentrieren.

Die Firma Hatz war eher für ihre Dieselmotoren als für Landmaschinen bekannt.

Heider Manufacturing Company

1911–1929

Der Heider-Traktor wurde bis 1929 produziert und verkauft, obwohl das Unternehmen damals schon zur Rock Island Plow Company aus Illinois gehörte. John Heiders Firma baute 1910 ihr erstes Fahrzeug, das anstelle des üblichen Getriebes einen Friktionsantrieb bekam. Durch seine ungewöhnliche Anordnung, bei der sich der Motor mittels eines Hebels vor- und rückwärts bewegte, ermöglichte das gleiche Getriebe Vor- und Rückwärtsgänge. Dem Modell A folgte 1911 das Modell B, und 1914 kam das Modell C 12-20 auf den Markt. Mittlerweile hatte Heider erreicht, dass die Rock Island Company seine Maschinen baute und vertrieb, und 1916 kaufte diese ihn vollständig auf. Unter dem Namen Heider produzierte Rock Island noch bis 1929 Traktoren.

1911 baute John Heider seinen ersten Traktor, mit dem auch der Friktionsantrieb eingeführt wurde.

Hela

1914–1983

Der Hela war ein weiterer Traktor mit der Bezeichnung „Lanz“. Sein Name wurde aus den jeweils ersten beiden Buchstaben des Vor- bzw. Nachnamens seines Konstrukteurs Hermann Lanz gebildet. Man wählte diese Bezeichnung, damit der Traktor nicht mit dem von Heinrich Lanz gebauten Modell verwechselt werden konnte, das den Namen Lanz trug. Die Firma Hela war in Oberschwaben ansässig und baute im Jahr 1914 ihren ersten Traktoren-Prototyp.

Um Verwechslungen zu vermeiden, nannte Hermann Lanz sein Unternehmen Hela.

Das Modell D38 führte einen wassergekühlten Dreizylinder-Motor des Typs AD1 mit 2.300 cm3 Hubraum, der bei 1.650 U/min ganze 38 PS erzeugte. Sein ebenfalls bei Hela gefertigtes Getriebe hatte sechs Vor- und zwei Rückwärtsgänge. Dieser Traktor wog fast 1,8 t. Die meisten anderen Modelle waren ähnlich konzipiert. 1983 ging die Firma bankrott.

HSCS

1869–1973

Die Firma Hofherr & Schrantz entstand 1869 in Wien. Sie produzierte Landmaschinen und hatte sich 1891 zu einem bedeutenden Hersteller von Dreschmaschinen, tragbaren Dampfmaschinen und ähnlichen Konstruktionen entwickelt.

Das Modell La Robuste 40 war gewiss ein unverwüstliches Fahrzeug. Es handelte sich um starke, verlässliche Traktoren.

1912 ging das Unternehmen eine Partnerschaft mit dem britischen Zug- und Dreschmaschinenbauer Clayton & Shuttleworth Ltd. ein. 1923 fertigte die Firma ihren ersten Einzylinder-Traktor, und 1930 präsentierte sie das Modell La Robuste.
Im Jahr 1938 übernahm Lanz nach Erwerb der Aktienmehrheit die Firma HSCS, und jene konzentrierte sich fortan auf den Bau des Lanz Bulldog. Unter der kommunistischen Regierung wurde HSCS 1946 zum Staatsbetrieb, der später den Markennamen Dutra führte. Unter ihm begann man neue Allradmaschinen wie den Dutra 2500 zu bauen, der Ende der 1960er erschien. Die Firma fusionierte 1969 mit der Trauzl-Werke AG und gehörte ab 1970 zur Böhlerwerke AG.

Huber

1865–1942

Ein wunderschönes Werbeplakat für frühe Huber-Traktoren. Es war als „Patriotic Edition" bekannt.

Die Firma Huber begann ihre Existenz 1865 als Kleinfabrik in Marion (Ohio), doch bis zum Jahre 1880 hatte Edward Huber das Unternehmen zu einem bedeutenden Produzenten von Dampfzug- und Dreschmaschinen ausgebaut. 1898 erwarb man die Van Duzen Gasoline Engine Company in Cincinnati. Der erste Traktor führte einen Benzinmotor dieser Firma, der auf dem Chassis und den Rädern einer Huber-Dampfzugmaschine saß. Das Projekt war jedoch kein Erfolg und wurde eingestellt.

1911 präsentierte die Firma ihren ersten Farmer's Tractor, einen benzinbetriebenen Zweizylinder mit 5,1 l Hubraum. 1912 kam ein weiteres Modell hinzu, der Farmer's Tractor 13-22. Er führte ebenfalls einen Zweizylinder mit Zweiganggetriebe. Im gleichen Jahr fertigte man auch das größere Modell 30-60, ein Vierzylinder-Ungetüm mit Rädern von 2,4 m Durchmesser. Es blieb bis 1916 in Produktion und wurde dann vom Modell 35-70 abgelöst. Eine kleinere Maschine, das Modell 20-40, kam 1914 heraus.

1916 präsentierte man den Light Four mit Vierzylinder-Waukesha-Motor und zwischen 1921 und 1925 den Super Four 15-30. Letzterer besaß anfangs einen Midwest-Vierzylinder, der später durch einen Waukesha-Motor ersetzt wurde.

Auf einem Treffen von Dampfmaschinen-Oldtimern in den USA war dieser New Huber zu sehen.

Einem Huber-Dampftraktor in voller Fahrt ging man besser aus dem Weg!

Hier sieht man den Huber 18/36. Sein querliegend montierter Motor war ein Vierzylinder.

Beim New Huber waren – wie man sieht – Getriebe und Schwungräder noch nicht verkleidet.

1922 gab es den ersten Master Four mit Hinkley-Vierzylinder. Es kam noch ein weiterer Motor hinzu: 1926 brachte man den Traktor 18-36 Super Four heraus, der einen Vierzylinder von Steams führte. Im gleichen Jahr erschien auch der Super Four 20-40, abermals mit einem Steams-Motor. Zwei Jahre später präsentierte man den Huber 20-36: er besaß einen Waukesha-Motor mit Ricardo-Kopf. Letzterer war eigens für dieses Modell entworfen; er reduzierte den Schadstoßausstoß und sorgte für mehr Kraft.
Im Jahr 1935 kam es zur Einführung des Traktors HK 32-45, der Gummireifen hatte und in Produktion blieb, bis der Krieg ihre Einstellung erzwang. 1933 präsentierte man den Modern Farmer, 1935 schließlich die Modelle L und SC.
1936 waren die Huber-Traktoren L und S die Standardprofil-Modelle, hinzu kamen die Dreiräder SC und LC. Außerdem gab es das Modell B mit stromlinienförmiger Haube, Gummireifen, elektrischem Starter und Scheinwerfern. Es führte einen Vierzylinder-Buda. 1937 bot man den Huber OB an, einen Obstkulturtraktor mit halbverkleideten Hinterrädern. Die Firma baute weiter Traktoren, bis die Produktion im Zweiten Weltkrieg auslief.

Hürlimann

1929–heute

1929 produzierte die Firma Hürlimann ihren ersten Traktor, den 1K; sie war nur einer unter mehreren Herstellern in der Schweiz, die damals tätig wurden. Der Einzylinder-Motor leistete 10 PS; es gab drei Vorwärtsgänge und einen Rückwärtsgang, der Traktor fuhr max. 9 km/h. 1945 produzierte die Firma als ersten Dieseltraktor mit Direkteinspritzung den D 100. Sein wassergekühlter Hürlimann-Vierzylinder erzeugte 45 PS. 1951 folgte der merkwürdige Vierzylinder H12. Auf den in den Jahren um 1960 gebauten D90 folgte der T 6200. Er war neu gestylt, und zum Hürlimann-Vierzylinder (62 PS) trat ein teils synchronisiertes Getriebe. 1977–85 schloss sich der H 480 mit Zwei- oder Allradantrieb an.

Im SAME-Museum (Italien) kann man diesen Hürlimann-Vierzylinder H12 von 1951 bewundern.

Hürlimann gehört seit 1977 zur SAME-Gruppe und bietet eine reiche Auswahl von Typen, unter anderem den XT 115 und 130. Diese Maschinen führen einen neuen Sechszylinder-Motor vom Typ EURO II (Baureihe 1000) mit Flüssigkühlung und Turbolader. Das Modell XE F ist ein kompakter, vielseitiger Allzwecktraktor, ideal für Winzer und Obstbauern geeignet. Es besitzt ebenfalls einen Sechszylinder-Motor mit Turbolader oder selbstansaugend. Die XS-Traktoren sind speziell für schmale Einsatzräume gedacht (daher ihre kompakten Maße). Ihre Euro-II-Motoren garantieren der Zapfwelle volle Kraft, welche auf ein Overspeed-Getriebe mit Kriechgang und Full-Drive einwirkt; insgesamt gibt es je 45 Vorwärts- und Rückwärtsgänge. Das sind aber nur drei Typen dieser Klasse.

Ein Hürlimann 1K 10 von 1930. Er führte einen Einzylinder-Motor, der 10 PS erzeugte.

In dieser Klasse stehen zwei Modelle zur Wahl: der XB-85 und der XB-95 mit 81 bzw. 91 PS.

Die Modelle XT 115 und 130 führten als Antrieb Sechszylinder der neuen 1000er-Serie des Euro II.

I

International Harvester

1903–heute

Die Vor- und Frühgeschichte der Entstehung des riesigen Konzerns International Harvester ist spannend und verdient gewiss Interesse. Man könnte an sich gleich mit den ersten Traktoren der Firma beginnen, doch dann blieben ihre Wurzeln weitgehend im Dunklen. Wir wollen uns stattdessen zwei wichtigen Persönlichkeiten zuwenden, deren Lebensweg man verfolgen muss, um dieses Firmengeflecht wirklich kennen zu lernen.

Cyrus Hall McCormick erfand 1831 die Mähmaschine und war an der Gründung von International Harvester beteiligt.

Alles begann mit der Geburt von Cyrus Hall McCormick, dem ältesten der acht McCormick-Kinder. Er kam am 15. Februar 1809 in Rockbridge County (Virginia) zur Welt; seine Eltern waren Robert Hall McCormick und dessen Gattin Mary.
1831 übernahm der mit 22 Jahren noch recht junge Cyrus die ziemlich erfolglose Mähmaschinen-Konstruktion seines Vaters. Er besaß jedoch den Willen zum Erfolg und binnen sechs Wochen hatte er das Gerät in der familieneigenen Schmiede in Walnut Grove umkonstruiert, fertiggestellt, erprobt und nochmals umgebaut. Ende Juli 1831 wurde die Maschine auf der Farm eines Nachbarn in Steeles Tavern erfolgreich vorgeführt und nach weiteren Verbesserungen, ließ Cyrus sie 1834 patentieren.

Eine Darstellung der ersten Erprobung von McCormicks Dreschmaschine unweit von Steeles Wirtshaus im Jahre 1831.

Im Juni des gleichen Jahres hatte sich Cyrus auch das Patent für eine weitere Erfindung gesichert – den Patent Hill Side Plow, einen Pflug aus Guss- und Schmiedeeisen. Dieses beliebte Gerät kam bei den Farmern sehr häufig zum Einsatz.

Die Nachfrage nach dem McCormick-Mäher stieg derart kräftig in die Höhe, dass sich die Schmiede in Walnut Grove bald als zu klein erwies; also tat sich Cyrus mit C. M. Gray zusammen, um ein Grund-

Dieses frühe Werbeplakat zeigt McCormick-Landmaschinen im vollen Einsatz.

stück am Nordufer des Chicago River zu kaufen. Dort entstand in kurzer Zeit ein Fabrikkomplex, wo man begann, 500 Mäher für die Erntesaison des Jahres 1848 zu bauen. Auf diesem Gelände an der Michigan Avenue lag später auch die Konzernzentrale von International Harvester.

1851 gewann der McCormick-Mäher auf der Weltausstellung im Londoner Kristallpalast die Grand Council Medal. Im Laufe der folgenden Jahre erntete er auf ähnlichen Ausstellungen in Hamburg, Wien und Paris weitere Auszeichnungen; Cyrus Hall McCormick wurde überdies Offizier der französischen Ehrenlegion und Mitglied der Académie des Sciences.

1871 schlug das Schicksal mit dem Großen Feuer von Chicago zu: es zerstörte das Mäherwerk, ließ aber zum Glück den Tresor mit allen Unterlagen unversehrt. Man einigte sich mit der Versicherung, doch Cyrus persönlich brachte der Brand einen Verlust von 600000 US-$. Im August 1872 begann man mit dem Bau einer neuen Fabrik, die Februar 1873 fertiggestellt war.

Weitere Medaillen erhielt McCormick 1881 (damals feierte man zufällig das 50jährige Jubiläum seines Mähers) – nun von der Royal Agricultural Society, und zwar nach der viertägigen Erprobung seines ersten Zwirnbinders im englischen Derby.

Knapp drei Jahre später, am 13. Mai 1884, starb Cyrus Hall McCormick. Ihn überlebten seine Witwe Nettie Fowler McCormick und sein Bruder Leander, seit 1856 Mitinhaber der Firma. In Cyrus' Todesjahr verkaufte die McCormick Harvesting Machine Company 54841 Maschinen und brachte den stäh-

Ein frühes Werbeplakat für McCormick-Landmaschinen, das u. a. Heumäher zeigt.

lernen McCormick-Zwirnbinder auf den Markt (bis dahin fertigte man sie vor allem aus Holz). Cyrus war ein großer Erfinder, doch würdigte man ihn auch wegen seines reellen Geschäftsgebarens.

1851 hatte McCormick die Firma Burgess & Key und deren Werke im englischen Brentwood mit Bau und Vertrieb seines Mähers in England beauftragt. Bis 1859 wurden ca. 2000 Stück gebaut und verkauft. 1880 kündigte man das Abkommen, und McCormick ernannte Lankester & Company (London) zu seinem britischen Handelsvertreter. 1900 richtete man in London eine Generalagentur ein.

In den Jahren vor 1900 sah sich McCormick auf einem nun etwas gedämpften Markt zunehmend von Konkurrenz bedroht (v.a. durch die Deering Harvester Company).

Bei Landmaschinen konkurrierte die Firma Deering anfangs mit McCormick.

William Deering, ein erfahrener Kurzwaren-Großhändler, war in Maine und New York aktiv und hatte in Plano (Illinois) eine Konkurrenzfirma für Erntemaschinen gegründet. 1880 beschloss Deering, sein Werk nach Chicago zu verlagern. Als die Familien Deering und McCormick gegen Ende der 1890er des Wettbewerbs überdrüssig waren, begannen sie über eine Fusion ihrer Unternehmen zu verhandeln. Damals besaß McCormick in der Blue Island Avenue und der Western Avenue eine Fabrik mit über 5000 Beschäftigten. Das Werk von Deering Harvester lag in der Fullerton Avenue am nördlichen Stadtrand und hatte etwa 7000 Mitarbeiter. So lagen die Dinge, als die beiden Firmen 1902 zu International Harvester verschmolzen.

Im Winter 1860–61 bauten W. W. Marsh und John Hollister in Plano (Illinois) eine Mähmaschine, die seit der Erntesaison von 1861 mehr Getreide als jedes andere Gerät ihrer Art schnitt. Man traf Vorbereitungen für den Bau dieser Maschine in Plano, brachte das nötige Kapital auf und stellte Georg Steward und C. W. Marsh als Geschäftsführer ein.

So wurde der Marsh Harvester viele Jahre lang produziert und in alle Welt verkauft. Als die Harvester Company in den frühen 1870ern in die Hände von McCormick und Deering überging, stellte sie den Marsh Harvester zu Tausenden her. 1880 siedelte William Deering nach North Chicago über, und viele Mechaniker aus Plano folgten ihm nach, um in seiner dortigen Fabrik zu arbeiten. Damit war die Geschichte aber noch nicht zu Ende, denn in Plano setzte man das alte Werk als Plano Steam Power Company wieder in Gang. Die Firma übergab die alten Fertigungshallen des Marsh Harvesters der Plano Manufacturing Company, und diese belieferte die ganze Welt elf Jahre lang – bis 1902 – mit Erntemaschinen. Im genannten Jahr siedelte die Plano Manufacturing Company nach West Pullman um und wurde damit zur dritten Säule der neuen Firma International Harvester.

Ergänzt wurde die Fusion der Firmen durch zwei weitere kleinere Unternehmen, die Milwaukee Harvester Company und die Warder, Bushnell & Glessner Company. In seiner neuen Form verfügte das Unternehmen über ein Kapital von 120 Mio. US-$, und bald war es in der Agrarindustrie führend. Präsident der Firma wurde Cyrus H. McCormick jun., Vorstandsvorsitzender Charles Deering.

1903 baute International Harvester in Hamilton (Ontario, Kanada) eine Fabrik, zwei Jahre später das erste europäische Werk im schwedischen Norrköping; beide stellten Anhängegeräte her.

Den ersten in Serie gebauten Traktor präsentierte die Firma 1906; er basierte auf dem Lkw-Chassis mit Friktionsantrieb von Morton (diese Trucks waren sehr beliebt und ideal für alle Benzinmotoren geeignet) und dem Einzylinder-Motor Famous von International. Es gab ihn mit 10, 12, 15 und 20 PS, und bis 1908 verkaufte man fast 800 Stück. Ende 1907 kam ein zweites Modell heraus, der Einzylinder A mit 12, 15 oder 20 PS, von dem zwischen 1907 und 1911 ganze 607 Stück gebaut wurden.

Am 31. Dezember 1906 nahm International Harvester of Great Britain (IHGB) seine Tätigkeit auf; die Büros lagen in der Londoner Southwark Street, zogen jedoch zwei Jahre später nach Finsbury Pavement um, wo sie bis 1926 verblieben.

Die ersten IHGB-Werke in Old Ford am Fluss Lea waren reine Montagehallen, die Einzelteile von der US-Muttergesellschaft und deren Niederlassungen in Kanada und Europa bezogen. Full-Service und Nachschub von International Harvester liefen aber schon nach drei Jahren reibungslos.

1908 erwarb man im rheinischen Neuss ein neues Grundstück, das zwischen den Rheinhäfen I und II gelegen war. Schon 1911 begann dort unter dem Markennamen McCormick die Produktion von Anhängegeräten: typische Beispiele waren Mähmaschinen, Heuwender und Düngerverteiler. Ab 1912 fertigte man auch Zwirnbinder.

Die Expansion der IHC in Europa setzte sich 1909 mit dem Bau von Fabriken in Croix (Nordfrankreich) und Lubertzy (Russland) fort.

Dieses herrliche Plakat wirbt für die Firma Plano Manufacturing.

Nach der Fusion von McCormick und Deering bestanden die US-Händler hartnäckig darauf, weiterhin spezifische Produkte der beiden Stammfirmen zu beziehen, was für Irritationen sorgte. Die Regierung verfügte daraufhin, dass die Unternehmen, obwohl sie nun unter dem Dach von IHC vereinigt waren, jeweils unabhängig voneinander Traktoren und Zubehör anbieten sollten. Die Lösung bestand schließlich darin, dass die McCormick-Händler fortan den neuen Mogul-Traktor, die Deering-Vertreter hingegen das Modell Titan verkauften.

So kam 1909 der Typ C Mogul auf den Markt, und zwei Jahre später präsentierte man ein Modell mit 25 PS. Diesem folgte sehr schnell eines mit 45 PS, das in überarbeiteter Form – nun mit Zweizylinder-Boxermotor – 30-60 hieß und bis 1917 gebaut wurde. Damals produzierte man noch einige andere Typen, so 1911 den Einzylinder Mogul Junior und 1912 den vergleichsweise leichten Mogul 12-25.

Die Deering-Händler stellten sich inzwischen auf den Verkauf von Titan-Traktoren ein, und so kam 1910 der Einzylinder D auf den Markt – anfangs mit 20, später jedoch mit 25 PS. Ähnlich wie bei den Moguls erschienen in den nächsten Jahren weitere Titan-Traktoren: 1911 war es der Titan 45, der später aufgerüstet wurde und nun 30-60 hieß. 1915 erhielt er eine geschlossene Fahrerkabine, 1917 lief die Produktion aus. Die meisten dieser Titan-Traktoren baute man im IHC-Werk Milwaukee, während die Moguls in der Fabrik in Chicago gefertigt wurden.

Der Titan begann seine Karriere als Modell 12-25, wurde aber 1916 zum 15-30 modernisiert. Damals war er als International Titan 15-30 bekannt; man stellte ihn von 1918 bis 1921 her.

Mit über 14000 verkauften Fahrzeugen war der Mogul 8-16 für die Firma ein großer Verkaufsschlager. Er führte einen Einzylinder-Motor und wurde bis 1917 hergestellt; dann löste ihn ein ähnliches Modell ab, der 10-20. Dieser war ebenfalls mit einem Einzylinder-Motor ausgerüstet, hatte zwei Vorwärtsgänge und Kotflügel über den Hinterrädern. Es scheint immer ein bestimmtes Produkt zu geben, das für die meisten Leute ihr „erstes" war, und zu dieser Kategorie gehört auch der IHC Titan 10-20. Viele Farmer erinnern sich noch gut daran, dass er ihr erster Traktor war, und er verkaufte sich bis 1922 ausgezeichnet.

1917 änderte sich die Lage abermals: das US-Justizministerium hatte festgestellt, dass IHC zu viele Deering- und McCormick-Händler besaß, was den Wettbewerbsregeln widersprach. So ordnete es deren Zusammenlegung an. Von nun an sollte es in jedem Verkaufsgebiet nur noch einen Händler für eine einzige Traktormarke geben, und das sollte ein Fabrikat von International sein. So wurde im glei-

Auch die Firma Milwaukee Harvester wurde schließlich ein Teil der International-Harvester-Gruppe.

Den Schlussstein dieser Unternehmensfusionen bildete die Firma Warder Bushnell & Glessner.

chen Jahr der International 8-16 geboren. Er unterschied sich grundlegend von allen seinen Vorläufern, denn er führte den in einer Zelle eingeschlossenen Vierzylinder-Motor von IHC. Im Übrigen ähnelte er eher einem frühen Pkw als einem Traktor. Es verdient in diesem Zusammenhang hervorgehoben zu werden, dass man ihn auch für Industrieaufgaben einsetzen konnte (dazu gab es Hartgummi-Reifen). Der Traktor 8-16 war für IHC in Sachen Konstruktion ein wichtiger Schritt in die Zukunft, denn er half der Firma, den Weg zu leichteren und sparsameren Modellen zu beschreiten. 1921 brachte International den 15-30 heraus, mit dem man auf den weltweiten Erfolg von Fords preiswertem Modell F reagieren wollte. Er war ebenfalls ein Leichtgewicht und führ-

Der 1912 gebaute Mogul 12-25 war der erste leichte Traktor von International Harvester.

Der 12-25 war ein angenehm unkompliziertes Fahrzeug und wurde bis 1918 gebaut.

Der Einzylinder-Traktor Mogul 8-16 von International Harvester kam 1914 auf den Markt.

te den firmeneigenen Vierzylinder-Motor, der vollständig verkleidet war. Es handelte sich außerdem um den ersten IHC-Traktor mit einem Teilrahmen, und über den Hinterrädern saßen Kotflügel. Das Modell war teurer als der Ford, verkaufte sich aber mit etwa 128000 Stück im Laufe von acht Jahren doch recht gut. Ihm folgte ab 1923 der neue 10-20, abermals mit einem Vierzylinder-Motor; von diesem Traktor wurden bis 1939 ungefähr 215000 Stück gebaut. Gummireifen standen seit den späten 1930er-Jahren optional zur Verfügung, und für diese Maschine bot die Firma auch eine große Auswahl an sonstiger Zusatzausstattung an.

Zwischen 1916 und 1922 baute International Harvester (IHC) ca. 78000 Traktoren des Typs Titan 10-20.

Die Antriebsscheibe des Modells 10-20. Ein lederner Treibriemen führte von ihr zur Dreschmaschine.

IHC machte mit diesen Traktoren ein sehr gutes Geschäft, aber zum wirklichen Marktführer sollte man erst mit dem nächsten Entwurf werden. Die Farmer konnten ihre Traktoren nur für begrenzte Zwecke einsetzen – es gab lediglich zwei Modelle, die beide für einen ganz bestimmten Aufgabenkreis entworfen worden waren. Die schweren Maschinen nutzte man als Riemenantrieb, die kleineren hingegen zum Anbau von Hackfrüchten. Die Zeit war daher reif für einen Traktor, der beides erledigte, und das konnte – worauf schon sein Name hinwies – der Farmall von 1924, den man genau mit dieser Absicht entworfen hatte. Das Fahrzeug musste ein großer Erfolg werden, doch die Firma brachte es anfangs nur in relativ kleinen Stückzahlen auf den Markt. IHC fürchtete nämlich um den Absatz des Modells 10-20, doch dann gingen beide Traktoren weg wie warme Semmeln. Der Farmall besaß einen Vierzylinder-Motor und verfügte über eine reiche Zusatzausrüstung, die ihn zum wahren Allzwecktraktor machte. Anders als seine Vorläufer hatte er zwei normal große Hinterräder mit weitem Radstand, während die vorderen klein waren. Sie saßen eng beisammen mittig am Fahrzeugbug, wodurch der Traktor auch einen kleineren Wendekreis bekam.

Als die Produktion des Farmall 1932 auslief, präsentierte man als Nachfolger das neue Modell Farmall F-20, das bis 1939 gebaut und insgesamt 149000mal

Der Mogul 90 wurde in den 1920ern von kleineren, leichteren Traktoren abgelöst.

verkauft werden sollte. Es glich von seiner Konstruktion her dem Vorgänger und wies ebenfalls viele Extras sowie einen verstellbaren Laufkranz auf. Der Farmall wurde zu einem Begriff, und er galt bei Landwirten in aller Welt als langlebiges, brauchbares Modell.

1931 präsentierte man eine stärkere Version des Farmall; diese besaß ebenfalls einen Vierzylinder-Motor (allerdings mit größerer Bohrung respektive Hub) und trug den Namen F-30. Das Modell hatte noch Stahlräder, aber später gab es optional auch Gummireifen. Das war allerdings nicht gerade das, was die damaligen Kleinfarmer suchten. Sie brauchten einen schnellen, leichten Kleintraktor, und den bekamen sie mit dem ab 1932 hergestellten F-12. Dieser führte anfangs noch einen Waukesha-Motor (die Firma hatte damals keine ausreichend kleinen Fabrikate im Angebot), aber nach wenigen Monaten erhielt er einen IHC-Vierzylinder mit 1852 cm^3 Hubraum. 1934 produzierte man mit dem W-12 eine Standardprofilversion, und außerdem gab es Varianten wie den Industrietraktor I-12 und den speziell für Golfplätze und Großgüter gedachten Fairway-12.

Die Standardprofil-Traktoren wurden ebenfalls verbessert, doch man brauchte stärkere Maschinen, so wurde 1932 der schon ältere 15-30 aufgerüstet und in W-30 umgetauft. Mit ihm begann eine neue Serie, und 1934 kam der International Harvester W-40 auf den Markt, der erste IHC-Traktor mit Sechszylinder-Motor, von dem man etwa 6500 Stück verkaufte.

Der Farmall war wohl das wichtigste jemals von International Harvester produzierte Modell.

Der Zweipflug-Traktor McCormick-Deering 10-20 war ab 1923 lieferbar.

Der Traktor F-30 kam Ende 1931 auf den Markt und besaß anfangs stählerne Räder.

Der McCormick-Deering W-12 war die Standardprofil-Version des F-12 aus dem Jahre 1934.

Knapp zwei Jahre später kam der McCormick-Deering WD-40 heraus, der erste amerikanische Traktor mit Dieselmotor. Obwohl er mit Dieselbrennstoff lief, wurde er mit Benzin gestartet, um dann nach Erreichen einer bestimmten Drehzahl automatisch zu Diesel zu wechseln.

Zu dieser Zeit experimentierte die Firma auch mit Raupentraktoren, um den zahlreichen Caterpillar-Produkten die Stirn bieten zu können. Ihre ersten Prototypen basierten auf den Modellen 10-20 und 15-30, doch im Jahre 1931 kam dann endlich der TracTracTor oder T-20 heraus. Er wurde vom Motor Farmall F-20 angetrieben und bis 1939 hergestellt. In der Zwischenzeit gelangten auch der International Harvester T-35 (ein Sechszylinder-Benziner) und der TD-35 (mit Vierzylinder-Diesel) auf den Markt. Hinzu kamen weitere Modelle wie der T-40 und der TD-40, der T-D18 von 1938 sowie der T-6 und der TD-6, die beide 1939 ihr Debüt erlebten.

1936 beschloss der US-Zweig von International Harvester, auch in Deutschland Traktoren zu produzieren, und so rollte dort im März 1937 das erste Exemplar vom Band, ein F-12 mit 12-15 PS. Zwischen 1937 und 1940 wurden insgesamt 3973 Traktoren der F-12-Familie gebaut.

Im Jahre 1939 erfolgte die öffentliche Markteinführung der zweiten Generation des Farmall-Traktors, die als Initialen-Serie bekannt wurde. Die Buchstaben A und B bedeuteten „klein“, H „mittelgroß“ und M „groß“. Ihr modernes Äußeres zeigte die Handschrift des international renommierten Designers Raymond Loewy, den man eingestellt hatte, um

Das Modell W-30. Standardprofil-Traktoren wie dieser trugen die Plakette von McCormick-Deering.

Der McCormick-Deering WD-40 war der erste amerikanische Traktor mit einem Dieselmotor.

Der T-20 TracTracTor kam 1931 auf den Markt und führte fast den gleichen Motor wie der Farmall F-20.

den neuen Farmall-Traktoren und Raupenschleppern ein unverkennbares Outfit zu verleihen. Beide Produktgruppen hatten nun das gleiche Kühlergitter mit den drei Silberstreifen und der dreidimensionalen Farmall- oder International-Plakette – als Markenname trugen sie McCormick-Deering. Loewy entwarf auch den Prototyp der Vertragshändlerbüros mit seinem vertikalen Pylon, der alle 800 US-Händler vereinheitlichte. Von allen Modellen gab es weitere Varianten, und der Farmall M wurde gleich nach seiner Einführung 1939 einer der beliebtesten US-Traktoren. Von diesem Vierzylinder-Modell baute man bis 1952 insgesamt 288000 Stück.

Dies ist eines der größeren TracTracTor-Modelle, der T-40. Es führte einen Sechszylinder-Motor.

1939 präsentierte IHC eine Serie völlig neuer Traktoren. Dieses zeitgenössische Plakat zeigt den Farmall A.

Der Farmall C von 1948 war relativ kurzlebig. Er führte einen Vierzylinder-Motor.

1938 erwarb man vom Doncaster Borough Council das Landgut Wheatley Hall (England), und ein Jahr später wurden auf diesem Grundstück Lagerhäuser erbaut. Im Zweiten Weltkrieg wurde das Werk 1940 vom Kriegsministerium requiriert, um die Rüstungsanstrengungen zu unterstützen.

Der Krieg brachte es mit sich, dass auch die Produktion in Neuss mehrfach betroffen war: 1940 brannte der gesamte Holzlagerplatz ab, und 1942 stürzte ein alliierter Bomber in eine Gießerei, die daraufhin völlig ausbrannte. Trotz dieser Rückschläge war 1945 das einzige Jahr in der 60jährigen Firmengeschichte, in dem dort keine Traktoren gebaut wurden.

Wie dieses Plakat aus dem Zweiten Weltkrieg deutlich zeigt, produzierte IHC Traktoren und Panzer für das Militär.

Der international berühmte Industriedesigner Raymond Loewy entwarf Traktoren und Verkaufsstellen.

Nach dem Krieg modernisierte man die Buchstaben-Serie und führte ein noch kleineres Modell ein. Der Farmall Cub („Welpe“) ging 1947 in den Verkauf und war für Kleinfarmer gedacht. Er erfreute sich ungemeiner Beliebtheit und überrundete im Absatz bald sogar den Farmall A. Der Traktor führte einen kleinen Vierzylinder-Motor mit 983 cm^3 Hubraum und wurde nicht nur über lange Jahre hergestellt, sondern ist noch heute auf vielen Farmen voll im Einsatz.

Als der Krieg zu Ende ging, erhielt IHGB auch die Produktionsstätte in Doncaster zurück, und als deren Ausbau abgeschlossen war, lief dort die Fertigung von Zubehör und Ersatzteilen an. Vermarktet wur-

Der W6 International wurde 1940 ein Verkaufsschlager. Er führte einen Vierzylinder-Benziner mit 4031 cm³ Hubraum.

Diese Anzeige behauptet: „Winzig wie ein Welpe, aber stark wie ein Bär!" Der Traktor war klein, doch robust und stark.

den sie unter den Namen McCormick oder McCormick-International. Zur gleichen Zeit erfolgte auch der Wiederaufbau des Neusser Werkes, wo man erst einmal 50 Traktoren fertigte.

In Doncaster lief die Traktorenproduktion 1949 an, am 13. September fuhr der Landwirtschaftsminister persönlich einen McCormick International Farmall M (Ser.-Nr. 1001) vom Band. Im Januar 1951 begann auch das neue Werk im französischen St. Dizier mit dem Bau des Farmall-Modells FC.

Da die weltweite Mechanisierung der Landwirt-

Der Farmall M zählte zu den beliebtesten Traktoren der USA. Eingeführt wurde er 1939.

Der McCormick 523 wurde zwischen 1965 und 1972 in Neuss hergestellt.

Der B275 von 1963 führte einen Vierzylinder-Diesel mit 2360 cm^3 Hubraum.

Hier sieht man einen Vierzylinder-Farmall 450 von 1957; das Modell wurde 1956–1958 gebaut.

Der McCormick B 634 von 1968 war der letzte in Großbritannien gebaute Traktor mit dem Namen McCormick.

Der Vierzylinder-Dieselmotor (4605 cm³ Hubraum, 66 PS) des International 634.

Der DGD 4 war ein Vierzylinder und gehörte zu einer neuen Traktorenserie, die in Neuss gebaut wurde.

Der DGD 4 führte den Motor DD 132 und wurde von 1953 bis 1956 hergestellt.

Wichtigstes Kennzeichen des 986 war die Kabine mit getönten Scheiben und einem Hightech-Belüftungssystem.

International produzierte im Laufe der Geschichte viele Raupenschlepper: hier sieht man den BTD 8.

schaft nach dem Krieg erhebliche Fortschritte machte, wurde bald offenbar, dass man einen neuen Kleintraktor brauchte. Im Jahre 1954 erwarb IHGB deshalb die alten Jowett-Autowerke in Idle (Bradford) und begann dort mit dem Bau des McCormick International B 250. Dieses Modell hatte 30 PS Nennleistung; es war der erste britische Traktor mit Scheibenbremsen und Differentialsperre. Anfang 1965 verlagerte man die Montage ganz ins Werk Carr Hill, doch die Teile für den McCormick International B-450 und B-614 wurden weiterhin in der Wheatley Hall Road gefertigt und täglich über die Straße angeliefert.

Der erste in Carr Hill gebaute Traktor war im Mai 1965 ein McCormick International B-450. 1968 brachte IHGB den McCormick International B-634 heraus, den ersten britischen Traktor mit Drehstab-Hydraulik, der aber auch als letztes in Großbritannien gebautes Modell die Worte McCormick im Namen führte. Seine Produktion lief erst 1972 aus. In diesem Jahr fiel die Entscheidung, das Liverpooler Werk Orell Park zu schließen und die Produktion auf die übrigen britischen Fabriken zu verteilen. In Neuss rollte 1972 als letzter Traktor mit der Bezeichnung „McCormick“ ein 624 vom Band.

1970 begann IHGB im Werk Carr Hill mit dem Bau einer neuen Traktorenserie. Im Oktober dieses Jahres wurde dort das erste Exemplar der Baureihe World Wide fertiggestellt. Zu ihr gehörten anfangs nur die Modelle 454 und 574, doch schon bald kamen die Farmtraktoren 474, 475 und 674 sowie die Industriemaschinen 2400 und 2500 hinzu. Jene besaßen nicht nur Synchrongetriebe, sondern waren auch Europas erste Traktoren mit der Option auf hydrostatische Getriebe.

In den USA schlief man unterdessen nicht: hier wurde bereits an noch stärkeren Maschinen gearbeitet. Zu Anfang der 1970er-Jahre kam die Serie 66 auf den Markt, die neuartige gummigefederte Kabinen mit Radio und Acht-Track-Soundsystem besaß. Nun hatte das Rennen um immer stärkere Motoren begonnen, und International baute in das Modell 1468 einen seiner V8-Lkw-Motoren ein. Noch stärkere Typen wie der 4366 führten Produkte der Firma Steiger, von der International zu Beginn der 1970er schon 28% erworben hatte.

1976 brachte das Unternehmen die Zweirad-Serie Pro-Ag 86 heraus, deren Spektrum vom 886 bis zum Hydro (100 PS) reichte.

1978 startete IHGB dann die Traktorenklasse 84, zu

der Modelle mit Flachdach-Kabinen und Allradantrieb gehörten. Diese Maschinen führten Motoren, die im Neusser Werk gebaut wurden. Die Serie 85, die es wahlweise mit der neuen XL- oder der niedrigen L-Kabine gab, kam 1982 heraus und wurde bis 1987 hergestellt.

Ende 1984 gab die Firma Tenneco, Eigentümerin der Marken Case und David Brown, ihre Absicht bekannt, bestimmte Aktiva der Landwirtschaftssparte von IH zu erwerben. Das Geschäft kam 1985 zum Abschluss, so gelangte Harvester unter die Kontrolle von Tenneco Case. Anschließend etikettierte man sämtliche Produkte der Case-Landwirtschaftssparte zu Case International um.

1994 kam eine neue Traktorenklasse aus Doncaster auf den Markt. Die Modelle der Serie 3200/4200 besaßen entweder niedrige oder Deluxe-Kabinen sowie Zwei- oder Vierganggetriebe.

Im Jahre 1997 wurde dann die neue CX-Serie vorgestellt und fortan in Doncaster produziert; es gab sie mit niedrigen oder Standardkabinen, aber auch in einer Pritschenversion. Im folgenden Jahr begann das Werk in Doncaster mit der Fertigung des Traktors MAXXUM MXC, der MAXXUM-Getriebe und -Hydraulik besaß und vom gleichen Vierzylinder-Motor wie die CX-Maschinen angetrieben wurde.

1999 begann sich Case für eine Fusion mit New Holland zu interessieren und nachdem die Aktionäre zugestimmt hatten, trat das neue Unternehmen unter dem Namen Case New Holland Global N.V. (CNH) an. Die Regelungsbehörden der EU stimmten der Fusion unter der Bedingung zu, dass sich CNH vom Werk an der Wheatley Hall Road in Doncaster mitsamt den dort produzierten Traktoren C, CX und MXC (50 bis 100 PS) sowie MX MAXXUM und dem zugehörigen Know-how trenne. Nach Verhandlungen mit mehreren Interessenten ging die Fabrik in Doncaster schließlich an die italienische ARGO S.p.A. Diese kündigte an, sie werde die Fabrik zur Weltzentrale der McCormick Tractors International Ltd. machen und ihre Produkte fortan weltweit unter dem Namen McCormick vermarkten. Im April 2001 wurde bekannt, dass CNH das Getriebewerk in St. Dizier ebenfalls an die Firma ARGO verkauft hatte, sodass es zu McCormick France und damit zur Geschäftszentrale in diesem Land wurde.

2005 bot McCormick seine Erzeugnissee in ganz Europa, Australien, Neuseeland und Südafrika an. Vor kurzem gründete man McCormick USA, um sie auch in den Staaten zu vermarkten.

So schließt sich der Kreis, und wir sind wieder beim Namen des Mannes angelangt, mit dem im 19. Jahrhundert alles begann.

Der oft als „Super Snoopy" bezeichnete 7488 war der letzte große Allrad-Traktor.

Ivel

1902–1920

Dan Albone kam 1860 in Biggleswade zur Welt. Er interessierte sich schon in früher Jugend fürs Radfahren. 1880 eröffnete er bereits eine eigene Fahrradfirma, die Ivel Cycle Works. Seine Modelle wurden von vielen bekannten Radprofis wegen ihrer Geschwindigkeit und Leichtigkeit hoch geschätzt – Albone siegte sogar selbst bei Meisterschaften.
Er war überdies der Erste, der den Farmern einen Traktor mit Verbrennungsmotor bescherte. Sein nach dem nahen Ivel-Fluß benanntes Modell kam 1903 auf den Markt. Es handelte sich um ein Dreirad mit einem Zweizylinder-Boxer-Benziner, der 20 PS erzeugte. Diese überaus vielseitige Maschine ließ sich auf den Höfen für zahlreiche Aufgaben verwenden. Einige Exemplare wurden angeblich in den USA gefertigt. Leider verstarb Albone im Jahre 1906, und ohne diese große Erfinder- und Führerpersönlichkeit ging die Firma 1920 in Konkurs.

Der hier abgebildete Ivel gilt als erster brauchbarer Traktor der Geschichte.

J

JCB

1945–heute

Die phänomenale Erfolgsgeschichte von JCB begann sehr bescheiden im englischen Staffordshire. Das geschah am 23. Oktober 1945, als der mittlerweile verstorbene Joseph Cyril Bamford – weiten Kreisen auch als „Mr. JCB“ bekannt – jene Firma für Bau- und Landmaschinen gründete, die nach seinen Initialen benannt ist. Sein erstes Produkt fertigte er in einer gemieteten, nur 4,5 x 3,6 m großen Abstellgarage in Uttoxeter (Staffordshire). Mit Hilfe einer Schmiedeausrüstung für 1 £ und etwas Schrott aus dem Krieg baute er einen Schrauben-Kippanhänger, den er für 45 £ auf dem örtlichen Markt verkaufte.
1948 beschäftigte Bamford bereits sechs Arbeiter, und damals machte er sich daran, ein hydraulisches Fahrzeug zu entwickeln – Europas ersten derartigen Kippanhänger. Weiterentwickelt wurde dieser zu einem Hydraulikarm für Traktoren, dem Si-draulic, der großen Erfolg hatte.

Dieser JCB 1, ein Diesel-Kleinbagger, wurde 1964 gebaut. Seine Restaurierung dauerte 2 Jahre.

Das erste Modell mit den noch heute bekannten JBC-Initialen kam 1953 heraus. Dieser Baggerlader entwickelte sich zur bekanntesten Maschine der Firma. Das Unternehmen wurde immer leistungsfähiger, und Mr. JCBs Begabung für Marketing kam nun erst voll zum Tragen. In den 1960er-Jahren präsentierte man das Modell 3C, das sich sehr gut verkaufte. Man führte es öffentlich vor, um seine Wendigkeit und Vielseitigkeit zu demonstrieren. Dabei fuhr z.B. ein Pkw unter einer Maschine mit voll ausgefahrenen Beinen durch.

Der Dieselmotor des JCB 1 – vollständig zerlegt, restauriert und anschließend wieder eingebaut.

Nicht gerade Hightech, doch für 1964 recht innovativ: an den JCB 1 konnte man vorn und hinten Geräte ankoppeln.

Heute können die Fahrzeuge nicht nur die Beine ausfahren, sondern auch auf die Seite rollen (nicht zur Nachahmung empfohlen!). Den unverkennbaren JCB-Schaufellader bekommt man häufig am Rand von Autobahnen, auf Industriegeländen, Baustellen oder überall dort zu sehen, wo man Erdreich aufgräbt, bewegt oder neu verteilt.
Heute beginnt die Modellpalette mit dem kleinsten JCB, dem Mini X, den man leicht auf Anhängern transportieren kann. Ein großer Vorteil dieser Maschine ist, dass sie sich auch von ungeschultem Personal mit Leichtigkeit bedienen lässt. Als Antrieb dient ein 20-PS-Diesel, und an der Hinterachse sitzt ein hydrostatisches Getriebe.

Die Kleintraktoren 1 und 2CX sind vielseitig und wendig. Die Modelle 3 und 4CX eignen sich auch für schwerere Arbeiten.

Am oberen Ende der Skala findet man – nach dem 1CX, 2CX und 3CX – den 4CX, ein überaus leistungsfähiges Modell mit Allradantrieb und vier gleichgroßen Rädern. Die äußerst wendige Maschine hat Vierradlenkung und eine große Kabine, sodass sie sich bequem fahren lässt. Die Kabine ist zur Verbesserung der Rundumsicht mit über 6 m^2 verglast, und wie man sich leicht denken kann, ist auch das Armaturenbrett reich bestückt.
Die Auswahl der JCB-Radlader reicht vom 407 ZX, einer kompakten, einfachen, ruhigen und bequemen Maschine, bis zum gewaltigen 456 TX. Letzterer ist mit dem neuesten Cummins-Motor (6CT8.3C, circa 216 PS) und einem vollautomatischen Getriebe ausgerüstet. Auch hier verfügt die Kabine über Rundumsicht, voll einstellbare Sitze bzw. Lenksäule sowie standardmäßig Aircondition. Der Kunde kann unter 15 Modellen wählen.
Der JCB Fastrac ist wohl der bekannteste Traktor, den die Firma derzeit herstellt. Er besitzt eine einzigartige Federung, die für konkurrenzlosen Fahrkomfort, Drehzahlregelung und Produktivität sorgt. Dank höherer Feld-Einsatzgeschwindigkeiten kann er bis zu 30% mehr Fläche als konventionelle Traktoren beackern. Es gibt drei Modelle: den 2140 (142 PS), den 3170 (155 PS) und als Krönung den

Der 456 XZ ist das Spitzenmodell der Firma: sein mächtiger Motor erzeugt stolze 216 PS.

3190/3220 (178 PS), der mit den neuesten technischen Finessen versehen ist – alle führen Cummins-Motoren unterschiedlicher Stärke. Das sind aber nur einige Produkte der Firma.

Das Unternehmen JCB ist nach wie vor Privateigentum der Familie Bamford. Im Januar 1976 übernahm Sir Anthony Bamford – der Sohn des verstorbenen Mr. JCB – mit 30 Jahren die Führung der Geschäfte. Mr. JCB war leider am 1. März 2001 im hohen Alter von 84 Jahren verschieden.

Heute gehört JCB zu den fünf weltweit führenden Baumaschinenfabrikanten und besitzt 14 Werke auf vier Kontinenten – zehn in Großbritannien, zwei in Indien und weitere in den USA und Brasilien. JCB hat überdies angekündigt, dass man demnächst in Pudong, südlich von Shanghai, die erste chinesische Fabrik bauen werde. Dazu kommen noch Tochterfirmen in Frankreich, Deutschland, den Niederlanden, Belgien, Spanien und Singapur. Als europäischer Marktführer für Baumaschinen exportiert JCB 75% seiner britischen Produkte in 150 Länder.

Die Weltzentrale der Firma befindet sich in Rocester (Staffordshire), wo die Gebäude wohlbedacht über 71 Hektar mit drei Seen, Wildtieren und Skulpturen verteilt sind.

Das Unternehmen beschäftigte im Jahre 2005 mehr als 5000 Personen und fertigte 186 verschiedene Maschinen aus zwölf Produktbereichen: Baggerlader, Teleskoplader, Ketten- und Radbagger, Rad-Schaufellader, Gelenk-Muldenkipper, Gabelstapler für unwegsames Gelände, Minibagger und Robot-Kompaktlader sowie Robot-Ketten-Kompaktlader. Außerdem baut die Firma eine Reihe von Teleskopladern und den einzigartigen Fastrac-Traktor für Landwirtschaftsmärkte. Hinzu kommt der Teletruk-Gabelstapler für die Industrie.

Der Fastrac war ein großer Verkaufsschlager, den man gleichermaßen auf dem Feld und im Güterkraftverkehr einsetzte.

In Savannah (Georgia) eröffnete man für 62 Mio. US-$ auf einem 400 Hektar großen Gelände eine Fabrik, in der Bagger- und Kompaktlader gebaut werden. 2001 kam dann noch ein Montagewerk in Brasilien hinzu, das Baggerlader für Südamerika produziert.

Dank höherer Feldgeschwindigkeiten kann der Fastrac viel größere Flächen bearbeiten als konventionelle Traktoren.

Die einzigartige Federung sorgt für Spitzenkomfort und ermöglicht höhere Geschwindigkeit und Produktivität.

Im Jahre 2003 kündigte JCB an, 80 Mio. £ in Entwicklung und Bau eigener Dieselmotoren zu investieren. Man gründete daher eine neue Firma namens JCB Power Systems Ltd. Die Produktion ist mittlerweile in einem neuen Werk im englischen Derbyshire angelaufen.

Das Unternehmen hat mehr als 50 wichtige Auszeichnungen für Ingenieurleistungen, Export, Design, Marketing, Management und den schonenden Umgang mit der Umwelt errungen. Darunter befinden sich allein 16 Queen's Awards for Technology and Export Achievement; den jüngsten erhielt die Firma im Jahr 2005: einen Queen's Award for Enterprise im Bereich „Welthandel" für JCBs Baggerlader-Sparte.

2004 feierte die Firma mit dem Bau der 500 000sten Maschine einen Meilenstein in ihrer Geschichte, und 2005 beging JBC sein sechzigjähriges Jubiläum.

Die berühmten gelben Baggerlader und Bagger von JCB gehören heute weltweit zur Grundausstattung von Baufirmen und sind sogar in den englischen Wortschatz eingegangen: selbst in den Wörterbüchern von Oxford und Collins bezeichnet „JCB" eine Baumaschine mit hydraulischer Frontschaufel und einem Baggerarm am Heck. Aus bescheidenen Anfängen ist ein Weltkonzern geworden.

Die Firma JCB ist eher für ihre Baumaschinen bekannt, brachte aber 1991 den Fastrac auf den Markt.

Unschlagbar: JCB baut diese Traktoren schon seit vielen Jahren und präsentiert sie zu Recht mit Stolz.

John Deere

1825–heute

Die Geschichte der Traktorenfabrik John Deere begann vor langer Zeit, als die ersten Siedler in den Mittleren Westen der USA zu strömen begannen. Im 19. Jahrhundert galt dieses Gebiet den Pionieren als Land der Verheißung. Hier gab es noch ausgedehnte Landstriche, die scheinbar nur darauf warteten, beackert zu werden.

John Deere wurde am 7. Februar 1804 als fünftes unter den sechs Kindern von William R. und Sarah (Yates) Deere in der Kleinstadt Rutland (Vermont) geboren. Er ging mit 17 Jahren bei einem Hufschmied in die Lehre, und nachdem er im Jahre 1825 seine Ausbildung abgeschlossen hatte, begann er eine Karriere als wandernder Schmied, dem seine sorgfältige Arbeitsweise und Erfindungsgabe bald großen Erfolg einbrachten.

Zwei Jahre später heiratete er Demarius Lamb, aber die Zeiten waren damals hart, und 1836 liefen die Geschäfte für John Deere und seine junge Familie – wie auch für viele andere – ziemlich schlecht. Demarius hatte ihrem Gatten bereits vier Kinder geboren und ging mit dem fünften schwanger, als John beschloss, nach Illinois umzusiedeln. Viele Vermonter hatten sich bereits zu diesem Schritt entschlossen, und John wusste gerüchtweise von den großen Möglichkeiten, die der Westen bot. So verkaufte er sein Geschäft an den Schwiegervater und überließ den Erlös seiner Frau, die ihm später folgen sollte. Mit einer Werkzeugtasche und etwas Geld kam er in Chicago an. Er zog weiter nach Grand Detour, einer Neugründung von Siedlern aus Vermont, wo es genug Arbeit für ihn gab. Der Ort besaß noch keine Schmiede, sodass er sehr gefragt war. Im folgenden Jahr – also 1837 – baute John auf einem gepachteten Grundstück seine neue Werkstatt, in der er Pferde und Ochsen beschlug, aber auch die Pflüge und Arbeitsgeräte der ersten Pioniere reparierte.

Der Umgang mit den Farmen machten ihn auch zum Ohrenzeugen ihrer Gespräche, und so erfuhr er, dass sehr fruchtbare, fette Bodenarten leicht an ihren schmiedeeisernen Pflugscharen hängen blieben. Jene mussten daher immer wieder gereinigt werden, bevor man weiter pflügen konnte, was den Arbeitsprozess noch mehr verlangsamte. Außerdem hatte es zur Folge, dass man mehr Zugochsen oder -pferde als gewöhnlich benötigte. Die von daheim mitgebrachten Pflüge der Siedler waren für die leichteren, sandigen Böden Neuenglands gedacht und folglich für die viel schwereren des Westens ungeeignet. Entmutigt und enttäuscht gaben viele Pioniere deshalb auf und kehrten in den Osten zurück.

John Deere ließ sich die Probleme der Farmer ausführlich schildern und war bald überzeugt, dass ein Pflug mit dem richtigen Streichbrett und der passenden Schar sich während des Pflügens selbst reinigen müsse. Als er 1837 eine zerbrochene Stahlsäge fand, formte er sie durch Schmieden um und erprobte sie dann auf der Farm von Lewis Crandall unweit von Grand Detour. Dem erfolgreichen ersten Pflug schlossen sich zwei weitere Modelle an und bald waren John Deere und seine „Selbstreiniger“ im ganzen Westen und darüber hinaus berühmt.

Als die Nachfrage Jahr für Jahr anstieg, musste John Deere 1843 eine Bezugsquelle für die großen Stahlmengen finden, die er benötigte. So begann er, diese aus dem englischen Sheffield zu importieren. Dazu war jedoch eine lange, gefährliche Fahrt über den Atlantik, den Mississippi und Illinois River hinauf und dann noch 40 Meilen weit über Land erforderlich. 1844 entdeckte er eine Firma in St. Louis, die ihn beliefern konnte, und 1846 produzierten schließlich die Jones and Quigg Steel Works in Pittsburgh den ersten Gussstahlblock der USA. Er war allen anderen damaligen Stahlsorten überlegen.

Die Eisenbahn erreichte das Gebiet 1843, ließ aber Grand Detour abseits liegen, und nun befand John Deere, dass die Stadt ohne Bahnanschluss nicht gedeihen könne. Er tat sich also mit John Gould und Robert Tate zusammen und zog nach Moline, 75

John Deere entwickelte den ersten kommerziell erfolgreichen selbstreinigenden Stahlpflug der Welt.

John Deere ließ sich von den Farmern die Probleme schildern, die jene mit den schweren Ackerböden hatten.

Meilen südwestlich von Grand Detour. Dort konnte er die Wasserkraft des Mississippi und die darauf verkehrenden Schiffe nutzen. 1848 wurde eine neue Fabrik gebaut, in der 1849 eine Belegschaft von 16 Mann insgesamt 2136 Pflüge fertigte.

1852 fand John Deere seine beiden Partner ab. In den folgenden 16 Jahren war die Firma unter den Namen John Deere, John Deere & Company, Deere & Company und Moline Plow Manufactory bekannt. 1853 trat John Deeres Sohn Charles mit 16 Jahren als Buchhalter in das Unternehmen ein – später sollte er einmal dessen Präsident werden. Der gut ausgebildete junge Mann stieg rasch die Karriereleiter empor und übernahm die Stelle des Vizepräsidenten und Schatzmeisters. Er galt als tüchtiger Geschäftsmann und flößte der Firma jenen Unternehmergeist ein, der ihr eine Spitzenposition unter den Landmaschinenfabrikanten verschaffen sollte. Die Produktion stieg nun Jahr um Jahr weiter an, und man begann auch andere Artikel zu produzieren. Erst die Börsenpanik des Jahres 1857 führte zu einem Rückgang, und 1858 übergab John Deere die Zügel seinem damals 21 Jahre alten Sohn Charles.

Ab 1860 arbeitete die Firma unter dem Namen Moline Plow Manufactory, und ein Jahr später brach der Amerikanische Sezessionskrieg aus. Da es gleichzeitig in Europa Missernten gab, mussten die Farmer im Mittleren Westen mehr Nahrungsmittel als je zuvor erzeugen, und so profitierten sie wie ihre

Der Sulky-Getreidekultivator wurde in den 1880ern gebaut; sein größter Vorzug war der hohe Fahrersitz.

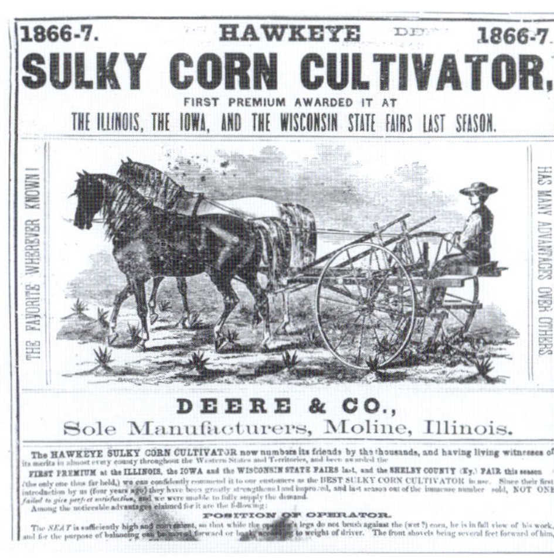

Zulieferer von den blutigen Ereignissen. Da zur Versorgung der Soldaten und ihrer Tiere viel Ackerbau getrieben werden musste, verbesserte man die Maschinen, und auch kleine Farmer konnten so expandieren. 1863 präsentierte die Firma ihr erstes fahrendes Gerät, den Hawkeye-Fahrkultivator, und zwar als Lizenz seines Erfinders Robert Furnas.

Damals konnte ein Farmer mit einem Handpflug darauf hoffen, pro Tag etwa eine Fläche von 0,6

1875 entwickelte Gilpin Moore den Gilpin-Sulkypflug, auf dem der Farmer endlich sitzen konnte.

Das erste Logo der Firma John Deere zeigte den berühmten springenden Hirsch.

Hektar zu bewältigen. Nun kam man auf die Idee, den Pflug mit einem weiteren Streichbrett – dem später so genannten „Unter-Gang" – zu versehen. Auf diese Weise war der Farmer imstande, täglich ungefähr 2,2 Hektar Land zu bestellen. 1867 ließ man den Walking Cultivator patentieren; die Farmer schätzten ihn sehr, aber für manchen war er einfach zu teuer. 1870 präsentierte die Firma fünf Grundtypen, mit denen sie bis Ende des 19. Jahrhunderts ausgesorgt hatte: Pflüge, Kultivatoren, Eggen, Drill- und Pflanzmaschinen sowie Vieh- und Kutschwagen.

Charles Deere war ein genialer Geschäftsmann, der für seine Vertragshändler Marketingcenter einrichtete.

Nachdem es der Firma gelungen war, die Panik des Jahres 1873 zu überleben, die durch den Zusammenbruch einer New Yorker Bank ausgelöst worden war und zur Krise der 1870er-Jahre geführt hatte, prosperierte Deere and Company weiter. 1874 verschlechterten Heuschreckenplagen die Lage der Farmer im Mittelwesten erheblich, aber das Unternehmen wuchs weiter. Im folgenden Jahr entwickelte sie mit dem Sulkypflug Gilpin Sulky das bemerkenswerteste Gerät, das Deere in den Jahren nach dem Krieg präsentierte. Da dieser so praktisch und solide verarbeitet war, wurde er ein riesiger Erfolg und zu einem der meistverkauften US-Sulkypflüge dieser Epoche. 1876 stand jedoch fest, dass die Geschäfte schlecht liefen und der Schuldenberg wuchs, sodass man die Löhne senken musste. Im gleichen Jahr wurde auch das Warenzeichen mit dem springenden Hirsch (deer) eingeführt. Es zeigte unter dem Schriftzug John Deere einen Hirsch, der über einen Balken setzte. Darunter standen die Worte Moline, Ill. (Moline, Illinois, war damals Sitz der Firma). Interessant ist dabei, dass hier kein amerikanischer, sondern ein afrikanischer Hirsch dargestellt war; den einheimischen Weißwedelhirsch bekam man erst auf den späteren Versionen zu sehen. Ein Warenzeichen war unbedingt erforderlich, denn es hielt andere Firmen davon ab, John Deeres Produkte zu kopieren. Leider verstarb John Deere 1886 mit 82 Jahren, und sein Sohn Charles übernahm den Vorsitz – einen

John Froelichs Traktor war der weltweit erste mit einem Verbrennungsmotor.

Das Emblem des Traktors Waterloo Boy, den die Waterloo Gas Engine Company aus Waterloo (USA) baute.

Den Waterloo Boy erhielt die Firma 1918 durch den Kauf der Waterloo Gas Engine Company.

Frühe R-Modelle hatten nur einen Gang, doch das Modell N bekam ein Zweiganggetriebe.

Der Waterloo Boy wurde nach England und Irland exportiert. Zu den Importeuren zählte auch Harry Ferguson.

Posten, den er bis zu seinem Tod 1907 bekleidete. Seine beiden Töchter vermählten sich 1892 – Katherine mit William Butterworth und Anna mit William Wiman. Butterworth nahm nach Charles' Tod die Zügel in die Hand, und Annas Sohn Charles Deere Wiman sollte später sein Nachfolger werden.
Im Rechnungsjahr 1899–1900 belief sich der Gesamtumsatz erstmals auf mehr als 2 Mio. US-$.
Als Maschinenfabrikanten 1915 die neuen Traktoren mit Benzinmotor zu Gesicht bekamen, fragten sie sich, ob diesen die Zukunft gehöre. Wenn ja – sollte man sie bei ihren Herstellern kaufen oder lieber selbst welche bauen? Daher begann Deere im folgenden Jahr einige Testmodelle und Prototypen zu entwickeln, die jedoch niemals in Serie gingen.
Schon 1893 hatte John Froelich (dem das Verdienst zukam, den ersten Benzintraktor gebaut zu haben) gemeinsam mit Investoren aus Waterloo (Iowa) zur Vermarktung des Modells die Waterloo Gasoline Traction Company gegründet. Sie baute vier Testtraktoren, von denen man zwei verkaufte, aber zurücknehmen musste. 1895 trat man als Waterloo Gasoline Engine Company neu an. 1902 bildete diese mit der Davis Engine Company die Waterloo Traktorenwerke, die Benzinmotoren und Dreizylinder-Pkws bauen sollte.

Die nach England und Irland exportierten Traktoren erhielten den Namen Overtime.

John Deeres Traktor C wurde ab 1927 in relativ kleinen Stückzahlen gebaut.

Als die Fertigung des Modells D 1953 auslief, konnte es auf die längste Produktionszeit der Geschichte zurückblicken.

Die Waterloo Gasoline Engine Company trat drei Jahre später aus diesem Verbund aus und bot einen verbesserten Motor an, dem sie den Namen Waterloo Boy gab. Der entsprechende Farmtraktor kam 1913 unter der Bezeichnung LA auf den Markt. Ihm folgte das Modell R, von dem 1915 über 100 Stück verkauft wurden. Im Dezember 1916 kam der Traktor N heraus, welcher ein verkleidetes Getriebe und zwei Vorwärtsgänge besaß. Mittlerweile baute die Firma zwei weitere Waterloo Boys, die Modelle R und N, beide mit Zweizylinder-Kerosinmotoren. Es dauerte nicht lange, und der Waterloo Boy war eines der beliebtesten Modelle für die Industrie; er gestattete es der Waterloo Gasoline Engine Company, sich überwiegend auf Farmtraktoren zu konzentrieren. So verfügte sie 1918 in Waterloo (Iowa) über eine Traktorenfabrik mit zahlreichen Maschinen.

Der Vorstand von Deere & Company zeigte zunächst keine besondere Neigung Traktoren zu bauen; lange

Das erste Modell D wurde 1923 präsentiert und führte einen Zweizylinder-Motor (hier ein Fahrzeug von 1938).

Zeit kam es zu keinem Ergebnis. Schließlich kam dann doch ein Kompromiss zustande: am 14. März 1918 wurde einstimmig beschlossen, die Waterloo Gasoline Engine Company zu erwerben. So konnte die Deere Company ihren ersten kommerziellen Traktor verkaufen. Das folgende Jahr war von Arbeitskämpfen geprägt, da die Arbeiter Gewerkschaften forderten. Ein Streik zwang die Firma, eine solche zuzulassen. 1920 durchlebte die Wirtschaft eine dramatische Krise, und zahlreiche Landmaschinenfirmen mussten Konkurs anmelden. Sogar renommierte Unternehmen wie General Motors stellten damals den Traktorenbau ein. Im nächsten Jahr kam es noch schlimmer: der Absatz von Waterloo-Traktoren sank von über 5000 (1920) auf armselige 79 Stück. Neben Entlassungen gab es auch Lohnkürzungen, um so mehr Arbeiter in Lohn und Brot und das Unternehmen im Geschäft zu halten. Die Zeiten waren aber nicht nur für Deere, sondern für alle Traktorenhersteller schlecht. Ford hatte abermals seine Preise gesenkt – und kräftig davon profitiert. Andere Firmen taten das Gleiche, und so wurde das Modell N des Waterloo Boy schließlich im Juli 1921 für ganze 850 US-$ angeboten.

Das Modell N hatte, seit der Markteinführung, kaum Änderungen oder Modernisierungen erfahren, doch

Hier sieht man den GP in der Standardprofil-Version. Als Hackfruchttraktor war es John Deeres erstes derartiges Fahrzeug.

nun entschied die Firma, dass die Zeit reif dafür war. Als im Juni 1923 das Modell N mit der Seriennummer 30400 vom Band rollte, folgte ihm die neue Konstruktion D mit der Seriennummer 30401. Dies war auch der erste in Serie gebaute Traktor, der den Namen John Deere trug. Der erste D führte eine verbesserte Variante des wassergekühlten Zweizylinder-Boxermotors vom Waterloo Boy Modell N und besaß geschmiedete Vorderachsen, ein Zweiganggetriebe und Linkssteuerung. Der Traktor wurde zu einem Verkaufsschlager, den man noch bis 1954 herstellte. In dieser Zeitspanne erlebte er zahlreiche Veränderungen, so bekam er noch vor dem Zweiten Weltkrieg Gummireifen. In den späten 1940er-Jahren gab es optional auch elektrische Zündung und Scheinwerfer. Die Farmer liebten diesen einfachen Traktor, der sogar mit dem billigsten Treibstoff noch einen Dreischar-Pflug ziehen konnte. Einige der letzten Exemplare des Modells D wurden am Straßenrand neben dem Werk montiert und waren daher als „streeters" bekannt.

Aus dem Modell C wurde der hier abgebildete GP. Er führte einen Zweizylinder-Motor (5096 cm³) mit Seitenventilen.

Der Motor des gemeinhin als Orchard-Modell bekannten AO wurde 1936 modernisiert.

Die Arbeit am Traktorenmodell GP (= General Purpose) begann im Jahre 1925, und 1929 kam der Hackfruchttraktor GP Wide-Tread auf den Markt. Er war kein bloßer Ersatz für das Modell D, sondern eine vielseitigere Alternativlösung. Als Besonderheit

Das Modell AR wurde Mitte der 1930er präsentiert. 1941 überarbeitete man es.

wies er eine pedalbetriebene Hebemechanik auf – eine Neuerung von John Deere, die zahlreiche andere Firmen nachahmten. Obwohl die ersten GPs eine Nennleistung von 10 PS als Zugmaschine bzw. fast 20 PS an der Antriebsscheibe (bei 9000 U/min) hatten, erhöhte sich diese im Laufe ihrer Produktionsphase. Die Traktoren starteten mit Benzin und liefen anschließend wahlweise auch mit Paraffin. Die ersten John-Deere-Traktoren für Obstbauern basierten auf diesem Modell und hatten „flächendeckende“ Hinterräder, eine Antriebsscheibe und Abdeckungen aus Drahtgaze, die Verletzungen der Gliedmaßen u.ä. verhindern halfen. 1930 fertigte

1937 kam als bis dahin größter Hackfruchttraktor das Zweizylinder-Modell G heraus.

man auch ein Modell namens XOGP (XO stand für einen neuartigen Überkreuz-Verteiler).

Mittlerweile verschärfte sich die Wirtschaftskrise, und die Große Depression traf viele schwer. Wieder kam es zu Lohnkürzungen und zahlreichen Kündigungen; man kürzte die Renten und die Anzahl der Arbeitsstunden. 1933 liefen die Geschäfte schlecht und die Absätze gingen zurück, doch irgendwie überlebte die Firma.

Trotz aller Untergangsszenarien produzierte man im Jahre 1934 ein neues Modell, den Traktor A, dem später als kleinere Version der B folgte. Diese Maschine wurde als brandneues Modell angekündigt: sie sollte wendiger sein, viele bemerkenswerte Neuheiten aufweisen und sparsamer im Verbrauch sein. Zu den Neuerungen gehörte der verstellbare Radstand der Hinterräder. Zum damaligen Zeitpunkt betrug jener bei Traktoren 100 bis 105 cm; nun ließ er sich ändern, indem man die Räder auf der Vielkeilachse ein- oder auswärts schob, was Radstände zwischen 142 und 218 cm ermöglichte. 1939 änderte man das Design des A; damals war die elektrische Zündung optional verfügbar (Standard wurde sie erst 1947). Schon ein Jahr nach dem Modell A kam die kleinere Version B heraus – angekündigt als Einschar-Pflugtraktor, der die Arbeit von 6 bis 8 Pferden leistete. Diese Maschine zielte auf größere Farmer, die einen Traktor für leichtere Arbeiten auf dem Hof brauchten, sollte aber auch kleinere Pferdehalter dazu bewegen, sich ein kleines, preiswertes Modell zuzulegen. Das Fahrzeug verkaufte sich so gut, dass es zum besten Zweizylinder-Modell wurde, das John Deere jemals produzierte. Insgesamt setzte man über 306 000 Stück ab.

1935 tat sich die Firma John Deere, die nun eine leistungsfähige Traktorensparte besaß, mit der Caterpillar Company zusammen, deren Raupenschlepper-Sektion sehr stark war. Beide Firmen beschlossen,

Das Modell A war einer der ersten Traktoren mit verstellbarem Radstand. Man beachte die hinteren Hubspindeln.

Diese bei Lindemann Brothers gebaute Kettenversion wurde auf das Chassis des Traktors BO montiert.

ihre Produkte gemeinsam zu vermarkten. Das funktionierte zunächst gut, ließ aber im Laufe der Zeit nach und endete in den 1960ern.

Als die Weltwirtschaftskrise in den späten 1930ern ihrem Ende zuging, machte sich der Industriedesigner Henry Dreyfuss mit den Deere-Ingenieuren daran, die A-Serie aufzupolieren. Nun verwandte man bei John Deere ebenso Aufmerksamkeit auf die äußere Wirkung der Entwürfe wie auf praktische Erfordernisse. Ende 1937 präsentierte John Deere den Traktor L als unmittelbaren Nachfolger des älteren Modells 62. Er führte weiterhin den Zweizylinder-Motor, der nun jedoch vertikal statt waagerecht angeordnet war, und besaß ein Dreigangge-

Steuerung und Instrumente eines Lindemann BO aus der Sicht des Fahrers.

Das 1937 eingeführte Modell L führte einen von Deere entworfenen, doch bei Hercules gebauten Zweizylinder-Motor.

Das Modell 60 kam 1952 auf den Markt. Es führte einen Zweizylinder-Motor mit 5260 cm^3 Hubraum.

Als der Krieg 1945 zu Ende war, stimmte der Vorstand von John Deere dem Erwerb von 295 Hektar Land unweit der Stadt Dubuque (Iowa) zu, wo man ein neues Werk bauen wollte. 1942 und 1943 hatte die Firma am Modell 69 gearbeitet, aus dem nach langer Erprobung und Überarbeitung der Traktor M wurde, den man 1947 präsentierte und im neuen Werk baute. Die ersten M-Traktoren hatten eine Nennleistung von 14 PS als Zugmaschine bzw. 18 PS an der Antriebsscheibe. Bald kam ein neues Modell heraus, der dem M sehr ähnliche MT mit breitem, doppeltem Dreier- oder Einzelvorderrad. Hydraulik des Typs Touch-O-Matic gab es beim MT als Extra-Option. Der M war zwei Jahre nach seiner Präsentation auch als MC zu haben, eine Raupenschlepperversion des Modells M, die mit einer Frontschaufel zum Bulldozer wurde.

Den ersten Dieseltraktor brachte John Deere erst 1949 mit dem Modell R heraus.

triebe. 1941 kam eine stärkere Version des Modells L heraus, der LA mit stärkerem Motor, größerem Gewicht und höherer Bodenfreiheit. Optional gab es hier elektrische Zündung und Scheinwerfer.
Als die Männer erneut zu den Waffen gerufen wurden, leistete Charles Deere Wiman, der seit 1928 die Firma führte, dem Ruf seines Landes Folge, um in der US Army zu dienen. Während er im Felde stand, amtierte Burton Peek bis zu seiner Rückkehr 1944 als Präsident. In den Kriegsjahren produzierte John Deere Zugmaschinen, Munition, Flugzeugteile und weitere Rüstungsgüter. Etwa 4500 Mitarbeiter wurden einberufen, und viele von ihnen dienten im Bataillon „John Deere", einer Feldzeug-Spezialeinheit, die auch in Europa zum Einsatz kam.

Das abgebildete Modell 70 lief auch mit bleifreiem Benzin (man beachte den Tank) und wurde 1953 eingeführt.

Vom 1956 eingeführten Modell 420 gab es mehrere Varianten.

Dieses wunderschöne zeitgenössische Plakat zeigt den Zweizylinder-Hackfruchttraktor 420.

Hier sieht man das Modell 520 in der bleifreien Ausführung. Es wurde von 1956 bis 1958 gebaut.

Zu Beginn der 1940er-Jahre begann John Deere, ein Nachfolgemodell für den Traktor D zu entwickeln. An der neuen MX-Maschine wurde mehrere Jahre lang gearbeitet, wobei schließlich das Modell R herauskam. Dieselmotoren hatte man bei Traktoren schon in den späten 1930ern verwendet, doch Deere präsentierte erst im Januar 1949 eine eigene Version. Das Modell R war nicht nur der erste Deere-Traktor mit Diesel, sondern besaß auch als erster eine getriebeunabhängige Zapfwelle (Nebenantrieb) und eine Fahrerkabine. In seiner Produktionsphase (1949–54) wurden etwa 17000 Stück gebaut.

Die Kennbuchstaben ersetzte man nun durch Nummern – so wurden die neuen Modelle als Nummernserie bekannt. Das Modell 40 löste den M ab, das Modell 50 den B, das Modell 60 den A, das Modell 70 den G und das Modell 80 den R.

Im Juni 1952 kamen die Modelle 50 und 60 auf den Markt, und im April 1953 folgte ihnen der 70 mit Motor für Benzin oder alle Brennstoffe. Er war

Vom Modell 530 wurden knapp 10000 Stück gebaut. 1958 präsentiert, führte es einen 3113-cm³-Motor.

Deeres erster Hackfrucht-Dieseltraktor und besaß eine Nennleistung von 54,7 PS als Zugmaschine bzw. 51,5 PS an der Antriebsscheibe. Zum Starten der Maschine diente ein neuer Vierzylinder-Pony. Der Fahrer zog dazu an einem Hebel, worauf der Pony-Motor das Zahnkranz-Schwungrad anwarf, das wiederum den Diesel in Drehung versetzte. Sobald jener sich drehte, konnte man den Hebel nach vorn drücken, um den Diesel auf volle Kompression zu bringen, sodass er ansprang.

1955 präsentierte man das Modell 80, um die Wünsche der Farmer nach mehr PS zu erfüllen. Es diente aber nur als Lückenbüßer, bis im Jahre 1960 ein neuer, stärkerer und größerer Traktor herauskam. Die Ära des Zweizylinder-Motors neigte sich jetzt ihrem Ende zu. Der 80 war stärker als das Modell R (das er ersetzte) und als der 70er-Diesel, denn er führte einen wassergekühlten Zweizylinder (7783 cm³) und hatte ein Sechsganggetriebe. Damals wurde auch das Modell 20 entwickelt; größere Bedeutung besaß jedoch die „Neue Generation" der Power-Traktoren, die 1960 ihren glänzenden Auftritt hatten.

1955 wählte man William A. Hewitt zum Präsidenten, der später – nach dem Tode seines Schwiegervaters Charles Deere Wiman – Vorstandsvorsitzen-

Der 830 war John Deeres letzter großer Boxermotor-Traktor. Die Produktion lief von 1958 bis 1960.

Das Modell 4030 gab es wahlweise mit Benzin- oder Dieselmotor.

Die Traktoren der Generation II kamen 1972 heraus. Ihr großer Vorzug war die Sound-Gard-Kabine.

der wurde. Er war das letzte Mitglied des Familienclans an der Firmenspitze. Im folgenden Jahr baute John Deere in Mexiko eine Kleintraktorenfabrik. In Spanien war man ebenfalls präsent, in Deutschland wurde eine Erntemaschinenfirma gekauft (1956 wurden John Deere und Lanz internationale Partner, wobei John Deere die Mehrheit der Aktien hielt),

Das 1963 präsentierte Modell 5010 besaß einen Sechszylinder-Diesel und acht Vorwärtsgänge.

und in den folgenden Jahren zog es Deere auch nach Frankreich, Argentinien und Südafrika. Jetzt war man wirklich eine Weltfirma.

Die frühen Nummernserien wurden 1957 umbenannt: so verwandelte sich das 40er-Modell in den 420, das 50er in den 520 usw. Während die Maschinen rein äußerlich ihren Vorgängern ähnelten, kam der heute so vertraute gelbe Streifen an Kühlerhaube und -seiten hinzu. Die Motorleistung verbesserte sich ebenso wie der Fahrkomfort und zahlreiche Bedienungselemente. Man führte ein völlig neues Modell 320 ein, das auf den Traktoren M und MI basierte und im Werk Dubuque gebaut wurde. Eine dritte Version, der so genannte Southern Special, war lediglich eine Variante des 320S. Im Jahre 1958 wurde die 20er-Serie durch die letzte der Nummernreihen, die Serie 30, abgelöst: der 420 hieß also fortan 430 usw. Diese Modelle wiesen weitere Verbesserungen und zusätzlichen Komfort für den Fahrer auf. 1959 kam mit dem 435 wieder eine neue Serie auf den Markt. Im gleichen Jahr brachte die Firma die Modelle 8301 und 8401 heraus, die ausschließlich für Industriekunden gedacht und mit dem Hancock-Planierpflug ausgerüstet waren. Ende der 1950er präsentierte die Firma mit dem 8010 ein wahres Ungetüm – einen Traktor mit 215-PS-Diesel, der seiner Zeit weit voraus war. Es handelte sich um das erste Allrad-Modell von Deere, aber leider wurden nur wenige Exemplare verkauft. Diese mussten überdies ausnahmslos zurückgerufen, umgebaut und als 8020er zurückgegeben werden.

Als das Jahr 1960 herannahte, schuf man eine neue 10er-Serie, die mit den Modellen 1010 und 2010 begann, doch handelte es sich dabei nicht um wirklich neue Traktoren, sondern nur um die alten Zweizylinder mit neuen Motoren. Vollkommen neu waren hingegen die Modelle 3010 und 4010, die unter dem Namen New Generation of Power bekannt wurden. Man stellte sie 1960 mit gewaltigem Werberummel auf der Deere-Day-Show in Dallas vor, die gut 6000 Besucher anzog. In Planung waren diese Maschinen schon seit 1953, und sie krönten eine lange Phase der Entwicklung und Konstruktion. Viele glaubten, sie würden der Firma das Genick brechen – aber weit gefehlt! Die Traktoren bescherten John Deere glänzende Verkaufszahlen, nur wenige Jahre bevor das Unternehmen erstmals seinen schärfsten Konkurrenten International überrundete. Der 3010 führte einen Vierzylinder-Motor, der 4010 einen Sechszylinder. Beide waren Diesel, doch standen auch Benziner und LPG-Motoren zur Verfügung. Als außerdem Servolenkung, Servobremsen, Servo-Anhängeranhebung und ein Achtganggetriebe hinzukamen, wurden diese Traktoren ungemein beliebt. Im folgenden Jahr kam das 151 PS starke Modell 5010 heraus –

Der Supertraktor 7520 von 1970 war ein modernisierter 7020 und hatte Allradantrieb.

der erste Traktor mit Zweiradantrieb, der über 100 PS erzeugte. Drei Jahre nach ihrer Einführung ersetzte man den 3010 und 4010 durch die modernisierten Modelle 3020 und 4020. Letztgenannter sollte der beliebteste Traktor seiner Zeit werden: dieser 91-PS-Diesel mit seiner perfekten Kombination von Kraft und Leistung beherrschte die Jahre 1964–72.
1961 begann man in Saran bei Orléans (Frankreich) mit dem Bau einer neuen Fabrik. Gleichzeitig entstand in Moline die Verwaltungszentrale von Deere

Das Modell 7520 führte einen Sechszylinder-Turbolader mit 6800 cm^3 Hubraum.

& Company. Im folgenden Jahr feierte das Unternehmen sein 125jähriges Bestehen und erwarb die Aktienmehrheit der Firma South African Cultivators, eines Landmaschinenbauers im Raum Johannesburg. Ein Jahr später – 1963 – stieg John Deere mit dem Bau und Vertrieb von Rasen- und Gartentraktoren auch in den Verbrauchermarkt ein; dazu gehörten auch Rasenmäher und Schneefräsen.
1966 betrugen die Gesamtumsätze des Unternehmens erstmals mehr als 1 Mrd. US-$. Bei Landmaschinen schrieb man das vierte Jahr in Folge Rekordziffern. Industriemaschinen erlebten damals ihren größten Jahreszuwachs, während der Umsatz bei den Rasen- und Gartenmaschinen um stolze 76% anstieg und die Zahl der Beschäftigten eine Rekordhöhe erreichte – ein Superjahr für John Deere!
Gegen Ende der 1960er flachte der Gesamtumsatz allmählich ab, vor allem, weil weniger Landmaschinen verkauft wurden. Obwohl das Überseegeschäft expandierte, erwirtschaftete das Unternehmen kaum noch Gewinne. 1972 – im gleichen Jahr, in dem auch das Green Girl geboren wurde – kamen die Traktoren der Generation II heraus. Ein neues Outfit, Perma-Kupplung und Sound-Gard-Kabine ließen sie gleich zu Verkaufsschlagern werden. In punkto Sicherheit stand John Deere immer in vorderster Linie, und nun achtete man bei den Kabinen verstärkt auf Komfort und Sicherheit: sie waren bequem, staub- und schalldicht, und als Option standen

Das kleine Modell 2120 wurde in der Mannheimer Fabrik von John Deere hergestellt.

Aircondition oder Heizung bereit. Getönte Scheiben als Blendschutz, Sicherheitsgurte und verstellbare Lenkräder erhöhten den Reiz dieser Kabinen.
Probieren geht über studieren, wie es so schön heißt – der Traktor 4430 wurde zum Verkaufsschlager, und rund 75% der Kunden zahlten für die Sound-Gard-Kabine sogar extra. Zur neuen 30er-Serie gehörten die Traktoren 4030 (80 PS), 4230 (100 PS), 4330 (125 PS) und 4630 (150 PS). Die letzten drei Modelle führten den gleichen Sechszylinder-Diesel (6,6 l). Sie waren naturbelüftet, wahlweise mit Turbo oder Turbo-Zwischenkühler.
Massive Ernteausfälle im Ausland führten dazu, dass man dort massenweise US-Getreide kaufte, wodurch das Geschäft der Farmer blühte. Auch der Bedarf an Landmaschinen stieg mächtig an, und der Gesamtumsatz von John Deere betrug zum ersten Mal atemberaubende 2 Mrd. US-$. Damals (1973) votierte der Vorstand für eine selbstständigere Struktur und berief daher den ersten außenstehenden Vorsitzenden. Die Nachfrage nach John-Deere-Produkten stieg, doch die Inflation trieb 1974 auch die Kosten in die Höhe. Dennoch legte die Firma ein mächtiges Expansionsprogramm auf, nach dem bis 1979 über 1 Mrd. US-$ in neue Fabriken investiert werden sollten. 1977 ermöglichte ein Abkommen mit dem japanischen Hersteller Yanmar den Vertrieb von Kleintraktoren unter dem Markennamen John Deere. Die neue kanadische Zentrale in Grimsby (Ontario), ein neues Motorenwerk in Waterloo und die neuen Büros der Verkaufsabteilung in Atlanta sorgten für Rekordbeschäftigung. Ende der 1970er-Jahre überstieg der Verkaufserlös (bei 310 Mio. US-$ Gewinn) die 5-Milliarden-Marke – welch ein Erfolg!
Die 1980er begannen mit der Präsentation einer Vier-Furchen-Baumwollpflückmaschine, welche die Arbeitsleistung um etwa 85–95% erhöhte. In der Industriesparte wurde sie zum Kassenschlager. Im folgenden Jahr stellte man zwei neue Supertraktoren der 50er-Serie mit Allradantrieb vor, die nun die 40er ablösten: es waren die Modelle 8450 (185 PS) und 8650 (235 PS). Farmer mit großen Höfen suchten jetzt nach größeren und leistungsstärkeren Traktoren für die Landarbeit. Zusätzlich brachte John

Als Motor des Modells 2120 diente ein Dreizylinder-Diesel. Jetzt war Deere wirklich eine Weltfirma.

Eine französische Werbeanzeige für die neue 2000er-Traktorenserie mit 89–106 PS Motorleistung.

Auch der Kleintraktor 920 wurde in Mannheim gebaut.

Deere daher den noch größeren 8850 heraus, ein Powerhouse-Modell mit 370 PS. Dieser Traktor führte einen V8-Diesel mit Turbolader und Zwischenkühler, den die Firma selbst im Werk Waterloo entwickelt hatte. Der 8850 besaß ein breiteres Kühlergitter und sechs kleine Schweinwerfer. Bei allen

Das Modell 920 mit Dreizylinder-Motor wurde im Mannheimer Werk von John Deere produziert.

drei Sechs- und Achtzylinder-Traktoren waren die Auspuffrohre und Ansaugstutzen auf die rechte Seite verlagert worden, wodurch sich die Sicht für den Fahrer verbesserte.

Dem Aufschwung der 1970er folgte in den 1980ern eine sich verschärfende Rezession, die Werbeprospekte für Traktoren spiegelten das wider, indem es etwa hieß „Drei Methoden, den Gürtel enger zu schnallen!“ Es ist verzeihlich, wenn man darüber

Eine Werbeanzeige für John Deeres neue 3000er-Serie, zu der vier Modelle gehörten.

staunt, denn dieser Traktor war das teuerste Modell von John Deere und blieb bis heute das größte.

Zum Glück zahlten sich alle Investitionen in neue Fabriken, Gebäude und Maschinen, die man in den 1970ern getätigt hatte, während der Rezession aus – wenn auch nicht ohne Opfer. Kurz vor Ende der 1980er verlor die Firma große Summen, und die Zahl der Beschäftigten wurde stark reduziert. Dank vernünftiger Investitionen und vorausschauender Planung gelang es ihr aber, die schwere Zeit in einer starken Position zu überdauern; heute kontrolliert sie über 50% des US-Traktorenmarkts.

Damals präsentierte man auch eine modernisierte Serie von in Mannheim gebauten Traktoren. Sie reichte vom Dreizylinder-Modell 2150 bis zum größeren Sechszylinder 2950. Die Beziehung zu Yanmar kam ins Spiel, als Deere eine dieser Maschinen unter dem Namen 1250 in den Konzernfarben zu importieren begann. Größere Modelle folgten mit dem 1450 und 1650. Es gab auch einige Spezialversionen wie etwa den 2750 Mudder – ein Allrad-Fahrzeug mit großer Bodenfreiheit – sowie eine große Auswahl von Maschinen mit weitem Radstand (z.B. für Tabakfelder). Weitere neue Typen folgten, während alte modernisiert und umbenannt wurden, als die Rezession in den 1980ern ausklang.

1990 schied Robert Hanson als Präsident aus; ihm folgte Hans W. Becherer nach, der zuvor Vize-

Der Teleskoplader 3400 wurde von Matbro für John Deere gebaut. Dieser Typ war in den 1990ern sehr beliebt.

Der Lader 344H führte einen Vierzylinder-Motor mit 4523 cm^3 Hubraum.

Im „Nervenzentrum" des Traktors liegen alle Bedienelemente in Reichweite.

Das Innere der Kabine aus der Vogelschau. Der Fahrer hat alles im Griff und eine gute Rundumsicht.

präsident und Vorstandsvorsitzender gewesen war. Im nächsten Jahr erwarb die Firma den europäischen Rasenmäherhersteller SABO. 1993 kamen dann die neuen Traktorserien 5000, 6000 und 7000 auf den Markt, die John Deere halfen, seine Spitzenposition auf dem deutschen Traktorenmarkt zu sichern. Die Serie 5000 hatte einen Dreizylinder-Motor, hydrostatische Servolenkung, ein Neunganggetriebe und optional Allradantrieb. Die Vierzylinder-Traktoren der Serie 6000 (6100 mit 75 PS, 6200 mit 84 PS, 6300 mit 90 PS und 6400 mit 100 PS) wurden im Mannheimer Werk produziert, die Sechszylinder-Modelle der 7000er-Serie in einer neuen Fabrik in Atlanta (USA). Es gab abermals eine Kabine auf der Höhe der Zeit, die bei allen Modellen eingebaut wurde und als leiseste auf dem ganzen Markt galt; sie war noch geräumiger und großflächiger verglast. Daneben produzierte man drei weitere Modelle (6600, 6800 und 6900) mit unterschiedlichen PS-Zahlen, die von beiden Serien das Beste übernahmen und den kleinen wassergekühlten Sechszylinder-Diesel der 7000er-Klasse führten. Zu jener gehörten anfangs drei Modelle (7600, 7700 und 7800), wobei der 7800 die Spitze bildete. Er besaß einen wassergekühlten Sechszylinder-Diesel mit Turbo-Kühlung und ein 19-Ganggetriebe mit Powershift.
Heute – 2006 – reicht die Palette der von John Deere produzierten Traktoren wohl für alle denkbaren

Bei diesem Anblick brauchte man wohl eine gewisse Erfahrung als Traktorfahrer.

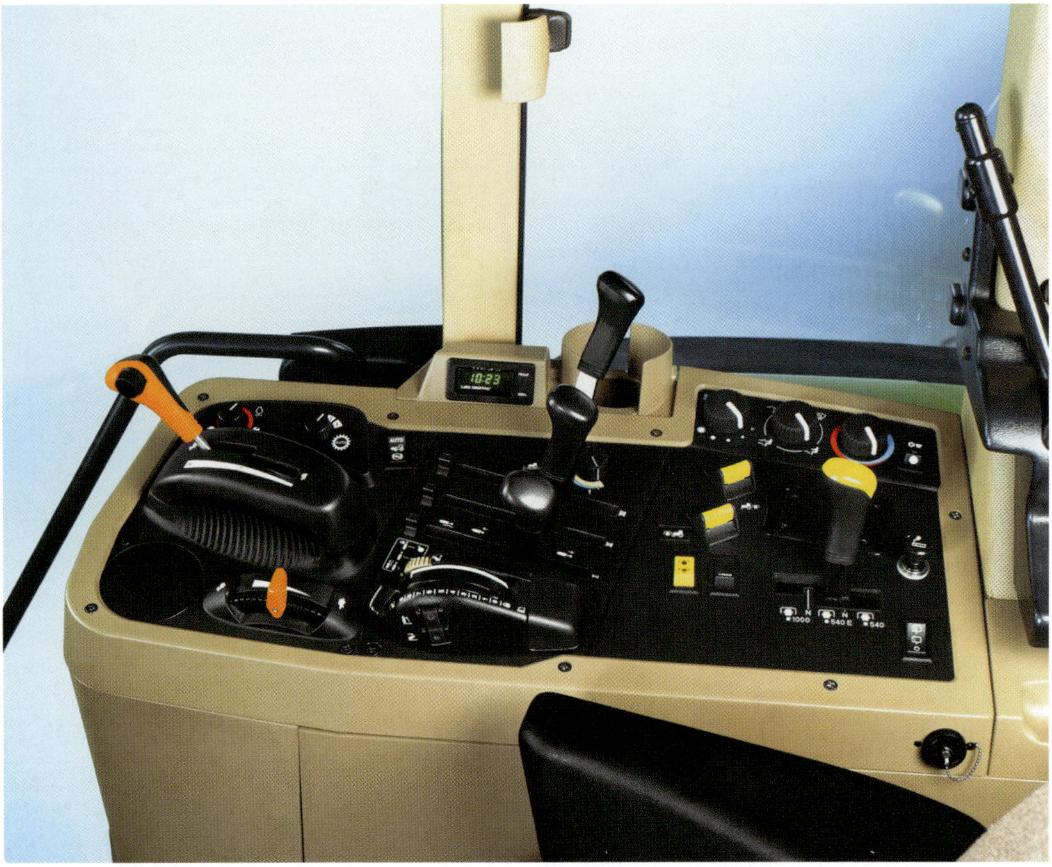

Das zwischen 1998 und 2000 gebaute Modell 5510 gab es in mehreren Ausführungen.

Hier sieht man den 5510 mit hoher Bodenfreiheit. Alle Modelle führten Dreizylinder-Diesel.

Die Version 6420S der Serie 6000 wurde 1993 im Mannheimer Werk gebaut.

Das Modell 6620 besaß optional eine Ladeschaufel und ließ sich für verschiedene Aufgaben umrüsten.

Der Traktor 6920 mit Sechszylinder-Motor war von der Vierzylinder-Serie 6000 abgeleitet.

Zu den im Werk Waterloo gebauten Sechszylindern der Serie 7000 zählte auch der 7810.

Der 8120 gehörte zur großen Hackfrucht-Serie 8000. Er war für die meisten Aufgaben geeignet.

Die mittleren Maschinen der Serie 7000 von 1993 waren Hackfruchttraktoren mit dem gewissen Etwas.

Bedürfnisse aus. Das Spektrum der kleinen Nutzfahrzeuge beginnt mit dem Modell 2210 (23 PS), das als kleinster Kompakttraktor der Firma gilt. Es hat eine weit geöffnete Step-Through-Plattform, die dem Fahrer mehr Platz und Bequemlichkeit verschafft. Für Komfort sorgen ein vielfach verstellbarer Sitz und dicke Gummi-Isolierungen, die Motor-

Dieser John Deere 8000T war sichtlich der Riese seiner Klasse: er erzeugte 185 bis 260 PS.

geräusche und Vibrationen dämpfen. Standard sind auch Allradantrieb, Mittel- und Heck-Zapfwelle sowie eine limitierte Dreipunkt-Kupplung (Kategorie 1). Als Anhänger gibt es Rotationsmäher, Ackerfräsen, Bodenfräsen und Rechen. Die als robust und verlässlich eingestuften Traktoren der 90er-Serie liefern erschwingliche Kraft und Effektivität mit langlebigen, felderprobten Getrieben. Der Dreizylinder-Dieselmotor 790 (27 PS) und der sparsame Vierzylinder-Diesel 990 von Yanmar mit 40 PS und hoher Drehzahl sind mit Allradantrieb lieferbar.

Das riesige Modell 8500 schafft alles mit Leichtigkeit. Alternativ gab es auch Gummiketten.

Hier sieht man das Modell 3210 von John Deere bei der gewohnten Feldarbeit.

Der wendige, mittelgroße Traktor John Deere 5400 führt hier eine Ladeschaufel.

Ein etwas größerer Traktor war das Modell 6210 SE.

Die Kompakttraktorenserie 4000 TEN bekam den begehrten Agricultural Engineering AE50 Award – auch diese kleinen, vielseitigen Modelle können zahlreiche Aufgaben erledigen. Zu guter Letzt wären da noch die Serien 3000 und 4000 TWENTY: zu ihnen gehören vier Modelle mit Dreizylinder-Dieseln (Yanmar) und vier Vierzylinder mit PowerTech-Turbodieseln (John Deere) der 4000er-Serie.

Der Traktor 2005 Utility bildete mit drei Traktoren des Modells 03 die 5000er-Serie, die bei John Deere entworfene und gebaute Dieselmotoren führte. Die Traktoren 5103 und 5203 besitzen natürlich belüftete Konstruktionen, der 5303 eine mit Turbolader. Die 05-Modelle führen ebenfalls John Deere Dreizylinder-Dieselmotoren mit natürlicher Belüftung. Zur 6000er-Serie gehören der 6003 (98–109 PS), der 6015 (72–105 PS) und der 6020 (65–90 PS).

Hackfruchttraktoren sind in den Serien 7000 und 8000 zu haben. Zur Feinabstimmung gibt es optional das System CommandARM, bei den 7020ern sorgt die stufenlose IVT (Infinitely Variable Transmission) für eine sanfte Fahrt. Der PowerTech-Motor von John Deere (6,8 l) garantiert bei zahlreichen Geschwindigkeiten ein hohes Drehmoment.

Die Traktoren der Serie 8020 sind die meistverkauften ihrer Klasse. Mit Motorenleistungen von bis zu 255 PS (Zapfwelle) liegen sie an der Spitze. Ex-

In der großen Kabine dieses Modells 6810 von 1993 wirkt der Fahrer winzig.

Dieses Bild zeigt den John Deere 7810 mit IVT-Getriebe (Infinitely Variable Transmission).

Je mehr Räder, desto geringer die Bodenverdichtung. Dieser Traktor der 9000er-Serie hat eine ganze Menge!

klusive ActiveSeat-Sitze und die Independent-Link-Vorderachsfederung sorgen für einen optimalen Fahrkomfort, der es dem Fahrer gestattet, bei hoher Geschwindigkeit mit weniger Anstrengung zu arbeiten. Es gibt Fünfrad- und Fünfketten-Versionen, wobei die Bezeichnungen der letzteren mit einem „T" enden. Alle 8020/8020T-Traktoren haben verlässliche, erprobte 6081H-Motoren. Diese erzeugen dank ihrer Luft-zu-Luft-Belüftung gleichmäßig Kraft bei Spitzenleistung und exzellenten Drehzahlen.

Für höchste Produktivität und optimale Leistung sorgte John Deere mit den neuen Traktoren 9620 und 9620T (Nennleistung 500 PS). Diese Modelle mit Allradantrieb und großem Radstand zählen zu den größten jemals bei John Deere gebauten Fahrzeugen und besitzen alle industrieerprobten Vorzüge der kleineren. Die neuen Traktoren 9620/9620T werden von Power-Tech-Motoren (12,5 l) angetrieben, die dem EU-Abgasstandard Tier II EPA entsprechen. Diese leistungsfähigen Modelle weisen bei 1900 U/min eine Leistungsspitze und bei 1600 U/min einen Drehmomentanstieg von 38% auf, um schnell auf hohe Beanspruchung reagieren zu können. Sie verfügen auch standardmäßig über 18-Ganggetriebe (PowerShift) mit Automatic PowerShift (APS). Wird dieses aktiviert, so schaltet das Getriebe je nach Anhängelast automatisch herauf bzw. herunter, um die Zugkraft des Traktors zu optimieren. Die Planeten-Achsantriebe haben starke Stangenachsen: beim 9620 beträgt der Durchmesser 120 mm. Sie ermöglichen eine große Anzahl von Profileinstellungen und sorgen bei hoher Belastung für verlässliche

GS2 bringt Bedienung und Steuerung des „Präzisions-Ackerbaus" auf ein höheres Niveau.

Der 8520 bietet erstmals als Option ILS an, was Fahrkomfort und Bodenhaftung verbessert.

Leistung. Der Kettentraktor 9620T hat eine Hinterachse mit innenliegender Planetensteuerung und äußeren Planetengetrieben (5 Optionen) für höchste Kraft und Zuverlässigkeit. Die Hinterachse besitzt Druckschmierung und wird über die Getriebehydraulik gekühlt.

Mit dem Modell 5525 Hi-crop (91 PS) und der Serie 6020 Low Profile (65 bis 95 PS) stehen auch Spezialtraktoren zur Verfügung. Der 6020 hat PowerTech-Motoren, Zweitemperaturkühlung und Power-Core-Luftfilter zur Optimierung von Sparsamkeit und Kraft. Zur Auswahl stehen acht verschiedene Getriebe, aber nur fünf Kabinen. Eine druck- und stromentlastete Hydraulik (25 g/m^3) und modulierter Zapfwellen-Nebenantrieb optimieren die Anhänger. Kabinen gibt es für die Modelle mit 80 bis 95 PS (Zapfwelle).

Man braucht nicht lange zu überlegen, warum John Deere zum weltweit größten Landmaschinenhersteller geworden ist: Produkte und Zubehör sind zahlreich, die Traktoren vermutlich die besten der Welt; außerdem macht die Firma keinen Hehl daraus, wie viel Geld sie in Forschung und Entwicklung investiert. Sie besitzt Verkaufsstellen in aller Welt, und ganz gleich ob man einen Rasenmäher für den eigenen Garten oder ein Ungetüm von Traktor für große Ackerflächen benötigt – John Deere liefert mittlerweile beides und alles, was dazwischen liegt. Das Unternehmen hat Wirtschaftskrisen, Landarbeiterstreiks und Börsenkräche überlebt. Es prosperiert immer noch und wird uns wohl noch lange erhalten bleiben.

K

Keck Gonnerman

1837–1946

Obwohl der erste Keck-Gonnermann-Traktor 1917 gebaut wurde, hatten sich John und Louis Keck sowie Louis Gonnermann schon lange vorher zusammengetan, um Dampf- und Dreschmaschinen sowie Sägemühlen zu bauen. Ihr erstes Modell war ein Zweizylinder namens 12-24, den man später zum 15-30 aufrüstete. 1928 fertigte die Firma den Kay-Gee 18-35 mit Vierzylinder-Buda-Motor, der bis 1935 in Produktion blieb. Er wurde später modernisiert und bekam einen Waukesha-Motor nebst Vierganggetriebe. Ebenfalls 1928 gab es das Modell 22-45 (später 25-50), das den Vierzylinder-Motor LeRoi führte. Der größte Traktor von 1928 war jedoch der nachher zum 30-60 aufgerüstete 27-55, der ebenfalls einen LeRoi-Vierzylinder führte und bis in die späten 1930er hergestellt wurde.

Während des Zweiten Weltkriegs wurde die Traktorenproduktion eingestellt und anschließend nicht wieder aufgenommen.

Die Firma Keck Gonnermann war schon 1837 im Geschäft. Hier sieht man ein neueres Vierzylinder-Modell.

Kubota

1890–heute

Die Kubota Corporation im japanischen Osaka wurde 1890 gegründet und ist heute ein internationaler Markenführer, dessen Schwerpunkt mittlerweile bei umweltverträglichen Geräten zur Verbesserung der Lebensqualität liegt. Die Zweigbetriebe und Tochterfirmen der Kubota Corporation produzieren bzw. produzieren und vermarkten oder vermarkten auch nur Produkte, die in mehr als 130 Ländern auf dem gesamten Globus erkauft werden.

Die Wurzeln des Kubota-Traktors liegen auf dem japanischen Bauernhof, und obwohl die Höfe dort traditionell kleiner als amerikanische Farmen sind, benötigt man auch in Japan leistungsfähige, starke und wendige Modelle. 1969 stellte die Kubota Corporation ihren ersten Traktor in den USA vor. Der Kubota L200 (21 PS) stieß in eine Marktlücke und wurde über Nacht zum Verkaufsschlager. Daraufhin gründete man die Kubota Tractor Corporation (KTC) mit Hauptsitz in Torrance (Kalifornien). Diese stellte 1974 ihren ersten 12-PS-Traktor mit Allradantrieb vor. Letzterer war zwar bei größeren US-Modellen allgemein verbreitet, aber bei Kompakttraktoren eine Neuigkeit, sodass er für die Industrie zum Bewertungskriterium wurde.

In den letzten 25 Jahren hat KTC seine Produktpalette um vier weitere Traktorenbaureihen erweitert – die Serien BX, B, L und M. Kubota brachte erfolgreiche Maschinen für Baufirmen, Rennplätze, Rasen und Garten, Pumpen, Generatoren und eine Vielzahl leistungsfähiger Zubehörteile auf den Markt. Heute ist das Unternehmen in den USA der führende Vermarkter und Verteiler von Traktoren mit weniger als 40 PS und bietet über 80 Modelle an.

Der ME5700 verfügt über die gleichen technischen Finessen wie seine größeren ME-Brüder.

Der alte blaue Anstrich verrät: dies ist keine neuere Maschine. Es handelt sich um den Kubota B1200.

1988 gründete man in Gainesville (Georgia) als Basis der nordamerikanischen Kubota-Produktion die Kubota Manufacturing of America (KMA). KMA produziert und montiert Kubota-Rasentraktoren, Rasenmäher mit 0-Wendekreis, Minitraktoren, Lader, Baggerlader und weitere Geräte. Das Unternehmen hat 1200 Beschäftigte. Die beiden Hauptgebäude bieten eine Produktionsfläche von über 56000 m^2. Heute wird ein Drittel aller in den USA verkauften Kubota-Produkte in der gut 61 Hektar großen Fabrik in Gainesville gefertigt oder montiert. Kubota ist einer der führenden OEMs (Original Equipment Manufacturers) von Diesel- und Benzinkleinmotoren für Industrie, Land- und Baumaschinen sowie Generatoren. Die 1999 gegründete KEA vertreibt und vermarktet die leichten, leisen und vibrationsarmen Kubota-Tough-Motoren, kleine Modelle mit Luftkühlung und 6 bis 83 PS Leistung für andere renommierte Produzenten, die sie in verschiedenen Industriebranchen einsetzen.

Mit Turbolader-Motor und moderner Ausstattung kann der M105S auf dem Hof viele Aufgaben erledigen.

Der Kubota Ultra Cab bietet neueste Technologie, Aircondition und sogar einen Radio/CD-Player.

Nach ihrer Neugestaltung bietet Kubotas Flaggschiff, die Kleintraktorenserie STV, viele neue Eigenschaften.

Lamborghini

1949–heute

Dieses nach seinem Gründer Ferruccio Lamborghini benannte Unternehmen hat keineswegs mit Luxusautos angefangen, sondern produzierte vielmehr schon lange vorher erfolgreich Traktoren, bis es sich exotischen Sportwagen zuwandte. Lamborghini stammte aus einer Bauernfamilie und begann nach seiner Heimkehr aus dem Krieg, alte Morris-Militärmotoren um- und in Traktoren einzubauen, die damals heißbegehrt waren. Das tat er zunächst in einer alten Scheune, aber die Geschäfte liefen sehr gut, und so bezog er im Jahre 1949 größere Gebäude. Er ließ damals in Cento bei Bologna eine neue Fabrik bauen, womit die Firma Lamborghini Trattori SpA geboren wurde. Von nun an ersetzte man die gebrauchten Motoren durch solche von MWM, Perkins und Eigenfabrikate, und bald kam das Modell L33 auf den Markt.

Dieser frühe Lamborghini-Kleintraktor war für Italiens Winzer die Ideallösung.

Die Firma baute anfangs nur einen Traktor pro Tag, wurde jedoch in den folgenden Jahren immer größer und produzierte schließlich gegen 1958 jährlich 1500 Stück.

Da mittlerweile 80% der Einzelteile im eigenen Werk entstanden, konnte Lamborghini die Materialgüte streng kontrollieren. Die Traktoren erwarben sich einen guten Ruf als verlässliche, überaus robuste Modelle, die bei den Schauvorführungen, die

Lamborghini für Bauern aus der Gegend organisierte, eine gute Figur machten. 1969 produzierte das Unternehmen schon 5000 Traktoren im Jahr und musste zur Befriedigung der Nachfrage erneut umziehen. Das geschah 1971; damals war Lamborghini in Italien der Traktorenbauer Nr. 3.

1968 erweiterte man das Modellspektrum um PS-starke Traktoren wie diesen Lamborghini R 480 DT.

Zu einem schweren Rückschlag kam es 1972, als eine bolivianische Firma einen Großauftrag stornierte. Lamborghini verlor den Geschmack am Traktorengeschäft, das man kurz darauf an die SAME-Gruppe verkaufte. Die Firma blühte unter dem neuen Eigentümer auf und stellte gegen 1979 weltweit pro Jahr 10000 Traktoren her. Heute verfügen die kleinsten Modelle – die R1-Klasse – über hervorragende Motoren und eine große Wendigkeit mit dem vollen Register an Zapfwellen-Gängen, was sie zu äußerst vielseitigen Maschinen macht. Am oberen Ende der Skala führen die Traktoren R8.215 und R8.265 – nur zwei aus dem neuesten Angebot – Euro-II-Motoren von Deutz (7146 cm^3) mit elektronischer Regelung, Viergang-Powershift-Getriebe und hydraulischem Power-Shuttle.

Außer Radtraktoren baute Lamborghini auch Raupenschlepper wie das Dieselmodell Cingolato DL30C.

Die große, aber dürftig ausgestattete Kabine lässt diesen Lamborghini R 235 DT etwas kopflastig wirken.

Hier sieht man den R6 (141 PS) von 2005. Er führt einen Deutz-2012-Motor und hat 40 Vor- und Rückwärtsgänge.

Landini

1884–heute

Landini ist die älteste Traktorenfabrik Italiens; die Firma wurde im Jahre 1884 von Giovanni Landini gegründet. Dieser arbeitete zunächst als Hufschmied in der am Po gelegenen Kleinstadt Fabbrico (Provinz Reggio Emilia). Sein handwerkliches Geschick ließ ihn jedoch bald zu Land- und Weinkeltermaschinen überwechseln, zu denen in der Folge auch Dampf- und Verbrennungsmotoren hinzutraten.

1910 baute Landini dann einen „testa calda“ oder Zündkopf-Motor, der oft als Semi-Diesel bezeichnet wird, obwohl er kein elektrisches Zündsystem besaß, sondern den Treibstoff in einer Brennkammer am Kopf zur Entzündung brachte.

Landini sollte die Früchte seiner Arbeit allerdings niemals reifen sehen, da er leider schon 1924 verstarb. Es war aber nicht alles umsonst, denn seine Söhne führten das Geschäft fort, um auf den vom Vater gelegten Fundamenten weiter an der heute so erfolgreichen Firma zu bauen.

Ihren ersten Prototyp namens 25/30 präsentierten sie erst ein Jahr nach dem Tode des Vaters; er war der erste rein italienische Traktor. Die Maschine von 1925 erwies sich als ausgereifte Konstruktion, die nicht nur leicht zu bedienen war, sondern von den Bauern auch selbst repariert werden konnte. Sie führte einen Einzylinder-Zweitakt-Glühkopfmotor mit Wasserkühlung. Der Traktor verfügte über vier Vorwärts- und einen Rückwärtsgang, sodass er sehr wendig war und mit den unterschiedlichsten Geländetypen und Anhängelasten zurecht kam.

Das Modell wurde 1928 auf 40 PS aufgerüstet, und 1934 kündigte man den SL 50 SuperLandini an, der 48 PS erzeugte und als erster einen Kühler besaß. Sein Motor war abermals ein Einzylinder-Glühkopfmotor mit drei Vorwärtsgängen und einem Rückwärtsgang. Sein Nachfolger wurde 1935 der VL 30 Velite, den man noch bis zum Ausbruch des Zweiten Weltkriegs herstellte.

Die Nachkriegsproduktion begann mit dem L25, einem 25-PS-Modell mit 4300 cm^3 Hubraum. Gebaut wurde er in einem neuen Werk im oberitalienischen Como. 1955 präsentierte Landini mit dem 55L seinen stärksten Glühkopfmotor-Traktor, doch die Tage dieses Motorentyps waren mittlerweile gezählt, und zwei Jahre später erwarb man durch ein Übereinkommen mit Perkins die Lizenz für Bau und Verwendung der Motoren dieser Firma. Dabei ist es bis heute geblieben, und so führen auch die Modelle der neuesten Produktpalette Perkins-Motoren.

1959 stieg Landini mit seinem Erstlingsmodell C35 auch in den Raupentraktormarkt ein. Im gleichen Jahr wurde die Firma von Massey-Ferguson erworben, wo man sehr darauf erpicht war, von Landinis Raupenschleppersparte zu profitieren. Das Unternehmen gedieh unter dem neuen Eigentümer, und 1968 eröffnete man in Aprilla eine neue Fabrik, in der Schwermaschinen für die Bauindustrie produziert werden.

1973 kamen die neuen Traktorenmodelle 6500, 7500 und 8500 auf den Markt. Diese besaßen neue Getriebe mit zwölf Vorwärts- und vier Rückwärtsgängen. Ihnen folgte im Jahre 1977 der erste Landini-Traktor mit 100 PS, ein Allradfahrzeug, das einen Sechszylinder-Reihenmotor von Perkins führte. Die Auswahl wurde später noch erweitert und umfasste nun Motoren mit 45 bis 145 PS Leistung.

Zu Beginn der 1980er-Jahre wurde Landini noch auf einem weiteren Sektor tätig – 1982 präsentierte man

Giovanni Landini verstarb 1924, nur ein Jahr bevor sein Traktor, das Modell L25, auf den Markt kam.

Im Jahr 1924 produzierte Landini seinen Zündkopf-Motor „Testa Calda“; hier das Modell L25.

Der Landini 9880 kam 1988 auf den Markt; er führte den verlässlichen Perkins AT 4.236 (93 PS).

den ersten Orchard (für Obstbauern) und 1986 den neuen Vineyard (für Winzer). Damit betrat Landini völlig neues Terrain, aber schon nach kurzer Zeit hatte man einen großen Marktanteil erobert und wurde einziger Lieferant für Obstkultur- und Weinbergausführungen der Raupen- und Radtraktoren von Massey-Ferguson. 1988 war mit über 13000 verkauften Fahrzeugen nicht nur ein Spitzenjahr für Landini, sondern brachte auch die Modernisierung der mittleren Modelle 60,70 und 80.

Im Jahr 1989 beschloss Massey-Ferguson, 66% seiner Landini-Aktien an die Holdinggesellschaft Eurobelge/Unione Manifatture zu verkaufen. Diese wiederum veräußerte ihren Mehrheitsanteil später an die Cameli-Gerolimich-Gruppe, welche Landini SpA schließlich in die Unione Manifatture eingliederte. Auf diese Weise in die Spitzengruppe der Traktorenindustrie gelangt, begann Landini neue Traktoren zu entwerfen und fertigte einige neue Serien, die unter den Namen Trekker, Blizzard und Advantage angekündigt wurden.

Im Februar 1994 wurden Valerio und Pierangelo Morra, Vertreter der Holdinggesellschaft Argo SpA, Präsident bzw. Vizepräsident von Landini SpA. Sie sorgten gemeinsam mit Massey-Ferguson für eine kräftige Erhöhung der Kapitaldecke des Landini-Konzerns. Im März 1994 schloss sich Iseki an Landini SpA an, wo man verkündete, dass die Zahl

Englische Fassung eines Werbeprospekts für den Landini Blizzard 95 aus den späten 1990ern.

Der 1985 gebaute Landini 10000S führte einen 105-PS-Motor und hatte Allradantrieb.

Die Vision-Serie besaß Vierzylinder-Motoren von Perkins, die den EU-Abgasregelungen entsprachen.

der verkauften Traktoren um 30% höher sein werde als im Vorjahr.
Landini erwarb 1995 die Firma Valpadana SpA, eine berühmte Traditionsmarke der italienischen Landmaschinenindustrie. Auch die Märkte in Übersee begannen sich nun zu öffnen, und in den USA wurde das AGCO-Netzwerk als Vertreiber aktiv. In Valencia (Venezuela) eröffnete man als lokalen Zweig Landini Sud America, um die Marke in Südamerika bekannt zu machen.

1996 wurde das Werk in Fabbricio generalüberholt, damit man dort mehr produzieren konnte. Man baute ein neues Montageband, das die Verdoppelung der Produktion ermöglichte. Im gleichen Jahr begann auch die neue Fabrik in San Martino zu arbeiten, wo man sich allerdings auf Maschinenteile wie Getriebe und die Montage von Komponenten für Prototypen beschränkte. 1997 kamen die Serien Legend II und Globus heraus. Die weltweite Expansion setzte sich mit Importeuren in Spanien und Deutschland fort.

Der Ghibli 90 von 2005 besitzt eine neue Kabine mit guter Rundumsicht und als Option Airconditon.

Die Serie Landini Legend führt Perkins-Motoren, die Verlässlichkeit und hohe Leistung garantieren.

Ein Jahr später – 1998 – brachte man die Klassen Discovery und Mistral auf den Markt, und 1999 startete das neue Deltasix-Getriebe.
Mit dem neuen Jahrtausend erschienen neue Modelle in Gestalt des Rex Orchard/Vineyard, Ghibli, Atlas und New Trekker. 2005 umfasste die Produktpalette von Landini eine Anzahl unterschiedlicher Typen, deren Motorleistung 43 bis 123 PS betrug.

Die Raupenschlepper-Serie Trekker verwendet Perkins-Vierzylinder mit Flüssigkeitskühlung.

In Nordamerika werden die Landini-Traktoren durch AGCO vertrieben, und derzeit sind die Serien Trekker, Mistral, Atlantis, Ghibli, Mythos, Legend, Globus, Vision und Rex im Angebot.

Die REX-Serie wurde für echte Profis entworfen; sie führt Drei- und Vierzylinder-Motoren.

Lanz

1860–1960er-Jahre

Heinrich Lanz kam 1838 als drittes Kind von Johann Peter Lanz zur Welt. Er trat 1859 in den Mannheimer Familienbetrieb ein, wo er sich schon bald um den Import hauptsächlich englischer Landmaschinen samt Zubehör befasste. 1860 besaß er bereits eine kleine Werkstatt, wo er mit zwei Gehilfen Maschinen aus zweiter Hand reparierte. Die Geschäfte liefen gut, und ab 1867 stellte Johann Peter Lanz selbst Landmaschinen her. Zwei Jahre später importierte seine Firma Dampfpflüge von John Fowler, und 1879 verließ die erste 2,5-PS-Dampfmaschine das Firmengelände. Es dauerte nicht lange, und das Unternehmen beschäftigte etwa 3000 Arbeiter, die Dampfdreschmaschinen u.ä. für Kunden in aller Welt bauten. Um die Jahrhundertwende hatten sich die Lanz'schen Fabrikate weltweit einen Namen gemacht, und auf der Pariser Weltausstellung von 1900 überraschte ihr größtes Modell, das 460 PS erzeugte, sämtliche Besucher.
Heinrich Lanz verstarb am 1. Februar 1905, doch die Firma produzierte weiter. Im Zweiten Weltkrieg lieferte das Unternehmen als Beitrag zur Rüstung gasbetriebene Traktoren mit 120 PS Leistung.
1921 stellte Lanz dem Publikum auf der Leipziger Landwirtschaftsausstellung den Prototyp eines neuen Traktors vor. Diese Maschine war eine Konstruktion des Ingenieurs Dr. Fritz Huber und führte einen Zweitakt-Glühkopfmotor mit der Bezeichnung HL12. Sie bildete den Anfang einer langen Reihe von Traktoren des Typs Lanz Bulldog – dieser treffende Spitzname spielte auf das bullige Äußere des Fahrzeugs an. Das 38 PS starke Glühkopfmotor-Modell mit Allradantrieb ging 1923 in Serie, und im Jahre 1926 präsentierte man einen weiteren Großbulldog mit Namen HR2. Gegen Ende der 1930er-Jahre gab es bereits sechs Gruppen von Bulldog-Modellen (mit 15, 20, 25, 45 und 55 PS Leistung) in verschiedenen Ausführungen (z.B. Allzwecktypen), und manche davon besaßen sogar schon Luftdruckreifen. Dann brach der Zweite Weltkrieg aus, und der Traktor musste nun laut Gesetz mit Holzgas laufen, da Benzin äußerst knapp geworden war. Am 14. April 1942 starb Dr. Fritz Huber, und im gleichen Jahr fand der 100000ste Bulldog seinen Käufer. Der Krieg traf die Fabrik schwer, doch die Fertigung lief in den erhaltenen Gebäuden schon bald wieder an. Im Laufe des Jahres 1949 ersetzte man die Glühkopfmotoren durch Semi-Diesel, die sich nun über eine elektrische Zündung mit Benzin starten ließen. 1956 erwarb John Deere die Mehrheit der Aktien und übernahm so Lanz, das ab 1960 John Deere Lanz AG hieß. Bis 1965 kam eine ganze Palette neuer Traktoren mit neuen Motoren und ebensolchem Outfit heraus – die Typenmodelle 310, 510

Schnittzeichnung des „All Purpose Tractor" mit sechs Vorwärtsgängen und Niedrigdruckreifen.

Starke Werbung für einen starken Traktor – gebaut wurde er bei Heinrich Lanz in Deutschland.

Hier tut der Lanz Bulldog, was er am besten kann, während der Bauer den Pflug im Auge behält.

und 710. 1959 feierte man das 100-jährige Firmenjubiläum, aber der Name wurde bald nur noch auf dem heimischen Markt verwendet. Das war das Ende einer Ära – allerdings nicht für die Mannheimer Fabrik, die immer noch arbeitet.

Der Lanz Bulldog wurde in mehreren europäischen Ländern gebaut: hier die französische Version.

Der Einzylinder-Motor (7300 cm³) dieses Modells 6006 von 1957 erzeugte gut 60 PS.

Der Einzylinder stieß auch größenmäßig an eine Grenze; damals baute Lanz konventionelle Traktoren.

Latil

1898–1955

Georges Latil baute schon 1898 Fahrzeuge und hatte mit dem Vorderradantrieb des Blum-Latil-Lkws Pionierarbeit geleistet, bevor er im Jahre 1914 die Compagnie des Automobiles Industriels Latil gründete.

Dieses französische Unternehmen war auf Lkw-ähnliche Traktoren mit Allradantrieb und -lenkung spezialisiert, die es erstmals 1914 fertigte. Frankreichs Militärs waren im Ersten Weltkrieg stark daran interessiert. Nach dem Krieg führte die Entwicklung dazu, dass die Maschinen von Bauern und zum Roden von Wäldern eingesetzt wurden. In den 1930ern entstand das Benziner-Modell JTL (6 Gänge), welches 1950 – nun mit stärkerem 5,6-l-Motor und Achtganggetriebe – als H14TL Navette präsentiert wurde.

Der hauptsächlich als Transporter verwendete Latil-Allradtraktor eignete sich auch für die Feldarbeit.

In Großbritannien wurden Latil-Traktoren bei Shelvoke & Drewry in Lizenz gebaut. Nach dem Zweiten Weltkrieg besaßen die zahlreichen Latil-Modelle vor allem Dieselmotoren, und das Unternehmen blieb selbständig, bis es im Jahre 1955 in der Firma Saviem aufging.

Leader

1946–1950er-Jahre

Es gab mehrere Traktorenfirmen namens Leader in den USA, nämlich die Leader Engine Company aus Detroit und die Leader Tractor Manufacturing Company aus Des Moines, doch nach dem Zweiten Weltkrieg stellte auch die Leader Tractor Manufacturing Company aus Chagrin Falls (Ohio) solche her. Die Fahrzeuge besaßen standardmäßig Vierzylinder-Hercules-Motoren (2,2 l), eine Antriebsscheibe und eine Zapfwelle.

Allem Anschein nach wurde der Leader-Traktor nie in Chagrin Falls gebaut, sondern bei den Gebrüdern Brockway in Auburn (Ohio). Die nächste Poststation lag nämlich in Chagrin Falls, und da der Postmeister meilenweit im Umkreis jeden kannte, konnte man dort seine Post abholen. Die Firma war bis in die 1950er-Jahre im Geschäft. Viele ihre Traktoren werden heute in den USA restauriert.

Hier sieht man das kleine Leader-Modell D von 1950. Es führte einen Hercules-Motor (2180 cm³).

Le Percheron

1939–1956

Heinrich Lanz erteilte der in Colombes (Frankreich) ansässigen Société Construction National Aéronautique du Centre eine Lizenz zum Nachbau seines Traktors, da er nicht über ausreichende Produktionskapazitäten für die aus Frankreich eingehenden Bestellungen des 25-PS-Lanz besaß.
Die Vorkriegsmodelle wichen in mehreren Punkten von denen ab, die nach dem Krieg gebaut wurden: so fehlte beispielsweise die Plakette „System Lanz", außerdem waren die Einzelteile nicht an jedem Exemplar die gleichen, obwohl sie alle auf dem 25-PS-Lanz-Modell basierten.
Das spätere Logo, welches fast alle Le Percherons trugen, zeigte ein großes steigendes Ross (Percherons sind eine Kaltblüterrasse, die man in der Region

Dieser Traktor gleicht dem Lanz Bulldog, ist aber ein in Lizenz gebauter Le Percheron.

Perche im Nordwesten des Landes züchtet). Insgesamt wurden etwa 3700 Stück gebaut.

Leyland

1968–1981

Die Traktorenfirma Nuffield war eine Gründung des durch die Morris-Pkws berühmt gewordenen William Morris (später als Lord Nuffield geadelt). Jene gehörten nun zu BMC (British Motor Corporation), einem Zusammenschluss bekannter Autofirmen, der 1968 in British Leyland aufging. Es hatte zuvor verheißungsvolle Gerüchte gegeben, man werde den Nuffield-Traktor weiterhin bauen, aber die Produkte (wie noch viele andere) unter dem Banner von Leyland vereinigen und vermutlich auch neue Modelle produzieren. Die Fertigung erfolgte mittlerweile im neuen Werk Bathgate (Schottland).

Kühlergitter und Scheinwerfer dieses Modells 245 sind typisch für das Leyland-Styling jener Zeit.

Im November 1969 präsentierte man drei neue Fahrzeuge, die aber zweifellos größere Änderungen erfahren hatten. Der orange Nuffield-Anstrich war wie die Plakette verschwunden; statt dessen gab es eine blaue Zweiton-Lackierung, und anstelle von „Nuffield" las man nun „Leyland". Darunter saß eine kleinere Plakette mit dem Namen Nuffield, die indes auch bald verschwand.
Die ersten drei Maschinen (154, 344 und 384) mit dem neuen blauen Farbschema waren nicht vollkommen neu, sondern übernahmen viele Elemente aus dem alten Nuffield-Stall. Die Kennnummern dieser Traktoren hatten jeweils ihre eigene Bedeutung: so wies etwa die 384 darauf hin, dass dies ein 3,8-l-Motor mit vier Zylindern war. Der 384er-Diesel war das stärkste Modell, während der 154 nur einen 1,5-l-Diesel führte (allerdings ebenfalls mit vier Zylindern).

Am unteren Ende des Spektrums gab es das Modell 154 (hier ein Oldtimer von 1960).

Kühlerpartie eines Leyland 245. Dieser Traktor führte einen Dreizylinder-Motor (2,4 l).

Es wurden noch mehrere andere Modelle gefertigt: der 2100 führte einen Sechszylinder-Dieselmotor, dessen Getriebe zehn Vor- und zwei Rückwärtsgänge besaß. Dieses Modell wurde von 1973 bis 1979 hergestellt (im letztgenannten Jahr kam auch der 462 mit seinem Vierzylinder-Dieselmotor heraus). 1973 brachte man das Modell 245 mit Dreizylinder-Diesel auf den Markt; vorausgegangen war ihm bereits im Jahre 1972 der Traktor 253 mit einem Dreizylinder-Fabrikat von Perkins.
Obwohl es eine reiche Auswahl von Modellen in den

Aus der Bezeichnung 245 konnte man gleich auf den Motor schließen: 2,4 l Hubraum

verschiedensten Varianten gab, war dem Projekt keine lange Lebensdauer beschieden: die Produktion lief 1979 aus, und 1981 verkaufte Leyland Tractors die Fahrzeuge an Marshall & Sons.

Dieser große Leyland-Traktor bietet ein eindrucksvolles Bild. Die Produktion lief 1979 aus.

M

MAN

1924–1962

Die Maschinenfabrik Augsburg-Nürnberg (MAN) war bereits ein gut eingeführtes Unternehmen, als sie erstmals beschloss, Traktoren zu bauen. Ihre Anfänge reichen bis in das Jahr 1758 zurück: damals gründete der Münsteraner Domherr Franz Ferdinand von Wenge bei Osterfeld das erste Schwerindustrieunternehmen des Ruhrgebiets, die St.-Antonius-Eisenhütte.

Aus bescheidenen Anfängen erwuchs so ein Industriegigant, in dessen Geschichte Traktoren nur eine winzige Nebenrolle spielten. Am bekanntesten war MAN für seine Lkws und deren Dieselmotoren, die auch zum Antrieb der Traktoren dienten. Die Firma hatte schon 1897 eng mit Rudolf Diesel kooperiert, um dessen Erfindung zu fördern.

Die ersten Traktoren entstanden 1924 und führten Vierzylinder-Diesel, doch die Zeiten waren schlecht und schon nach wenigen Jahren wurde die Produktion eingestellt. Der nächste Anlauf erfolgte 1938, doch steuerte Deutschland da bereits auf den Zweiten Weltkrieg zu, und man musste sich auf Militär-Lkws und andere Rüstungsgüter konzentrieren.

Da die Firma MAN im industriellen Herzen des Landes lag, wurde sie von den alliierten Bombern schwer getroffen, sodass der Traktorenbau erst nach einiger Zeit wieder in Gang kam. Diesmal fertigte man jedoch modernere Maschinen, die wahlweise Zwei- oder Vierradantrieb hatten. Sie waren bis Anfang der 1950er-Jahre zu haben und führten 25 bis 45 PS starke Motoren; in den folgenden Jahren kamen noch stärkere hinzu.

1958 wurde die Traktorensparte von MAN Teil des Porsche-Konzerns, und vier Jahre darauf fertigte man den letzten MAN-Traktor – nun bereits unter dem Dach von Mannesmann.

Die elegante Kühlerpartie eines MAN aus den 1950ern. Am Heck ist das Geländer des Beifahrersitzes zu erkennen.

Die Firma MAN war besser für ihre Lkws bekannt. Dieser Traktor wurde zum Grasmähen umgerüstet.

Hier sieht man den MAN Ackerdiesel aus den 1950ern. 1958 wurde die Firma an Porsche verkauft.

MAP

1945–1955

Die Firma Manufacture d'Armes de Paris (MAP) befasste sich etwa zehn Jahre lang mit der Produktion von Traktoren und lieferte sogar einen Rennwagen für die 24 Stunden von Le Mans. Das erste Modell hatte einen Latil-Motor und kam 1945 auf den Markt. Es dauerte jedoch nur wenige Jahre, und die Firma ersetzte diesen Typ durch ein Eigenfabrikat: dies war ein Zweizylinder-Zweitakt-Boxerdiesel mit Turbolader. Mit diesem Dieselauto ging MAP dann 1950 in Le Mans an den Start, doch aufgrund von Motorproblemen (ein Kühlsystem leckte) schaffte er es nicht bis ans Ziel. Der MAP war der erste Rennwagen mit Zentralmotor, der dort an den Start ging: Der Antrieb lag unmittelbar hinter dem Fahrer und war ein Zweizylinder-Zweitakt-Boxermotor mit Querlenkern, die an einer Einzel-Kurbelwelle saßen.

Ein MAP-Dieseltraktor; dort baute man auch einen Rennwagen für die „24 Stunden" von Le Mans.

1952 wurde die Firma von der SIMCA-Gruppe erworben, welche den MAP-Traktor als Basis ihrer ersten SOMECA-Modelle von 1953 verwendete. MAP-Traktoren waren noch bis ins Jahr 1955 zu haben; insgesamt baute man etwa 15000 Stück.

Marshall

1908–1991

Die Firma Marshall war vor allem für ihre Dampfmaschinen aus den Britannia-Werken im englischen Gainsborough bekannt; dort baute sie auch ihre berühmten Heizkessel. Man zögerte nie, andere Produkte aufzugreifen, um sie nach Überprüfung und Verbesserung selbst zu vermarkten, und so verhielt es sich mehr oder minder auch mit dem ersten Traktor: Ein Lanz-Modell wurde übernommen, analysiert und abgewandelt nachgebaut. Eine wichtige Änderung war der Dieselantrieb: der Antrieb basierte daher auf Kompression statt auf einer Brennkammer, wie sie Lanz und andere damalige Glühkopfmotor-Konstruktionen verwendeten. Die Maschine trug die Bezeichnung 15/30 Modell E

Als die Firma Marshall in den Traktorenmarkt einstieg, war sie schon für ihre Dampfmaschinen bekannt.

Hier paradieren Dieseltraktoren vom Typ Field Marshall mit dem Union Jack am Kühler – very British!

und führte einen Einzylinder-Zweitakt-Diesel; man zündete ihn mit Hilfe von Zündpapieren, welche in einem Halter saßen, der aus der Zündkammer emporragte. Es gab drei Vorwärtsgänge und einen Rückwärtsgang. Der Traktor wurde zu einem großen Verkaufsschlager, und man konnte seine typischen Motorgeräusche auf vielen englischen Höfen hören. Mitte der 1930er-Jahre kam als Antwort auf den Fordson mit dem 12/20 eine kleinere, sparsamere und billigere Version auf den Markt. Der 15/30 bekam einen neuen Namen, erfuhr innere und äußere Veränderungen und hieß fortan Modell M.

Als der Krieg zu Ende war, nahm Marshall organisatorische Veränderungen vor und gab seinen Produkten richtige Namen. So erhielt das für Straßenarbeiten gedachte Modell die Bezeichnung Road Marshall, während die Produkte der Landtraktorensparte Field Marshalls hießen.

Das Vorkriegsmodell M wurde abermals modernisiert und 1945 in Marshall Series 1 umgetauft. Kaum zwei Jahre später produzierte das Unternehmen in einem verzweifelten Versuch, mit der Mehrzylinder-Opposition zu konkurrieren, die Serie II, welche einen wassergekühlten Einzylinder-Diesel (40 PS) führte. Außerdem fertigte man noch die Serien III und sogar IIIa (mit einem in Details veränderten

Den ersten Benzintraktor baute Marshall 1908, doch wirklich aktiv wurde die Firma erst Jahre später.

Diese Einzylinder-Fahrzeuge waren leistungsstark und trieben damals häufig Dreschmaschinen an.

Motor und sogar elektrischer Zündung), um mit der Konkurrenz Schritt halten zu können. Mehr kann man nicht tun, wenn ein Einzylinder-Motor größer und stärker werden, aber dennoch weiterhin in kleine Traktoren passen soll. Dabei wurde man mit einem besonderen Problem konfrontiert: das Getriebegehäuse zerbrach immer wieder. Obwohl man diesen Mangel bei der neuen Serie IIIa abstellte, konnte sie nie mit den Mehrzylinder-Maschinen jener Tage mithalten. Die Flammenschrift stand deutlich an der Wand: „Wechsel oder Untergang!" Obwohl das Unternehmen eine neue Turbolader-Reihe IV plante, wurde diese nie serienreif, und 1957 gab man die Einzylinder-Modelle schließlich ganz auf. In ihrer langen Produktionsphase hatten sie der Firma jedoch gute Dienste geleistet.

Die Serie III des Field Marshall kam 1949 auf den Markt. Sie besaß sechs Vor- und zwei Rückwärtsgänge.

Marshall stand nun vor der Entscheidung: was tun? Die Entwicklung eines völlig neuen Traktors hätte unendlich viel Zeit und Geld gekostet, und so beschloss man einen Motor „von der Stange" zu kaufen und rund um ihn herum einen neuen Traktor zu konstruieren. Die Entscheidung fiel zugunsten des Modells Leyland UE350, das jene Firma für die eigenen Lkws verwendete. So brachte Marshall 1954 den brandneuen MP6 mit einem wassergekühlten Sechszylinder-Diesel von Leyland heraus. Dieser Traktor unterschied sich von allen früheren Produkten, und auf dem US-Markt hätte man ihn gut verkaufen können. Dort gab es riesige Farmen, auf denen dringend große, starke Traktoren benötigt wurden, doch in England war der MP6 für Durchschnittsfarmer zu groß und zu schwer. Die Werke in Gainsborough bauten ganze 197 Stück, von denen lediglich zehn englische Käufer fanden. Der Rest ging in alle Welt, vor allem zum Zuckerrohranbau nach Westindien. Danach konzentrierte Marshall sich auf den Bau von Raupenschleppern. Einen letzten Versuch, Traktoren zu verkaufen, unternahm die Firma 1980 mit dem Kauf des Konzerns Leyland Tractors. Dessen Fabrikate wurden umetikettiert, anders gestrichen und so bis 1991 gebaut.

Leyland wurde schließlich von Marshall aufgekauft, der Einfluss ist am 904XL leicht erkennbar.

Die späteren Marshall-Traktoren wirkten moderner als die Einzylinder-Modelle.

Massey-Ferguson

1847–heute

Der Konzern Massey-Ferguson ging vor allem aus der Fusion von drei Landmaschinenfirmen hervor: Ferguson, Massey und Harris.

Dies war die Firma, die den Kampf mit jenem mächtigen Henry Ford aufnahm, der den Traktorenmarkt im Sturm erobert hatte – wie vorher mit seinen Autos. Als sich die Ford Motor Company schließlich in den 1960er-Jahren aus dem Traktorengeschäft zurückzog, konnte Massey-Ferguson zum Marktführer werden, doch bis dahin war sehr viel Kraft und Entschlossenheit erforderlich.

Die Familie Massey wanderte 1630 von England nach Amerika aus, gegen 1795 siedelten einige ihrer Mitglieder nach Watertown (New York) am Ostufer des Ontario-Sees über. Einige Jahre später zog auch Daniel Massey mit seiner Frau Rebecca Kelly und dem Söhnchen Daniel über den See in die Siedlung Hallimand Township unweit des Dorfes Grafton. Dort erwarb er 81 Hektar Land, begann den Wald zu roden und baute dort ein Haus für die Familie.

Der junge Daniel wurde im Alter von sechs Jahren zu den Großeltern nach Watertown geschickt, wo er eine Erziehung erhielt, bis er nach einigen Jahren heimkehrte, um auf der väterlichen Farm zu helfen. Als Daniel 21 Jahre alt war, kaufte er selbst unweit des elterlichen Hofes 81 Hektar Land und heiratete seine Jugendliebe Lucinda Bradley.

In den folgenden Jahren kaufte und rodete er weiterhin Waldland, bis er sich 1830 abermals der Landwirtschaft zuwandte. Daneben unternahm er mehrere Reisen in die Vereinigten Staaten, um dort Verwandte und Freunde zu besuchen, und er war fasziniert von all den Landwirtschaftswerkzeugen und -maschinen, die es dort (im Gegensatz zu Kanada) bereits gab. Schon bald gründete er auf seiner Farm eine kleine Werkstatt, in der er neben eigenen Werkzeugen und Maschinen auch die seiner Nachbarn reparierte. Von seinen häufigen Besuchen in den Staaten brachte er immer wieder neue Geräte und Werkzeuge mit, und bald nahm ihn die Werkstatt dermaßen in Anspruch, dass er die Farm aus Zeitmangel schließlich seinem Sohn Hart übergab.

Als Daniels Firma weiter wuchs, musste er umziehen und ging eine Partnerschaft mit Robert Vaughan ein, aber schon bald fand er diesen für seinen Geschäftsanteil ab. 1848 war die Firma noch größer geworden und abermals auf der Suche nach neuen Räumlichkeiten. Dazu wählte Daniel eine Stelle unweit des neugegründeten Dorfes Newcastle, wo es auch ausreichend Gelände zum Bau weiterer Häuser gab. Ein Jahr später wurde die Gerätefabrik nach Newcastle verlagert und in Newcastle Foundry and Machine Manufactory umbenannt; man stellte zusätzliche Arbeitskräfte ein. Mittlerweile produzierte das Werk Pflüge, Stubbenroder, Eggen und verschiedene andere Landmaschinen. Knapp zwei Jahre später trat sein Sohn Hart in den Betrieb ein, da Daniel merkte, dass er allmählich überfordert war.

Der Farmer und Mühlenbesitzer Alanson Harris war ein begabter Erfinder und Konstrukteur.

1847 eröffnete der kanadische Pionier und Farmer Daniel Massey bei Newcastle eine kleine Maschinenwerkstatt.

Hart steigerte die Produktion weiter und nachdem er sich die Rechte am so genannten Ketchum-Grasmäher gesichert hatte, begann er, diese Maschine, den Burrel-Mäher und den Manney-Mäher Combined Hand Rake im Werk Newcastle zu bauen. Richtig in Gang kam das Geschäft jedoch erst, als Newcastle Anschluss an die Grand Trunk Railroad bekam, sodass sich dem Unternehmen ganz andere Möglichkeit im weiteren Umfeld auftaten. Dank der Eisenbahn konnte Hart seine Produkte nun in weite Teile der USA exportieren oder dort ausstellen. Dazu gehörten mittlerweile außer Landmaschinen unter anderem Dampfmaschinen, Dampfkessel, Gussformen, Herde und Drehbänke. 1856 verstarb Daniel Massey im Alter von erst 58 Jahren.

1862 änderte die Firma ihren Namen abermals – diesmal in Newcastle Agricultural Works. Die Geschäfte liefen dermaßen gut, dass man die alte Fabrikanlage ausbauen musste, aber im Jahre 1864 schlug das Unheil zu, als das Lagerhaus Feuer fing und bis auf den Grund niederbrannte. Noch im gleichen Jahr wurde ein Neues erbaut, und schon 1865 florierte das Unternehmen wie zuvor. Nachdem die Firma nun auch Preise für ihre Produkte gewann, streckte sie erstmals ihre Fühler nach Europa aus, von wo rasch zahlreiche Aufträge eingingen.

1867 beschäftigte das Werk über 100 Arbeiter, 1870 benannte sich die Firma in Massey Manufacturing Company um. Hart Massey zog sich 1871 auf das Altenteil zurück, worauf sein Sohn Charles die Zügel in die Hände nahm. 1878 stellte die Firma ihren Massey Harvester vor, den sie ein Jahr darauf nach Toronto mitnahm. Die Nachfrage entwickelte sich so stark, dass die Fabrik in Newcastle außerstande war, die für eine Großfirma nötigen Annehmlichkeiten wie Gasbeleuchtung und Leitungswasser zu stellen.

Während all dies geschah, machte sich auch ein anderer Mann im kanadischen Traktorengeschäft einen Namen: Alanson Harris, ein Farmer und Mühlenbesitzer, hatte schon 1857 in der Stadt Beamsville seine eigene Gerätefirma gegründet. 1863 trat sein Sohn John als Teilhaber ein, und durch den Erwerb des Kirby-Mähers und anderer weithin bekannter US-Landmaschinen wurde die Firma A. Harris & Son zu einem wichtigen Konkurrenten von Massey. 1872 verlegte Harris sein Werk nach Branford, und im Laufe der Jahre entwickelte sich sein überaus beliebter Branford-Zwirnbinder zu einem Verkaufsschlager. 1890 produzierte man den Doppelgabel-Zwirnbinder, der so großen Erfolg hatte, dass Massey eine Fusion der Unternehmen anregte. Nach einer langen Phase gegenseitiger Konkurrenz sahen die Firmen am Ende ein, dass die Zeit gekommen war, einen Schlussstrich zu ziehen. So geschah es, dass sie am 6. Mai 1891 unter dem Namen Massey-Harris Company Ltd. zu einem verschmolzen. Das Duo verleibte sich im Laufe der folgenden Jahre noch einige kleinere Landmaschinenproduzenten ein und erweiterte so seine Produktpalette. Trotz ihrer geballten Macht zögerte die Firma jedoch lange mit dem Einstieg in das Traktorengeschäft, das mittlerweile überall in Amerika in Fahrt kam.

Schon bevor Massey-Harris auf die Idee kam, eigene Motoren zu bauen, montierte man dort Olds-Modelle. 1910 erwarb die Firma die Benzinmotorenfabrik von Devo-Macey in Binghampton (New York) und war auf diese Weise imstande, selbst Benzinmotoren zu bauen. Schon 1914 produzierte Massey-Harris im Werk Binghampton eigene Fabrikate, und im Jahre 1916 verlagerte man die Devo-Macey-Fabrik mit ihrer gesamten Ausstattung nach Toronto, wo bald neue Gebäude entstanden.

Mittlerweile forderte der Erste Weltkrieg seinen Zoll, und man benötigte in großen Mengen Nahrungsmittel für Freund und Feind. Auch die Pferde, welche die Geschütze, Munitions- und Nachschubwagen zogen, benötigten Futter. Ohne diesen Nachschub würden ganze Armeen bewegungsunfähig und die Männer Hungers sterben – ganz zu schweigen vom tödlichen Wirken der Kugeln und Bomben. In dieser Epoche musste daher die Mechanisierung der

Harris erwarb in Brantford eine kleine Gießerei und begann dort mit dem Bau und der Reparatur von Maschinen.

Der Massey-Harris No 2, ein 12/22-PS-Traktor, wurde von Dent Parrett für M-H entwickelt.

Landwirtschaft vorangetrieben werden, und ein Mittel dazu war der Traktor. Er konnte an einem Tag mehr Arbeit erledigen als ein Pferdegespann in einer Woche. Massey-Harris wollte bei diesem Prozess nicht ins Hintertreffen geraten (man war damals bereits der größte Landmaschinenhersteller Kanadas), aber leider hatte die Firma noch keinen Traktor im Programm. Auch kanadische Truppen kämpften in großer Zahl auf dem europäischen Kriegsschauplatz, und so machte sich Massey-Harris 1917 auf die Suche nach einem Modell, das man nach Kanada importieren konnte. Die Kosten für Entwicklung und Bau eines neuen Traktors wären damals für jede Firma immens gewesen, sodass die Entscheidung für ein vorhandenes Modell fiel. Ausgewählt wurde schließlich der Big Bull der Bull Tractor Company, den jene in England als Whiting-Bull verkaufte. Das Unternehmen war auf dem Traktorenmarkt kein Unbekannter, und sein auf dem Little Bull basierendes Modell Big Bull hatte in den USA und England bereits fest Fuß gefasst. Er führte einen Zweizylinder-Boxermotor (25 PS) und war ein Dreirad (mit einem Vorderrad und zwei hinteren), das als Zugmaschine 10 PS erzeugte. Dieser Traktor wurde von Massey-Harris nur etwa ein Jahr lang verkauft – nicht etwa weil er ein schlechtes Modell war, sondern weil es Nachschubprobleme bei den Ersatzteilen gab. Ohne jene gab es keine Traktoren und ohne Traktoren keine Verkäufe – so nahm das Importabkommen zwischen Massey-Harris und der Bull Tractor Company ein vorzeitiges Ende. Massey-Harris sah sich gezwungen, anderswo zu suchen oder gar selbst einen Traktor zu bauen. So entschied man sich dafür, eine andere bekannte Firma zu kontaktieren und schloss ein Abkommen mit der Parrett Tractor Company aus Chicago. 1918 kamen beide Firmen überein, dass Massey-Harris die Traktoren selbst bauen und unter dem eigenen Namen in Kanada und auf einigen Exportmärkten vertreiben würde. Daraufhin lieferte Dent Parrett Entwürfe für drei Modelle, die bei Massey-Harris produziert werden sollten: sie trugen die Bezeichnungen MH1, MH2 und MH3. Ihre Fertigung lief 1919 in der Motorenfabrik von Massey-Harris in Weston (Toronto) an, und die drei Traktoren kamen jeweils in drei verschiedenen Größen heraus: als No1 mit 12-25 PS, No2 mit 12-22 PS und No3 mit 15-28 PS. Alle Drei führten einen wassergekühlten Buda-Vierzylinder, dessen Hubraum beim No1 und No2 je 4703 cm^3, beim No3 hingegen 6505 cm^3 betrug. Diese Motoren wurden mit Benzin oder Paraffin betrieben, saßen auf einem einfachen stählernen Rahmenchassis und wirkten auf ein Getriebe mit zwei Vorwärtsgängen und einem Rückwärtsgang.

Obwohl es sich um durchaus brauchbare Traktoren handelte, hatte Parrett beim Entwurf nicht an die Zukunft gedacht, und als die Entwicklung weiter voranschritt, gerieten sie gegenüber den nun leichteren, sparsameren und eleganteren Modellen ins Hintertreffen.

Der Massey-Harris No 3 war ein größeres Fahrzeug mit 15/28 PS Nennleistung, das ebenfalls Dent Parrett entworfen hatte.

Nachdem der Absatz 1923 dramatisch zurückging, lief die Produktion aus – nur ein Jahr bevor sich die Firma Parrett selbst aus dem Geschäft zurückzog.
Nachdem sich das Unternehmen so zweimal die Finger verbrannt hatte, war Vorsicht angesagt, und man wartete ab, was in der Industrie vorging. Der Erste Weltkrieg sorgte in der Landwirtschaft für gewaltige Veränderungen, da die Bedürfnisse der Soldaten und ihrer Tiere zu einem Boom führten. Sobald die Männer jedoch aus dem Krieg heimgekehrt waren, stellten sie fest, dass es für sie weniger oder – schlimmer noch – keine Arbeit gab, da es weltweit zu einer Rezession kam. Angesichts drohender Verluste war dies beileibe kein günstiger Zeitpunkt für einen Einstieg in den Traktorenmarkt, der die Existenz der ganzen Firma gefährden konnte. Es bestand jedoch das Dilemma, dass der Traktorenmarkt weiterhin sehr schnell expandierte, und von daher erschien unvermeidlich, dass man sich eines Tages doch am Produktionswettlauf beteiligen müsse – solange es keine Traktorensparte gab, drohten dem Unternehmen laufend Geschäfte (und damit Gewinne) zu entgehen.
Als sich die Weltwirtschaft Mitte der 1920er-Jahre wieder zu erholen begann, schien die richtige Zeit für den Markteinstieg gekommen, und so schickte sich Massey-Harris an, abermals nach einem Partner zu suchen, der diesen Schritt ermöglichte.
1926 begann die Firma Verhandlungen mit der Case Plow Works Company in Racine (Wisconsin) zu führen, die damit endeten, dass man jenes Unternehmen im folgenden Jahr kaufte. Obwohl Massey-Harris zusammen mit der Firma Case auch deren Namen erworben hatte, verkaufte man die Namensrechte weiter, wodurch das Geschäft für Massey-Harris ein sehr lohnendes wurde. Durch den Case-Deal war man in den Besitz der gesamten Familie der Wallis-Traktoren gekommen, die für ihre hervorragende Sparsamkeit im Verbrauch und den typischen U-Rahmen bekannt waren; bei dieser Konstruktion schützte ein u-förmiger Stahlrahmen die Unterseite. Es war auch ein günstiger Zeitpunkt, um ins Traktorengeschäft einzusteigen, da sich der Hauptproduzent Fordson damals vom Markt zurückzog, sodass sich neue Firmen leichter entfalten konnten. Massey-Harris baute weiterhin Wallis-Traktoren und übernahm die alte Case-Fabrik in Racine; auf diese Weise konnte man auch auf dem US-Markt Fuß fassen. Das aktuellste Wallis-Modell war damals der Traktor 20-30 mit wassergekühltem Vierzylinder-Motor (5670 cm^3) und Zweiganggetriebe. Daneben produzierte man unter anderem den für Obstkulturen gedachten Orchard mit seinen zur Hälfte verkleideten Hinterrädern und das Industrie-Modell, welches Vollgummireifen und ein anderes Getriebe besaß. Um auch den Kleintraktorenmarkt beliefern zu können, fertigte man eine kleinere Variante des gleichen Entwurfs, die den Namen Massey-Harris 12-20 trug. Ihr folgte 1931 das Modell 25, welches den 20-30 ablöste und auch unter

Hier sieht man den Wallis 20-30. 1927 kaufte Massey-Harris die J. I. Case Company und mit ihr den Wallis.

der Bezeichnung Massey-Harris 26-41 bekannt war; es führte abermals einen Vierzylinder-Motor.

Zu dieser Zeit begann Massey-Harris auch an einer eigenen Konstruktion zu arbeiten. Die Firma war mittlerweile seit 15 Jahren im Traktorengeschäft, verfügte jedoch immer noch nicht über eine Maschine aus eigener Produktion.

Als ersten echten Massey-Harris stellte das Unternehmen schließlich das Modell General Purpose („Allzweck") her; diesen Namen gab man dem Traktor, um zu umschreiben, was er leisten können sollte. Leider erfüllte er diese Erwartungen nicht. Das lag nicht nur an der Großen Depression, welche die Landwirtschaft so schwer wie nie zuvor beutelte; es gelang diesem Traktor auch nicht, „allen alles zu sein". Für seine Zeit war er mit permanentem Allradantrieb und Gelenkchassis zweifellos ein fortschrittlicher Entwurf. Als Motor führte er einen wassergekühlten Hercules-Vierzylinder (3703 cm^3) mit Dreiganggetriebe. So gut aber auch Zugkraft und Bodenhaftung des Allradantriebs waren, vergrößerten sie doch den Wendekreis und sorgten demzufolge für Mehrarbeit. Der Radstand ließ sich zwar anpassen, man musste dies aber gegebenenfalls schon bei der Bestellung angeben, sodass die Farmer ihn nicht mehr selbst regeln konnten (was vorher längere Zeit möglich gewesen und für alle sehr wichtig war). So wurde der General Purpose zwar kein völliger Fehlschlag, aber auch nicht so erfolgreich, wie er es an sich verdient hätte.

Im Jahre 1936 brachte die Firma zwei neue Fahrzeuge heraus: Nr. 1 war ein Hackfruchttraktor auf der Basis des älteren Wallis Cub und trug den Namen Challenger. Er besaß vorn ein Einzelrad bzw. zwei kleine und führte einen Vierzylinder-Motor (4064 cm^3) von Massey-Harris mit Vierganggetriebe. Das zweite Modell war der Pacemaker; er verwendete den gleichen Motor und ähnliche Komponenten wie der Challenger, war aber ein Standardprofil-Traktor. 1937 kam der Twin Power Pacemaker hinzu (sein Namen verwies auf die Zweifach-Nennleistung, hier 1200 bzw. 1400 U/min), der sich durch eine stärker stromlinienförmige, rundum geschlossene Motorhaube auszeichnete. Es gab auch eine Version für Obstkulturen.

Mittlerweile wurde der missratene General Purpose umkonstruiert und in Four-Wheel Drive umbenannt. Obwohl man ihn nun optional mit Paraffin antreiben konnte und auch eine Industrieversion zu haben war, verschwand er wegen enttäuschender Absatzzahlen bald aus dem Programm.

1938 überholte Massey-Ferguson seine gesamte Produktpalette und brachte im gleichen Jahr den neuen Traktor 101 auf den Markt. Er und seine Abwandlungen brachten die Firma bis in die Kriegsjahre, in denen die Serie abgelöst wurde.

Das Modell GP war der erste Traktor, den Massey-Harris in Kanada entwickeln und fertigen ließ.

Der GP hatte einen sehr breiten Radstand, Allradantrieb und ein Gelenkchassis.

Der Traktor 101 war ein brandneues Modell, unter dessen langer, schlanker Haube sich ein neuer Chrysler-Sechszylinder mit 3294 cm³ Hubraum befand. Ein Gusseisenchassis löste nunmehr den vertrauten alten U-Rahmen ab; gefertigt wurde der Traktor in einer Hackfruchtversion und mit Standardrädern. In den folgenden Jahren kam das Modell 101 Junior hinzu, eine kleinere Version mit wassergekühltem Continental-Vierzylindermotor (2032 cm³). Weitere Varianten sollten ihm folgen. Der Traktor 201 kam als Ersatz für das Modell 25 heraus und führte ebenfalls den 3965-cm³-Chrysler; weitere Abwandlungen des 101 waren die Modelle 202 und 203. Zwei neue Traktoren, der 81 und der 82, kamen zu Beginn des Jahres 1940 auf den Markt; beide waren kleiner, leichter und billiger als der 101 Junior, führten jedoch den Continental-Vierzylindermotor. Man konnte sie jeweils als Hackfrucht- oder

Den weiten Radstand des GP konnte man nur nach Vorbestellung im Werk verändern lassen.

Bis 1936 führte der GP einen Hercules-Motor; danach baute M-H Eigenfabrikate ein.

Der Challenger von 1936 war der erste bei Massey-Harris produzierte Hackfruchttraktor.

Das Modell Pacemaker basierte weitestgehend auf dem früheren Traktor mit U-Rahmen.

Der Pacemaker kam ebenfalls 1936 auf den Markt und führte einen Vierzylinder-Motor mit 27 PS.

Das Modell 101 wurde 1938 gebaut und führte einen mächtigen Sechszylinder-Motor.

Das Modell 101 gab es als Standard, Super, Senior und Junior. Hier sieht man die Junior-Version.

Das hier abgebildete Modell Junior führte Sechszylinder-Motoren, darunter einige von Chrysler.

Standard-Vierradausführung erwerben. Zu guter Letzt traf Massey-Harris mit der Cleveland Tractor Company ein Vertriebsabkommen für den General auf ausgewählten Märkten. Das Geschäft rentierte sich aber nicht und wurde schon bald aufgekündigt. Nach dem Krieg setzte man die Traktoren 81 und 82 ab, um das neue, auf dem 81 basierende Modell 20 herauszubringen. Es führte einen Continental F124 und wurde als Hackfrucht- und Standard-Vierräder produziert. Der zwischen 1947 und 1948 gebaute 20K war speziell für den Paraffinantrieb konstruiert. Nach dem Krieg kamen weitere Maschinen heraus, und 1946 löste das neue Modell 30 (20/30 PS) den alten 101 Junior ab. Von diesem Hackfrucht- bzw. Standardprofilfahrzeug fertigte man mehrere Versionen. Sie führten einen Continental-Vierzylinder und wurden bis 1953 hergestellt, um dann vom Modell 33 abgelöst zu werden. Als nächstes kam 1948 das Modell 11 Pony heraus, der einzige Traktor, von dem Massey-Harris in Kanada größere Stückzahlen baute. Obwohl die Firma eine kanadische war, entstanden die meisten ihrer Traktoren in den USA,

Der 102 Junior leitete sich von den 101er-Modellen ab und besaß ebenfalls den Sechszylinder-Motor.

Nach dem Zweiten Weltkrieg brachte M-H neue Traktoren heraus; einer davon war das Modell 30.

1947 brachte Massey-Harris den kleinen 8/10-PS-Traktor Pony heraus, der jedoch kein Verkaufsschlager wurde.

Der Motor des Pony war ein wassergekühlter Vierzylinder mit 1015 cm^3 Hubraum und 10,4 PS.

Frankreich oder England. Das Modell war damals das kleinste der Massey-Harris-Palette und führte einen Continental-Vierzylinder. Interessanterweise kannte man es in Frankreich, wo es einen Simca-Motor verwendete, als Modell 811. Abgelöst wurde es später von den Modellen 812 und 820, die Hanomag-, Simca- und sogar Peugeot-Motoren besaßen. 1947 trat das Modell 44, ein künftiger Verkaufsschlager der Firma, an die Stelle des 101. Der 44 war ein Traktor mit drei oder vier Pflugscharen, führte den firmeneigenen Vierzylinder und kam als (besser verkaufte) Hackfrucht- oder Standardprofilversion heraus. Wer ein ruhigeres Fahrzeug wünschte, konnte den 44-6 mit Continental-Sechszylinder wählen. Die Standard-Maschine wurde schon 1948 aus dem Programm genommen, die Hackfruchtversion hingegen bis 1951 gebaut. Es gab noch andere Varianten des 44: so baute man etwa einen bleifreien Benziner, um im Trend der Zeit zu bleiben. Unverbleites Benzin war bei den Farmern als Alternativbrennstoff

Dieses Plakat aus der Nachkriegszeit zeigt einen zufriedenen Farmer mit dem neuen Modell 44.

Der Massey Harris 44 kam nach dem Krieg auf den Markt und wurde zum Verkaufsschlager einer neuen Reihe.

Der 744 war einer der in Großbritannien gebauten Traktoren und führte einen Perkins-Sechszylinder.

Der kleine Nachkriegstraktor 22 war eine modernisierte Version des Modells 20 und wurde ab 1948 gebaut.

Das Modell Mustang löste den Traktor 22 ab und führte den gleichen Vierzylinder-Motor.

Mit seiner langen Kühlerhaube und klaren Linienführung sah der Mustang gut aus, doch er verkaufte sich schlecht.

Ein weiterer in Großbritannien gebauter Traktor von Massey-Harris, das Modell 745.

beliebt geworden, und so bauten viele Herstellerfirmen Traktoren, die damit liefen. Ferner gab es die Obstkultur- und die Weinberg-Version, beides Fahrzeuge mit Standardprofil, Spezialkarosserie (verkleidete Hinterräder) und einer Art Windschutzscheibe zum Schutz des Fahrers. Man baute auch einige wenige Exemplare des Special Cane mit hoher Bodenfreiheit. Auf dem europäischen Markt trug der 44 die Bezeichnung 744.

1946 kam das Modell 55 heraus, der größte Rad-Landtraktor, der seinerzeit zu haben war. Der 55 führte einen Vierzylinder-Benzinmotor und wurde bis 1955 hergestellt. 1949 präsentierte das Unternehmen eine Dieselversion, die einen Vierzylinder mit 6260 cm^3 Hubraum besaß. Gebaut wurde dieser Traktor nur als Standard-Vierräder; ebenso verhielt es sich mit den Modellen 55 Rice und 55 Wheatland. 1952 folgten zwei weitere Maschinen, der Colt und der M23 Mustang. Der Colt wurde nur zwei Jahre lang gebaut und führte einen F 124 von Continental; der Mustang löste das Modell 22 ab und verwendete den gleichen Vierzylinder (F 140). Beide Traktoren gab es als Standard-Hackfruchtdreirad, Einrad oder mit aufwärts gebogener Vorderachse (mit regelbarem Radstand). Sie waren aber auch als normale Vierradtraktoren zu haben.

Auf einem Sektor des Marktes hinkte Massey-Harris deutlich der Konkurrenz hinterher, und zwar nicht bei den Traktoren, sondern in Punkto Zubehör. Ende der 1940er-Jahre hatte die Firma Harry Fergusons Angebot abgelehnt, seinen TO-20 mitsamt allem modernen Zubehör zu produzieren. So musste man nun nach einem vergleichbaren, aber moderneren Traktor mit ähnlicher Zusatzausrüstung Ausschau halten. Ferguson hatte das Modell schließlich in die USA gebracht und Henry Ford seine neuartigen Ideen geschildert. Daraufhin waren die beiden mit einem einfachen Handschlag ins Geschäft gekommen. Nun ernteten Ford und Ferguson die Früchte dieses Deals. Massey-Harris war klar, dass man

1953 verkaufte Harry Ferguson seine Firma an Massey-Harris, und bald trugen die Modelle den Namen Massey-Ferguson.

Dieses Plakat präsentiert den 555 – er war einer der letzten Traktoren mit dem Markennamen Massey-Harris.

ohne den Kauf oder Bau eines vergleichbaren Traktorensystems zahlreiche Kunden verlieren und auf dem sich rasch entwickelnden Markt gefährlich weit zurückfallen würde.

In der Zwischenzeit verschlechterte sich das Verhältnis zwischen Ferguson und der Ford Motor Company. Henry Ford, mit dem er das Abkommen geschlossen hatte, war tot, und der neue Mr. Ford wollte gern selbst Traktoren bauen. Schließlich trennten sie sich und Ford brachte das Modell 8N heraus. Deswegen führte Ferguson einen Prozess (er betraf das per Handschlag zustande gekommene Abkommen mit Henry Ford), der sich jahrelang hinzog und den er schließlich gewann – jedoch nicht zu seiner vollen Zufriedenheit. Ferguson hatte in den USA ein weitverzweigtes Vertriebsnetzwerk aufgebaut, über das er seinen kürzlich importierten TE-20 verkaufte, der in England schon seit 1946 auf dem Markt war. Das Modell bekam für den US-Markt die Bezeichnung TO verpasst und wurde dort nach seinem Start 1948 ein Verkaufsschlager. Diese Traktoren verfügten offenbar über alle Vorzüge des Ferguson-Systems und jagten Ford 1951 gemeinsam mit dem neuen TO-30 (30 PS) große Marktanteile ab.

Ferguson war selbst ein großer Erfinder und hatte sich als junger Mann in alle möglichen Wagnisse gestürzt, doch im Alter wünschte er sich nur noch ein

Einer der ersten unter dem Namen Massey-Ferguson produzierten Traktoren: der 65 mit hoher Bodenfreiheit.

wenig Ruhe und Frieden. Er befasste sich gern mit Marketing und technischen Fragen, war aber nicht darauf versessen, auch die Produktion zu managen. So kam es, dass er einen Mann suchte, der seine Traktoren bauen und ihren Namen in die Geschichte einbringen sollte. Dabei kam es ihm glücklich zustatten, dass Massey-Harris ein ähnliches Arrangement anstrebte, und dieses Angebot konnte er einfach nicht ablehnen. So kam man ins Geschäft und unterzeichnete 1953 ein Abkommen, wonach Massey-Harris die Ferguson Tractor Company kaufte. Anschließend nannte sich die Firma Massey-Harris-Ferguson, woraus später schlicht Massey-Ferguson wurde.

Aus der Fusion von zwei Unternehmen ergeben sich oft Probleme: Verkaufsstellen werden überflüssig, die bisherigen Produktpaletten müssen harmonisiert bzw. ausgekämmt werden usw. So gab es anfangs ein paar Schwierigkeiten, die aber überwunden wurden. In der Zwischenzeit produzierten beide Marken weiter ihre jeweiligen Traktoren – aus dem 44 wurde im Jahre 1955 der 444 mit stärkerem Motor und Zweibereichs-Getriebe. Der 33 bekam ein neues Getriebe und hieß nun 333, und den großen 55 nannte man fortan 555. Der Ferguson TO-30 wurde zum TO-35 aufgerüstet und auch unter dem Namen Massey-Harris 50 vermarktet, während man den Ferguson F40 als Dreirad anbot.

Parallel zu alledem fand die große Umstrukturierung statt, und im Jahre 1957 machte sich Massey-Ferguson auf seinen kurzen und erfolgreichen Weg zum weltweit größten Traktorenproduzenten. Die neuen M-F-Traktoren erhielten nun das gemeinsame rotgraue Outfit, während der rot-gelbe Anstrich von Massey-Harris der Geschichte angehörte.

Schon bald klärte sich das Bild: die Basis der Produktpalette bildete nun der M-F TO-30, während man den alten Ferguson 35 zum M-F 50 aufrüstete sowie den neuen M-F 65 mit Continental-Motor und Sechsganggetriebe einführte.

Während das Unternehmen so eine neue Entwicklungsphase durchmachte, erfolgten weitere Umetikettierungen und Firmenkäufe. Jetzt erhielt das Modell Minneapolis-Moline (75 PS, Gvi) eine neue Karosserie in Rot und Grau; dieses als M-F 95 Super verkaufte Fahrzeug war der ideale Traktor für die Farmer des amerikanischen Weizengürtels und ein wahrer Verkaufsschlager. Ebenfalls neu hinzu kam

Ein umetikettierter Minneapolis-Moline Gvi. Hier tarnt er sich als Modell 95.

Hier erkennt man deutlich die Achse des Allradmodells 97, die es als Extra-Option gab.

Das Modell 97 war eigentlich ein Minneapolis-Moline. Damals hatte M-H keinen 100-PS-Traktor im Programm.

Das Modell Super 90 von 1962 war ein echter Massey-Ferguson-Traktor mit 68 PS.

das Modell Oliver 990, das man nach Umetikettierung und neuem Anstrich als M-F 98 verkaufte. Schließlich stellte M-F 1959 mit dem 60-PS-Modell M-F 88 einen eigenen PS-starken Traktor vor. Dieser führte einen Continental-Vierzylinder (4523 cm³), der sich mit Benzin oder Diesel antreiben ließ. Er wurde bis 1962 gebaut; aus dem gleichen Stall kam der 85, eine Hackfrucht-Version für den US-Markt. Da jedoch alle Welt immer stärkere Motoren verlangte, konnten sie die Erwartungen nicht erfüllen, und bis es soweit war, beschloss M-F, einen weiteren Minneapolis-Moline herauszubringen, den die Firma als MF97 tarnte.

Bis 1959 verwendete M-F von mehreren Fremdfirmen gelieferte Motoren, ohne jemals in größerer Anzahl eigene zu bauen. So fügte es sich gut, dass die Firma 1959 die Perkins Diesel Engine Company im englischen Peterborough erwarb. Perkins fertigte schon seit vielen Jahren Dieselmotoren, hatte einen guten Namen und besaß Niederlassungen in aller Welt – bald sollte es zum Marktführer bei Dieselmotoren werden. So war dies für M-F ein wichtiger Schritt, welcher der Firma nicht nur verschiedene Motoren bescherte, sondern sie auch zum Lieferanten machte. Von nun an vertrieb man selbstgebaute Motoren auch an Fremdfirmen.

Gegen Ende 1964 stellte M-F die nächste Serie von Kleintraktoren vor, die später als Red Giants bekannt wurden. Sie nahmen die Plätze der allmählich veraltenden Modelle 35, 40 und 50 ein. Die neuen Fahrzeuge wurden als 100er-Serie bezeichnet und hießen 135, 150 und 165. Diese eher kleinen Traktoren fertigte man in Großbritannien und Frankreich, die größeren M-F-Typen hingegen in den USA.

Das Modell 50 war ein mittelschwerer Traktor. Beachten Sie den Hinweis auf das Ferguson-System auf diesem Plakat.

Wenn dieses Modell 35 vertraut wirkt, liegt das daran, dass es sich vom alten, ganz grauen Ferguson ableitete.

Bei einer lokalen Traktorrallye präsentiert ein Farmer stolz sein Massey-Ferguson-Modell 130.

Kleinstes Modell der neuen 100er-Serie war 1964 der Massey-Ferguson 135.

Mit seinem Dreizylinder-Diesel ist der Massey-Ferguson 35X eine große Ingenieurleistung.

Der kleinste Traktor dieser Serie, der MF 135, ersetzte den MF 35 und behielt bis auf die kantigere Kühlerhaube, die Leuchten und die Vorderseiten der hinteren Kotflügel viele Merkmale des MF 35X bei. Beim Motor hatte der Käufer die Wahl zwischen dem Continental-Benziner (2196 cm³) und dem Perkins-Diesel (2491 cm³). Als Option gab es beim MF

Den 135 gab es in unterschiedlichen Versionen. Hier sieht man ein Schmalspurmodell für Weinberge.

135 ein Multi-Power-Getriebe, hydraulische Schieberventile, eine Allwetterkabine, ein Drosselpedal, einen gefederten Sitz und einen Zigarettenanzünder. Obwohl dieses Fahrzeug an sich schon das kleinste der Serie war, boten die Franzosen mit dem 300 ein noch kleineres an. Am anderen Ende der Skala stand der neue Traktor MF 165, der den 65 ablöste. Abgesehen von der überarbeiteten Karosserie ähnelte er in vielen Punkten seinem Vorgänger. Optional bot er u.a. Druckkontrolle (anstelle des Multi-Pull-Kupplungssystems) und wie sein Stallgefährte Multi-Power-Getriebe, hydraulische Schieberventile, Allwetterkabine, Drosselpedal, gefederten Sitz und Zigarettenanzünder. Die beiden größeren Traktoren hatten eine spezielle Frontpartie, welche das für den US-Markt so wichtige Ankoppeln von Hackfruchtgeräten ermöglichte, während die kleineren die Balken-Vorderachse des Vorgängermodells führten. Der 165 blieb nicht allzu lange der größte Traktor und wurde vom MF 175 abgelöst. Dieser hatte einen stärkeren Perkins-Motor, wurde aber seinerseits 1971 durch den MF 178 ersetzt, dessen Perkins-Diesel (4064 cm³) noch mehr leistete. Um jeden Stillstand zu vermeiden, modernisierte man bald das ganze Spektrum (nun hießen die Modelle 148, 168 und 188) und gliederte es in zwei Kategorien auf. Die Spar- oder Standardversionen verzichteten auf

Dieses Bild zeigt den Perkins-Dieselmotor des 1972 präsentierten Modells 148.

sämtliche Extras und zielten somit auf jene Farmer, die mit derart abgespeckten Traktoren vollauf zufrieden waren. Daneben gab es die Modellreihe Super spec, die mit allen neuen Finessen ausgerüstet war und daher auch deutlich mehr kostete.

Ein Werbeplakat für den damals größten Traktor, den M-F 1150 mit V8-Motor.

Die Klasse DX 1000 erlebte die Markteinführung des Traktors M-F 1100 (mit 110 PS starkem Perkins-Sechszylinder) und des M-F 1130, der den gleichen Motor mit Turbolader führte und so 120 PS erzeugte. Diese beiden Neuheiten kamen zwischen 1965 und 1973 auf den Markt. Im letztgenannten Jahr ersetzte man den Traktor 1100 durch das Modell 1105, dessen zusätzlicher Turbolader die Leistung erhöhte; es wurde vorwiegend für den kanadischen Markt gebaut. Damals löste auch das Modell 1135 den 1130 ab, wobei die Motorleistung abermals auf etwa 140 PS anstieg.

Im Jahre 1969 kam der neue Traktor M-F 1080 heraus: er leitete sich vom Modell 180 ab und führte einen Perkins-Diesel mit 81 PS (Zapfwelle). 1973 ersetzte man ihn durch den M-F 1085. Die stärkste Maschine dieser Periode war der nur zwischen 1970 und 1972 gebaute M-F 1150, welcher einen V8-Dieselmotor von Perkins besaß. 1973 brachte die Firma für die Märkte in den USA und Kanada die Modelle

Das Modell 1135 kam zu Beginn der 1970er als Ersatz für den älteren 1130 auf den Markt.

M-F 1135 und M-F 1155 heraus. Montiert wurden diese im kanadischen Werk.

Da man vor allem in den Vereinigten Staaten, wo sich die Farmen oft über Hunderttausende von Hektar erstreckten, ständig nach immer größeren und stärkeren Maschinen verlangte, verstand sich M-F als wichtiger Produzent. 1969 stieg man mit den Allradantrieb-Modellen 1500 und 1800 erst richtig ins Geschäft ein: Natürlich hatte es schon früher den Traktor GP mit Allradantrieb gegeben, aber dieser war nicht auf jene Anforderungen ausgelegt, die man seit den späten 1960er-Jahren stellte. Die meisten wichtigen Traktorenfirmen lieferten in den 1960ern Modelle mit diesem Antrieb, doch für den durchschnittlichen US-Farmer wurden sie erst 1969 attraktiv, als sich ihre Vorzüge klar abzeichneten. Als größten Traktor produzierte M-F seinerzeit den 1150 mit Zweiradantrieb, doch die Farmer forderten stärkere, und so kamen der 1500 und der 1800 heraus, die 153 bzw. 171 PS erzeugten. Obwohl sie damit schon mithalten konnten, boten sie als weiteren Vorzug eine standardmäßig schallisolierte Kabine mit mehr Platz und besserer Rundumsicht. Das reichte für eine Weile, doch der Wettbewerb verschärfte sich rasch, und Anfang der 1970er kamen neue, stärkere Modelle heraus. M-F wollte nicht zurückstehen und rüstete zunächst die 1000er-Serie zur 1005er auf.

Die Modelle 1505 und 1805 boten mehr Leistung, verstellbaren Radstand und optional Hinterachs-Zapfwelle. In den 1970er-Jahren waren Größe und Stärke angesagt, und die Entwicklung schritt beunruhigend schnell fort. M-F erkannte, dass man mit der Konkurrenz Schritt halten musste, und begann so im Werk Brantford (Ontario) die neue 4000er-Serie mit Allradantrieb zu bauen (4800, 4840, 4880 und 4900). Es waren die stärksten bis dahin bei M-F gefertigten Traktoren: das kleinste Modell war auf 225 PS ausgelegt, das größte auf 375 PS. Alle führten einen Cummins-V8-Motor (14800 cm^3) mit unterschiedlicher PS-Zahl und besaßen 18 Vorsowie drei Rückwärtsgänge – so war man der Konkurrenz gewachsen. Die Traktoren besaßen stabile Gelenkrahmen, sodass ihr Wendekreis nur knapp 5 m betrug. Alle verfügten über eine völlig selbstständige Zapfwelle (1000 U/min) und hatten topmoderne Kabinen. Diese Kommando-Module (wie manche sie nannten) verfügten über 4,5 m^2 getönte Scheiben, achtfach verstellbare Sitze, zwei Werkzeugkästen, einen Heckeisschrank, Heckscheibenwischer, Nebelleuchten, Standardheizung und Aircondition, ein AM/FM-Radio und einen Acht-Track-Player.

Die Maschinen waren also durch und durch modern, boten zahlreiche Standardkomponenten und wurden bis 1988 gebaut; dann modernisierte man sie erneut. Auf die Rekordabsätze der 1970er-Jahre folgte indes während der 1980er unvermittelt eine Krise. Viele Konkurrenten auf dem Markt für Allradfahrzeuge zogen sich ganz zurück, während andere ihre Anteile verkauften. Auch M-F hatte es schwer, als die Verkaufsziffern zu stagnieren begannen. 1988 ersetzte man die ganze Serie M-F 4000 durch ein einziges sehr großes Modell. Der 5200 war auf zwei Motorengrößen mit 375 bzw. 390 PS ausgelegt. Der Allradantrieb-Markt konzentrierte sich nun auf die Bandbreite um 350 PS statt – wie in den 1970er-Jahren – auf 400 bis 500 PS. Der 5200 war zwar ein großartiger Entwurf, doch bei M-F herrschte Kapitalmangel, und so verkaufte man ihn 1989 an die McConnell Tractors Ltd., welche ihn bis 1993 neben ihrer eigenen (gelben) Marke McConnell-Marc vertrieb. Das Modell war den meisten damaligen Konkurrenten weit voraus, aber 1995 sah sich McConnell damit überfordert und veräußerte die Produktlinie an die 1990 entstandene Firma AGCO.

Diese erwarb 1993 die Rechte an Massey-Ferguson, und als sie 1994 einen neuen Allradtraktor brauchte, begann sie in der AGCO/White-Fabrik Cold Water (Ohio) das Modell McConnell/M-F zu bauen. Dort modernisierte man den Motor und die Karosserie; so entstand der neue AGCO-Star, für den es verschiedene Detroit-Diesel oder Cummins-Motoren gab. Der Name M-F verschwand von den großen Maschinen, aber gegen Aufpreis konnte man Exemplare mit rotem M-F-Anstrich bestellen.

1973 war auch die kleinere Traktorenserie reif für

Die neue, in Brantford (Ontario) gebaute 4000er-Serie kam 1978 heraus. Hier sieht man den großen 4880.

Mit Allradantrieb und Gelenkchassis erledigt der Traktor Massey-Ferguson 1250 leicht jede Arbeit.

eine Modernisierung, und so wurde sie in Serie 200 umgetauft. Diese begann mit dem Modell 230, einem 34-PS-Traktor. Stärkste Maschine war der 82 PS starke 285; montiert wurden alle Fahrzeuge im Werk Banner Lane (England). Die Traktoren der Mittelklasse produzierte man mittlerweile im französischen Beauvais und im Werk Detroit (USA), die größeren hingegen in Kanada und in den USA.
Seit Mitte der 1970er-Jahre war nicht nur gesetzlich vorgeschrieben, dass Traktoren Kabinen haben mussten; der Schallpegel im Inneren durfte auch maximal 90 Dezibel betragen. Viele andere Firmen hatten für ihre Modelle bereits Kabinen entwickelt und gebaut, und M-F, das da nicht zurückbleiben wollte, beschloss, ein neues Modell mit integrierter Kabine zu produzieren. Der neue Traktor rollte 1976 aus dem Werk in Banner Lane und erhielt den Namen M-F 500. Als Modelle verfügbar waren der M-F 550, der den M-F 148 ablöste; der M-F 565 als Nachfolger des M-F 165; der den M-F 168 ersetzende M-F 575; der auf den MF 158/188 folgende M-F 590 und schließlich der M-F 595, der an die Stelle des seit 1973 für den US-Markt produzierten M-F 1080 trat. Bis 1979 hatten die Modelle der 500er-Klasse nur auf einer Seite eine Tür, was ihnen ausgesprochen unfreundliche Kritiken einbrachte; des-

Hier schickt sich der Massey-Ferguson 550 an, in Frankreich ein Boot an Land zu ziehen.

Mitte der 1970er-Jahre kam die 500er-Serie mit neuartiger Kabine auf den Markt. Im Bild das Modell 595.

Harry Ferguson einst vor vielen Jahren so hastig erbaut hatte, nachdem es zum Zerwürfnis mit der Ford Motor Company gekommen war.

Obwohl die Konjunktur der Landwirtschaft ein Tief durchmachte, war M-F klar, dass man die Geschäfte am Laufen halten musste. So ging man als nächstes daran, Ersatz für die 500er-Serie zu schaffen - die Serie 600 mit den Modellen 675 (66 PS), 690 (77 PS) und 698 (88 PS); alle wurden im englischen Banner Lane gebaut. 1984 kam als Ergänzung das Modell 699 hinzu; es führte einen Sechszylinder-Diesel von Perkins mit 5801 cm^3 Hubraum und hatte zwölf Vor- sowie vier Rückwärtsgänge.

Die nächste Überholung erfolgte bei der Serie 200, die 1986 zur 300er-Serie wurde. Die 200er waren bei den Farmern in aller Welt äußerst beliebt, zeigten

Die 300er-Serie von Massey-Ferguson war zuverlässig und schnörkellos. Hier sieht man die Version 362.

halb bekamen sie anschließen beiderseits Türen. Mitte der 1980er-Jahre wurden die Kabinen mitsamt dem Dach rot lackiert, und 1981 entwarf man für einige Modelle ein neues Kühlergitter, in das die Scheinwerfer integriert waren. Alle führten Perkins-Motoren; das kleinste, der M-F 550, besaß den Perkins AD3.152. Am anderen Ende der Skala gab es den M-F 595 mit einem Perkins AD4.318.

Die 1980er-Jahre waren für die US-Farmer eine schwere Zeit, in der die Verkaufszahlen in den Keller gingen, und auch M-F war davon betroffen. Die Lage verschlechterte sich derart, dass man beschloss, jenes Werk in Detroit zu schließen, das aber deutliche Alterserscheinungen,so wurden sie zum 340, 350, 355 und 360 aufgerüstet. Die Auswahl vermehrte sich damals um das Modell 399, dessen Perkins-Sechszylinder (5981 cm^3) 110 PS erzeugte. Die 300er-Traktoren waren billiger, einfacher und wendiger als jene der größeren 600er-Serie.

In den 1980ern stellte auch der französische Zweig von M-F in Beauvais eigene Traktoren her und brachte die neue Serie Topline 2000 heraus. Es handelte sich um mittelgroße Maschinen, die genau zwischen die kleineren Modelle britischer Produktion und die großen aus den USA und Kanada passten. Sie kamen 1979 auf den Markt und umfassten den

Die zuverlässigen Traktoren der 300er-Serie blieben bis in die 1980er im Einsatz (hier der 365).

2640, 2680 und 2720 – alle mit Perkins-Sechszylinder-Dieseln unterschiedlicher PS-Stärke. Im Jahre 1986 kündigte man eine Serie von 3000er-Traktoren an, die anfangs aus zwei Typen (3050 und 3090) bestand, zu denen später als Spitzenmodell der 3095 trat. Als die 2000er-Serie ein wenig veraltet zu wirken begann, traten an ihre Stelle die neuen 3600er, bei denen es sich im Grunde um etwas stärkere Versionen der 3000er handelte. Nur wenige Jahre später wurden auch jene Bestandteile der 3600er-Serie. Ein Sechszylinder-Perkins spendete nun mehr Kraft, und die neuen Modelle besaßen auch das neue Autotronic-System (es ermöglichte dem Fahrer eine bessere Kontrolle der Differentialsperre), Vierradantrieb und Zapfwelle-Wahl. Außerdem gab es hier Datatronic, ein Gerät, das den Fahrer über eine Digitalanzeige in der Kabine unmittelbar über das Funktionieren der Systeme informierte. Bis auf das Spitzenmodell führten alle Fahrzeuge Motoren der neuen Serie Perkins 1000, zu der das neuartige Quadram-Verbrennungssystem gehörte. Auch die Getriebe wurden damals verfeinert, und 1992 ließ M-F

Der 399, Spitzenmodell der kleineren 300er-Klasse, war ein tüchtiges Arbeitspferd der Firma.

1986 kündigte man die 3000er-Klasse an. Spitzenmodell war anfangs der 3090.

Die Traktoren der 3000er-Serie wurden im französischen Beauvais gebaut. Unser Bild zeigt das Modell 3080.

Zur neuen 3000er-Serie gehört der Traktor 3670 mit Sechszylinder-Turbodiesel.

Obwohl er nur zu den mittleren 3000ern gehörte, war der 3690 ein starker Traktor.

Hier sieht man das Modell 3630 mit Dreizylinder-Turbodiesel (5801 cm³) von Perkins.

das Dynashift-System entwickeln, bei dem sich die Spannweite der verfügbaren Gänge durch Elektronik weiter vergrößerte. Das System wurde ebenfalls in diese Klasse eingebaut, womit dem Fahrer noch mehr Gänge zur Verfügung standen. An die Stelle des bisherigen 18-Ganggetriebes trat eines mit 32 Gängen – jeweils für beide Richtungen! Traktoren spielten nun auf den Höfen eine größere Rolle und übernahmen immer mehr Aufgaben, sodass eine höhere Gangzahl ihre Vielseitigkeit steigern half. Heute (2006) ist diese immer wieder verbesserte Option als Dyna-6-System bekannt. Es basiert auf

Das Getriebesystem Dyna-6 stand seit den Traktoren der Klasse M-F 6400 zur Verfügung.

dem Erbe des Dynashift-Getriebes von M-F. Dyna-6 ist eine moderne Lösung, die dem Fahrer zwischen den 32 Vor- und Rückwärtsgängen von Dynashift und dem stufenlos variablen Dyna-VT eine weitere Getriebeart zur Verfügung stellt.

Bei Dyna-6 kann der Fahrer genau den Umfang der Getriebeautomatik bestimmen, den er gerade wünscht – Handschaltung, Halbautomatik oder Automatik. Einfachheit ist ein Hauptmerkmal dieses Systems, bei dem sich die verschiedenen Automatikstufen leicht einstellen und benutzen lassen.

Massey-Ferguson wurde schließlich von der AGCO Corporation aufgekauft – zuerst 1991 der US-Zweig, dann 1994 die übrigen in aller Welt.

Die Gesellschaft war damals erst vier Jahre alt und aus einer Reihe von Käufen und Fusionen hervorgegangen. Wieder einmal machte die Firma eine Phase der Rationalisierung durch, zahlreiche Traktorenlinien wurden ausgedünnt, um das Unternehmen zu verschlanken; 1995 kamen zwei neue Serien auf den Markt, die 6100er und 8100er. In den USA galten sie als PS-starke Maschinen und waren mit der neuesten Technologie ausgestattet. Zur Serie M-F 6100 gehörten drei Modelle – 6150 (86 PS), 6170 (97 PS) und 6180 (110 PS). Es gab sie in zahlreichen Spezifikationen, u.a. mit Zwei- oder Vierradantrieb. Der 6150 führte einen Vierzylinder-Motor mit Turbolader und Bypassventil, der 6170 und der 6180 einen Sechszylinder-Quadram-Motor von Perkins.

Um die Leistungsfähigkeit des 6280 zu demonstrieren, wurden vorn und hinten Geräte angekoppelt.

Mit seinem Perkins-Dieselmotor und vier Vorwärtsgängen war der 6270 ein vielseitiger Traktor.

Was die Serie M-F 8100 betraf, so umfasste sie vier Modelle, den 8120 (130 PS), den 8140 (145 PS), den 8150 (160 PS) und den 8160 (180 PS). Auch hier waren die drei Spitzenfahrzeuge mit Zwei- oder Vierradantrieb lieferbar.

Da man die meiste Aufmerksamkeit den mittleren und großen Traktoren zuwandte, fühlte sich Banner Lane in England irgendwie vernachlässigt. Das änderte sich jedoch 1997, als aus den alten 300ern die Serie 4300 wurde. Man verpasste ihr ein topaktuelles Styling, und das Spektrum reichte vom Dreizylinder-Perkins 4215 (52 PS) bis zum großen Sechszylinder-Perkins 4270 (110 PS). 2001 erhielten die Arbeiter im Werkkomplex Coventry Lane noch mehr gute Nachrichten: das Modell wurde abermals

Dieses Modell stammt aus der Ära nach dem Kauf von M-F durch AGCO: es ist der große Sechszylinder 6270.

Bei so einer Arbeitslast sind der Perkins-Turbodiesel und die acht Vorwärtsgänge unbezahlbar.

Der ab 1995 gebaute 8150 war ein mächtiger Traktor, dessen Motor 6604 cm³ Hubraum aufwies.

Der MF 9240 führt als Antrieb einen 110-PS-Turbolader mit Bypassventil vom Typ 4.50 SBT II.

aufgerüstet und AGCO versprach, 1,7 Mio. £ in diesen Standort zu investieren.
Die Firma hatte in den Monaten zuvor wegen einer weltweiten Absatzkrise auf dem Traktorenmarkt immer wieder mit Schwierigkeiten zu kämpfen, und die 1800 Arbeiter im Werk Banner Lane mussten bereits Kurzarbeit leisten. Ein Jahr zuvor hatte dort sogar die Schließung gedroht, als die AGCO-Manager warnten, man werde sich aus Großbritannien zurückziehen, falls das Land nicht der Eurozone beitrete. Der Traktor M-F 4200 verkaufte sich in aller Welt gut, und mehr als 90% der in Banner Lane produzierten Fahrzeuge gingen Jahr für Jahr in den Export. Eine Investition in der oben genannten Höhe zeugte jedoch von neuer Zuversicht, und die Stärke der M-F-Produktpalette würde dem Unternehmen mit modernisierten Modellen einst bessere Tage bescheren. Wie schon zuvor hieß das: wenn man während eines wirtschaftlichen Tiefs ein Produkt modernisierte, würde es sich auf einem erholten Markt gut verkaufen lassen, sobald wieder bessere Zeiten kämen. Aus der Serie 4200 wurde so die Serie 4300, und die dazu gehörigen Maschinen waren nicht nur vielseitiger, sondern dank einer umkonstruierten Kabine und Steuerkonsole auch bequemer zu bedienen. Alle 4300er-Traktoren weisen das Fastram-Verbrennungssystem auf, bei dem die Luft zur genau kontrollierten Krafterzeugung mit Hoch-

Das Exportmodell 4240 aus den 1990ern war nur einer unter vielen Traktoren der Serie 4200.

Ein trauriger Tag für das Werk Banner Lane in Coventry: die letzten Traktoren rollen vom Band.

Diese Anzeige hebt die Eignung des Modells 4200 als Schwerguttransporter hervor.

Der Sechszylinder-Turbodieseltraktor 4270 an einem nebligen Tag irgendwo in Frankreich.

Der Vierzylinder 4365 gehörte zur 4300er-Serie, deren Bau man nach Beauvais verlagerte.

Der in Frankreich gefertigte Traktor 4365 führt einen Perkins-Vierzylindermotor mit 95 PS.

Kein noch so tiefer Schlamm konnte den 8270 stoppen. Er hatte ein elektronisch gesteuertes 32-Ganggetriebe.

geschwindigkeit in die Brennkammer geleitet wird. Es gibt hier bis zu acht Getriebekonfigurationen: mit acht Vorwärts- und zwei Rückwärtsgängen ist die Handschaltung sparsam und verlässlich. Ebenso zuverlässig ist das Spitzensystem PowerShuttle mit je 24 Vor- und Rückwärtsgängen: es ermöglicht bei 5-13 km/h variable Einstellungen bei 11 Gängen.

Der größere, ebenfalls gut ausgestattete 8240 hatte einen Perkins-Sechszylinder sowie 32 Vor- und Rückwärtsgänge.

Dieser 8260 aus den späten 1990ern war ein Update des 8100 mit Autotronic und Datatronic an Bord.

Dieser topmoderne Sitz sorgte dafür, dass der Fahrer während der langen Arbeit bequem in der Kabine saß.

Weitere 4300er-Modelle sind der MF 4335 (65 PS), der MF 4345 (75 PS), der MF 4355 (85 PS) und der MF 4360 (90 PS).

Den Fahrkomfort steigerte man durch die wiederholte Überarbeitung der neuen Rundumsicht-Kabine. Der seitlich am Heck montierte Auspuff und die neu angeordneten Scheibenwischer verbesserten die Sicht, während die neue Steuerkonsole (rechts) sich

M-Fs neue kleine und leicht zu bedienende Landtraktoren-Klasse 2400 von 2005 dürfte kleineren Landwirten zusagen.

an natürlichen Armbewegungen orientierte und sämtliche Steuerelemente für Hydraulik und Dreipunkt-Hub beherbergte. Hinzu kamen bessere Temperaturregler zur Heizung bzw. Abkühlung und ein moderneres Armaturenbrett.

Ein wahlweise lieferbarer Systemleistungsmonitor ermöglichte zusätzliche Kontrollen. Die Hydralock-Differentialsperre war bei allen Allradmodellen Standard, und die neuen Getriebe vom Typ 24/24

Auf diesem kabinenlosen Modell 400 von 2005 ist der Fahrer gut für die kalte Witterung gerüstet.

PowerShuttle ermöglichten bei der Nenndrehzahl Geschwindigkeiten von nur 1,6 km/h.

Der Traktor war zweifellos ein großartiger Wurf und eindrucksvoll ausgestattet, aber leider nicht mehr ganz am Markt orientiert. Er hätte die beste Idee aller Zeiten sein können, doch mit dem falschen Preis verkaufte er sich einfach nicht – und der lag zu hoch, weil das gute alte Pfund zu stark war. Die Stabilität der britischen Währung behinderte nun den Absatz, während der Euro nicht nur einen besseren Wechselkurs bot, sondern fast auf dem ganzen Kontinent eingeführt war. So entschied man sich dafür, die Produktion im Werk Banner Lane zu stoppen, und als letztes Modell rollte dort der 4300 vom Montageband.

Die Schließung des Massey-Ferguson-Werks in Coventry am Freitag, dem 25. Juli 2002 vernichtete etwa eintausend Arbeitsplätze und war für die örtliche und nationale Wirtschaft ein schwerer Schlag.

AGCO hatte – wie schon früher angedroht – beschlossen, die Produktion in Frankreich und Brasilien zu konzentrieren: der Bau von Spezialfahrzeugen erfolgte nun in Beauvais, während einfachere Modelle im Niedriglohnland Brasilien (Canoas) gefertigt wurden. Im Zuge dieser Operation musste das berühmte Werk Banner Lane in Coventry schließen, womit im Landmaschinenbau eine Ära zu Ende ging. AGCO war 2001 mit 2,5 Mrd. US-$ Umsatz der weltweit drittgrößte Produzent. Die Büros der

Die Nutztraktorenklasse M-F 2400 von 2005 eignet sich ideal für Landwirte, Gartenbaubetriebe und Landschaftsbauer.

Mit ihrer schnörkellosen Ausstattung fügen sich die 4400er-Modelle genau zwischen die Serien M-F 2400 und M-F 5400.

Der 4430 ist ein robustes Arbeitspferd und ideal für kleine bis mittlere Viehzucht- oder Mischbetriebe.

Ein optimales Kraft-Gewicht-Verhältnis macht die 5400er-Serie von 2005 zum idealen Traktor für viele Aufgaben.

Leichte Bedienbarkeit und je 16 Vor- und Rückwärtsgänge lassen die 5400er jede Arbeit bewältigen.

Der 6455 mit seiner neu gestylten Karosserie ist der zweitkleinste Traktor der 6400er-Klasse.

Der 6455 von 2005 führt einen Vierzylinder-Diesel von Perkins, der 100 PS erzeugt.

Das Modell 6495 ist mit seinem Sisu-Sechszylinder noch nicht der größte Traktor seiner Klasse.

Der 6465 bildet etwa die Mitte der 6400er-Klasse und profitiert auch von ihren technischen Neuerungen.

Vorderansicht des 6455 mit der gefederten QuadLink-Vorderachse, die verhindert, dass der Traktor vorn oder hinten aufsetzt.

Die Kabine des Vielzweck-Traktors 7480 bietet ein großartiges 140°-Blickfeld auf die seitlich angekoppelten Geräte.

Konzernzentrale verblieben weiterhin in Coventry. Andernorts fuhr man fort Traktoren zu bauen, und 2005 startete die Produktpalette mit den hübschen, schnellen und leicht bedienbaren Kleintraktoren der Serie M-F 2400: konzipiert wurden diese als langlebige Allzweckmodelle für Kleinfarmer und Kommunen. Alle Fahrzeuge (2405, 2410 und 2415) sind mit abgasarmen, umweltfreundlichen Mitsubishi-Vierzylindern und Allradantrieb ausgestattet. Robuste, unkomplizierte Motoren in einer kabinenlosen Karosserie, die den strengen europäischen Lärmschutzbestimmungen entsprechen, machen den MF 400 zum Allround-Traktor – von Planierarbeiten auf dem Hof bis zum Futtertransport auf die Viehweide. Es gibt die Modelle 410 und 420, beide mit den neuesten Perkins-Dreizylindermotoren, die mühelos den Lärmschutzbestimmungen genügen und zu den leisesten ihrer Klasse gehören. Für Land- und Gartenbaubetriebe, Landschaftspfleger und Großmärkte bietet die vielseitige Allradklasse M-F 2400 (2430, 2435 und 2440) ideale Arbeitsgeräte, die auf kleinen Höfen ebenso verlässlich sind wie bei größeren Einsätzen. Alle führen abgasarme Motoren der Perkins-Serie 800 mit hoher Drehzahl für hohe Leistung, vielseitige Verwendbarkeit und sparsamen Verbrauch.

Für die Arbeit auf Weinbergen, Obstkulturen, Baumschulen, Gewächshäusern und Grünflächen sind die sehr kurzen und schmalen Modelle der Klasse M-F 3400 (3435, 3445 und 3455) erste Wahl (die letzten zwei gibt es nur mit Allradantrieb). Wer einen kleinen bis mittleren Betrieb mit Ackerbau, Viehzucht oder beidem führt und einen kleinen, möglichst vielseitigen Traktor sucht, ist mit der neuen Serie M-F 4400 (4435, 4445 und 4455, jeweils mit Pritsche oder Kabine) bestens bedient. Dank ihrer schnörkellosen Konzeption passen diese Traktoren genau in die Lücke zwischen dem M-F 2400 Utility und der größeren Serie M-F 5400.

Die vielseitige Serie M-F 5400 eignet sich hervorragend für zahlreiche Aufgaben in gemischten und Viehzuchtbetrieben. Der auf Schnelligkeit und Effektivität (auch auf den sparsamsten Höfen) ausgelegte M-F 5400 dürfte ein hochgeschätztes Mitglied von Farmerfamilien in aller Welt werden. Ihre Vier- und Sechszylindermotoren aus der Serie New Perkins 1100 und ein hervorragendes Kraft-Gewicht-Verhältnis machen diese Traktoren zu wahren Alleskönnern. Sie haben leicht bedienbare Speedshift-Getriebe mit je 16 Vor- und Rückwärtsgängen und eine riesige Auswahl an Zapfwellen-Optionen für alle Arbeits- und Anwendungsbereiche.

Die größte Auswahl an Motorstärken und Spezifikationen, ein optimales Kraft-Gewicht-Verhältnis und eine Vielzahl von Modellen, die sich ebenso gut für schwere Erdarbeiten und leichte „oberflächliche" Aufgaben eignen, bietet die neue, ungemein vielseitige Serie M-F 6400.

Mit ihrem neuen 24-Ganggetriebe vom Typ Dyna-6 (sechs In-Fahrt-Gangwechsel für jeden der vier Bereiche) sorgt sie als optimales Feld- und Transportarbeitssystem für beeindruckende Powershift-Flexibilität in einem breiten Geschwindigkeitsspektrum. Bei der Bedienung setzt die Serie M-F 7400 neue Standards. Die Traktoren haben Dyna-VT, ein stufenloses Getriebe, das die präzise Wahl der Drehzahl und relativen Geschwindigkeit ermöglicht. Das neue (optional verfügbare) System Datatronic III zur Informations-, Steuerungs- und Betriebskostenkontrolle erleichtert die Bedienung und steigert die Produktivität. Gesteuert wird es mittels einer neuen GTA-Konsole (Farbdisplay) und der neuen Computer-Software GTA100 Communicator zur exakten Verarbeitung der Gelände-, Fahrer- und Maschinendaten. Schließlich gibt es als neues M-F-Flaggschiff noch die Serie 8400 mit stufenlos regelbarem Dyna-VT-Getriebe und optimaler Ausstattung – mächtige Arbeitspferde mit höchster Leistung. Sie führt Sechszylinder-Sisu-Diesel mit Turbo-Zwischenkühlung und einer Drehzahlregelung, die sich an zwei auf Knopfdruck aktivierbare Drehzahlen „erinnert". So kann der Fahrer bspw. die Strecken- und Wendegeschwindigkeiten leichter einstellen und im Nu abrufen.

Im Jahre 2005 konnte sich die Fabrik in Beauvais, das modernste Traktorenwerk Frankreichs, rühmen, mehr als 800000 Fahrzeuge gebaut zu haben, von denen nahezu 70% weltweit in über 100 verschiedene Länder exportiert werden. Heute fertigt man dort die Modelle 8400, 7400, 6400 und 5400.

In Canoas werden seit über 40 Jahren Traktoren hergestellt; heute ist es die größte Traktorenfabrik Südamerikas und für 70% der brasilianischen Exporte sowie mehr als die Hälfte der dortigen Gesamt-

Aus der Vogelschau erkennt man gut die ausgetüftelten Bedienelemente, die beim 8400 erforderlich sind.

Die 600er-Serie von M-F: mächtige, für schwerste Arbeiten konstruierte Traktoren.

produktion verantwortlich. Derzeit entstehen dort die Traktoren 400, 600 und 5300 sowie Bausätze.

Santa Rosa ist das lateinamerikanische Zentrum für den Bau von Erntemaschinen. Die 1975 eröffnete Fabrik fertigt eine Reihe von Typen, u.a. Spezialausführungen für die Reisernte. Im dänischen Randers werden seit über 100 Jahren Landmaschinen produziert. Das dortige Ingenieurteam ist führend in der Entwicklung von Kombimaschinen und Marktführer bei der Anwendung von Elektronik.

Dieses Team entwickelte auch das Konzept des Precision Farming, das als einer der wichtigsten Durchbrüche in der modernen Nahrungsmittelproduktion gilt. Das Hesston-Werk in Kansas fertigt seit 25 Jahren Landmaschinen. Seine Ingenieure entwickelten in den 1970ern das Big-Baler-Konzept, das zu einem der Verkaufsschlager dieser Firma wurde. Heute gibt es hier 13 verschiedene Produktlinien, die zahlreiche Maschinentypen herstellen.

Die Produktpalette von M-F bietet Fabrikate für jede Art von Landarbeit in allen Teilen der Welt an. Traktoren, Erntemaschinen, Anhängegeräte, Gartengeräte für kommunale und private Nutzer, Quads und Gütertransportmaschinen – sie alle tragen das Warenzeichen von M-F, das Höchstleistung, Verlässlichkeit, Ausdauer, Bedienungskomfort und kompromisslose Qualität garantiert.

Dank ihres breiten Erfahrungshorizonts ist die Firma wirklich international; sie verkauft ihre Produkte über ein Netzwerk mit mehr als 500 Händlern in über 140 Länder in aller Welt – von Südafrika bis Amerika und von Indonesien bis Usbekistan.

Matbro/Terex

1990er–heute

TEREX Als der Matbro-Traktor in den 1990ern auf den Markt kam, zielte er auf einen ganz bestimmten Kundenkreis, nämlich jene Farmer, die eine Maschine für spezifische Arbeiten auf dem Hof brauchten. Allgemein als Hof-Rangierlok bekannt, konnte dieser Typ u.a. große Mengen Getreide schaufeln und schwere Strohballen anheben. Als Antrieb gab es verschiedene Fünfzylinder-Diesel von Perkins, für die auch Turbolader verfügbar waren; das Spektrum reichte dabei von 75 PS bis 114 PS. Die Serie verwendete ein Powershift-Getriebe mit Drehzahlkonverter von Clark, das vier Vor- und drei Rückwärtsgänge hatte.

Matbro war im südenglischen Tetbury ansässig und gehörte zu Powerscreen. Nachdem man größere Unregelmäßigkeiten in der Buchführung aufgedeckt hatte, stellte sich heraus, dass das Unternehmen – der drittgrößte europäische Hersteller von Teleskopladern – tief in der Krise steckte. Die Auswirkungen waren immens: die Firma musste Bankrott anmelden und die Produktion einstellen. Das wichtigste Fabrikat – einen Lkw für schweres Gelände – verkaufte

Diesen Fahrzeugtyp wird man nie auf dem Feld sehen: er dient ausschließlich zum Heben und Schaufeln.

man an John Deere, Powerscreen selbst an die Terex Corporation. Das Werk in Tetbury blieb der Hauptstandort für die Produktion der vorhandenen Matbro-Teleskoplader und wurde nach dem Erwerb von Powerscreen durch Terex 1989 zur Zentrale von Terex Lifting. Im Anschluss daran brachte die Firma erneut zwei Teleskoplader-Lkws für schweres Gelände (den T200 und den T250) auf den Markt, die nicht von John Deere aufgekauft worden waren. Die Produktion dieser Fahrzeuge lief im Jahre 2000 an. Die Modelle T200 und T250 wurden bis zum letzten Wochenende vor der Verlagerung in die Fermec-Fa-

Als überaus wendiger „Rangiertraktor" übernahm der Matbro auf einem neuen Arbeitsfeld eine Sonderrolle.

Einstiegsmodell der neuen Terex-Traktoren ist der T200, hier beim Antransport von Viehfutter.

brik in Manchester (November) in Tetbury gebaut. In Manchester waren durch die Einstellung der Minibagger-Produktion – Ende 2000 nachdem die Firma Fermec an Terex verkauft und die Baggerfertigung ins italienische Imola verlagert hatte – reichlich Produktionskapazitäten frei geworden. So wurde Manchester zum englischen Zentrum für den Bau des Terex-Staplers. Die bisherige Firma Italmacchine – heutiger Name Terex Lifting – blieb am bisherigen Standort in Italien.
2005 boten die Terex-Teleskoplader T200 und T250 weiterhin ein Drehflügel-System, und beide Maschinen führen moderne, abgasarme Motoren vom Typ Perkins Tier II. Sie haben permanenten Allradantrieb, Differentiale mit begrenztem Schlupf und an beiden Achsen Servobremsen. Die Wartung wird durch den leicht zugänglichen Motorraum erleichtert, und die Druckschläuche sitzen außen, damit man sie besser auswechseln kann. Der T200 führt als Einsteigermodell einen 100-PS-Turbolader mit Powershift-Getriebe (je vier Vor- und Rückwärtsgänge nebst Kickdown-Funktion). Das größere Modell T250 hat einen 120-PS-Turbolader mit Zwischen-

1998 kaufte Terex die Firma Powerscreen (Matbro). Das Bild zeig das Modell T250 von 2005 beim Verladen von Getreide.

Der für schwere Arbeiten gedachte Schwenkarm des T250 eignet sich ideal zum Transportieren und Stapeln von Heu.

Das Modell T250 führt einen 120-PS-Turbolader mit Zwischenkühlung. Seine große Kabine bietet eine gute Rundumsicht.

Das Modell T200 führt einen 100-PS-Turbolader; es hat vier Vorwärtsgänge und vier Rückwärtsgänge.

kühlung sowie ein Powershift-Getriebe mit vier Vor- und drei Rückwärtsgängen. Beide verfügen über geräumige, bequeme Kabinen mit leicht erreichbaren Instrumenten. Aircondition, Radialreifen, Pick-up-Kupplung und Luftpolstersitze sind nur einige der Extras des größeren Modells.

McCormick

2000–heute

Die Firma McCormick kann auf eine lange, glorreiche Geschichte zurückblicken. Benannt ist das Unternehmen nach seinem Gründervater Cyrus Hall McCormick. McCormick war eine unter mehreren Firmen, die am 12. August 1902 zur International Harvester Company fusionierten. Ende 1984 gab Tenneco, Eigentümer der Marken Case und David Brown, seine Absicht bekannt, bestimmte Aktiva der International Harvesters Agricultural Division zu erwerben. Dieser Deal kam schließlich 1985 zustande, und so geriet International Harvester unter die Kontrolle von Tennecos Case-Sparte. Von da an wurden alle Produkte der Landmaschinensparte von Case zu Case International umetikettiert.

Damit ist die Geschichte aber noch nicht zu Ende: 1999 strebte Case eine Fusion mit New Holland an, und sobald sich die Aktionäre geeinigt hatten, entstand die neue Firma Case New Holland Global N.V. (CNH). Die Regelungsbehörden der EU stimmten dieser Fusion unter der Bedingung zu, dass sich CNH vom Werk an der Wheatley Hall Road in Doncaster mitsamt den dort produzierten Traktoren C, CX und MXC (50–100 PS) sowie MX Maxxum und allem zugehörigen Know-how trennte.

2000 wurde die Fabrik nach Verhandlungen mit mehreren Interessenten von der italienischen ARGO S.p.a. erworben, die verkündete, dass die Produkte fortan wieder unter dem Markennamen McCormick vertrieben werden sollen und dort auch die Zentrale der McCormick Tractors International Ltd. entstehen sollte. Weitere Schwesterfirmen unter dem Dach von ARGO sind Landini, Laverda, Valpadana und Pegoraro. Im Januar des folgenden Jahres stimmten die EU-Behörden diesem Deal zu, und die McCormick Tractors International Ltd. nahm ihre Tätigkeit auf. Schon nach wenigen Tagen besaß man den ersten

Der McCormick-Raupentraktor ist die Ideallösung für Spezialbetriebe wie Bergbauern, Obstkulturen oder raues Gelände.

Zur XTX-Klasse gehören drei neue Modelle mit 173 bis 228 PS. Als Antrieb des XTX 200 dient der BetaPower-Motor.

Vertriebspartner in Übersee – die Firma Power Farming in Morrinsville (Neuseeland).

2001 verhandelte ARGO S.p.a. weiter mit CNH Global über den Erwerb des CNH-Getriebewerkes im französischen St.-Dizier. Dieser erfolgte im April, als CNH die Fabrik an ARGO verkaufte, wodurch sie zu McCormick France und damit zur Zentrale der Firmenaktivitäten in Frankreich wurde. So verschaffte sich McCormick in diesem Land eine Operationsbasis und für die Zukunft die Kontrolle über die Getriebefertigung; damit stieg die Zahl der Beschäftigten auf insgesamt 1100 an.

2002 vertrieb McCormick seine Produkte in ganz Europa, Australien, Neuseeland und Südafrika. Für den Absatz der Firmenerzeugnisse in den Staaten gründete man McCormick USA.

So kam es zur wahren Wiedergeburt eines Namens, der seit 150 Jahren die Landwirtschaft immer effektiver gemacht hatte. Das Produktionszentrum ist selbst eine Fabrik, in der man schon seit langem mit Erfolg Traktoren herstellt.

Als McCormick Tractors International Limited 2001 seine Tätigkeit aufnahm, lief im Januar die Produktion der neuen McCormick-Klasse von CX- und MC-Vierzylindertraktoren an. Vier Monate später war es bei der neuen MTX-Klasse mit Sechszylinder-Motoren soweit. Später im Jahr begann man in Doncaster mit der Fertigung von Teilen für den britischen und irischen Markt, während ein weiteres Werk in Frankreich die kontinentaleuropäischen Märkte bediente.

Zur Produktpalette des Jahres 2005 gehört die C-Serie mit 73, 84, 90 und 102 PS starken Modellen. Diese führen Drei- oder Vierzylinder-Diesel von Perkins, die für McCormick-Spezifikationen mit vier voll synchronisierten Getriebesystemen entworfen wurden. Die CX-Klasse (73, 84, 90 und 102 PS) umfasst robuste Allradtraktoren mit Drei- und Vierzylinder-Dieseln (Magerkonzept) mit hoher Drehzahl sowie Synchrongetrieben mit optionalen Powershift- und Kriechgängen.

Die Serie MC Power 6 (Sechszylinder mit 115 bzw. 132 PS) ist eine neue Traktorengeneration, die neu-

Zur CX-Klasse gehören Modelle mit 73, 84, 90 und 102 PS mit Allradantrieb und einem Vierzylinder-Diesel von Perkins.

Die MC-Klasse gliedert sich in Vierzylinder mit 90, 102 und 120 PS und Sechszylinder mit 119 und 136 PS.

Der Perkins-Sechszylinder 1106C (Ladeluftkühlsystem mit Nachkühler) entspricht den neuesten Abgasregelungen.

Der MTX BetaPower erledigt mit seiner Powershift-Viergangschaltung auch die schwersten Arbeiten.

Die Luxuskabine mit ergonomisch angeordneten Bedienelementen und Klimaanlage macht die Arbeit angenehmer.

Der MTX lässt sich je nach anliegender Aufgabe mit den unterschiedlichsten Anhängerkupplungen ausrüsten.

este elektronisch gesteuerte Motoren mit hervorragender Leistung und Effektivität führt.

Die MTX-Klasse (118, 131, 152, 168, 197 und 204 PS) verwendet starke, umweltfreundliche Motoren, ein Powershuttle-Schlupfgetriebe und hochwirksame Hydraulik sowie Zapfwelle. Eine Luxuskabine bietet optimale Sicht und ergonomisch angeordnete Bedienelemente; auch an langen Arbeitstagen ist so perfekter Komfort garantiert.

Außerdem gibt es eine Reihe kleiner Raupentraktoren, die als Pritschenversion erhältliche T-Serie, und zwei Obstkultur-Modelle mit Standard- oder weitem Radstand. Hinzu kommt die V-Klasse für Winzer.

Lieferbar sind auch die brandneuen XTX-Traktoren, zu denen drei Modelle der 173-22-PS-Klasse gehören. Die ZTX-Klasse (230, 260 und 280 PS) hat als Antrieb Cummins-Sechszylinder mit 24 Ventilen. Mit diesen drei Modellen steigt die Motorleistung der McCormick-Palette auf imposante 280 PS. Die neue F-Serie aus Drei- und Vierzylinder-Modellen deckt das Spektrum zwischen 58 und 98 PS ab, und die Klasse C-Max (58, 68, 81, 91 und 98 PS) füllt die Lücke zwischen den Serien CX und C; sie bietet eine üppigere Ausstattung als die C-Serie, ist aber sparsamer und schlichter als die CX-Traktoren konzipiert. Alles in allem ist die Produktpalette der neuen McCormick Tractors International Ltd. umfassender konzipiert, sodass sie alle Aufgaben abdeckt, die auf den Höfen anfallen.

Die Modelle der ZTX-Klasse (230, 260 und 280 PS) führen alle den Cummins-Sechszylinder mit 24 Ventilen.

Das Getriebe New ExtraSpeed bietet beim XTX ganze 32 Gänge, ferner bis zu acht für „On-the-go".

Die Kabinen der XTX-Klasse bieten jede Menge Bedienkomfort, sodass der Fahrer stets alles unter Kontrolle hat.

Mercedes-Benz /Unimog

1926–1991

Im Jahre 1902 erhielt Gottlieb Daimler für sein Lokomobil von der Deutschen Landwirtschafts-Gesellschaft einen Ersten Preis. Ein wirklich für alle Feldarbeiten geeignetes Modell stand jedoch erst 1913 zur Verfügung, als Daimler einen Motorpflug präsentierte. Dieses Gelenkmodell wog 6,6 t und war nicht mehr weit vom Konzept des „Traktors mit Anhängepflug" entfernt, der in den 1920er-Jahren vorherrschte. 1921 stellte Daimler solch einen Pflug-Traktor vor, der über 5 m lang war und 4 t wog.

Nachdem es 1926 zur Fusion von Daimler mit Benz gekommen war, verlief alles zugunsten des einstigen Konkurrenzmodells. Sein wichtigstes Merkmal war jener Dieselmotor, den man 1926 in einen Dreirad-Traktor eingebaut hatte. Benz hatte dieses etwas unheimlich wirkende Modell mit einem einzigen, walzenartigen Antriebsrad von 1,40 Meter Durchmesser unmittelbar nach dem Ersten Weltkrieg gemeinsam mit dem Münchner Motoren- und Traktorenbauer Sendling entwickelt. Sein Schwerölmotor diente eigentlich nur zur praktischen Erprobung des Vorkammer-Diesels, bevor man jenen ein Jahr später erstmals in einen LKW einbaute. Indes wurde auch der Traktor mit Dieselmotor ein Verkaufsschlager.

Der Prototyp fand auf der Königsberger Landwirtschaftsausstellung sogleich einen Käufer. Zwei weitere Prototypen folgten, bevor ein Jahr darauf der dieselbetriebene Traktor Benz-Sendling S6 mit Einzelantriebsrad in Serie ging. Insgesamt konnte Benz-Sendling bis in die frühen 1930er-Jahre 1118 dieser Dreiräder verkaufen.

Der Hauptgrund für die Konstruktion mit nur einem Antriebsrad (und auch die von Daimlers Pflug-Traktor mit zwei eng benachbarten Hinterrädern) lag darin, dass man in diesen Fällen kein Differential benötigte. Schon bald stellte sich aber heraus, dass

Der frühe Benz-Sendling-Traktor: hier wird der Traktor noch wie ein Zugtier vor den Pflug gespannt.

dieser Vorteil auf Kosten der Stabilität erzielt worden war – der Traktor kippte nämlich sehr leicht um! Deshalb entwickelte Benz-Sendling im Jahre 1923 den vierrädrigen BK-Dieseltraktor, der auch als Variante mit Vollgummireifen zu haben war. Er war der unmittelbare Vorläufer des Modells OE.

Ein Werbeplakat für den Dieseltraktor von Mercedes-Benz. Die Wirtschaftskrise ließ ihn nicht zum Verkaufsschlager werden.

Käufer entscheiden sich aber nicht immer aufgrund ihrer technischen Kenntnisse: während die Dreirad-Traktoren ungemein gut liefen, stießen ihre vierrädrigen Brüder auf große Zurückhaltung. Dieses Schicksal teilten sie mit ihrem Nachfolger, dem Modell OE, das überdies, um alles noch schlimmer zu machen, zu einem ungünstigen Zeitpunkt auf den Markt kam.

Nach der Fusion von 1926 befassten sich Daimler und Benz vorrangig mit der Neuorganisation ihrer jeweiligen Geschäftsfelder. Später ließ Benz-Sendling seine Traktoren bei der ostpreußischen Firma Komnick bauen – daher die Bezeichnungen BK–B vom Benz-Dieselmotor und K vom Komnick-Chassis. Der OE hingegen entstand im Werk Stuttgart-Untertürkheim. Bis dieses Modell serienreif war, verstrichen jedoch zwei Jahre, und schon bald darauf schwächte die Weltwirtschaftskrise die Kaufkraft potenzieller Kunden erheblich.

In den 1920er-Jahren war es nicht gerade leicht, mit einem neuen Traktor auf dem deutschen Markt Erfolg zu haben: es gab 70 rivalisierende Hersteller. Der in großer Zahl gebaute und deutlich billigere Fordson-Traktor drohte alle anderen Modelle zu verdrängen. Als man seine Einfuhr 1924 nicht länger beschränken konnte, griff die deutsche Regierung auf das Mittel zurück, den Käufern deutscher Produkte Sonderkredite zu gewähren. Der OE war jedoch weit mehr als eine bloße Imitation seines US-Rivalen. In Deutschland konnten nur zwei Traktorentypen erfolgreich mit dem Fordson konkurrieren, und beide wurden am Fließband gebaut. Einer davon war der WD von Hanomag, ein unmittelbarer Rivale in der unteren Gewichtsklasse, preiswert und mit technischen Verbesserungen. Der andere Konkurrent war der OE von Mercedes-Benz, welcher eher dem Lanz Bulldog glich.

Der Bulldog führte jedoch keinen Diesel, sondern einen Glühkopf-Schwerölmotor. Die Ähnlichkeit des OE mit dem Bulldog betraf die Abmessungen, das Gewicht, die Motorleistung, die Geschwindigkeit und die Untersetzung des Dreiganggetriebes. Seitlich angeordnete Schwungräder, von denen eines – genau wie beim Lanz-Fahrzeug – die Kupplung enthielt, sorgten auch äußerlich für eine Verwandtschaft. Der OE war allerdings weit mehr als eine dieselbetriebene Kopie des Lanz Bulldog. In vielen technischen Einzelheiten betrat er Neuland und trug so merklich zur Erleichterung der Landarbeit bei. Der Dieseltraktor von Benz-Sendling mit seinem Einzelantriebsrad – der erste Dieseltraktor der Welt – war ein solcher Erfolg, dass sein in vieler Hinsicht deutlich besserer Nachfolger Anlass zu großen und berechtigten Hoffnungen gab. Obwohl die Kunden positiv reagierten, verkaufte er sich nicht besonders gut: zwischen 1925–31 fanden nur 888 der S7-Dreiräder einen Käufer, bis 1935 optierten nur 380 Kunden für den OE. Als der Anteil des OE an den neu registrierten Traktoren im Jahre 1933 einen absoluten Tiefpunkt erreichte, stellte die Firma seine Produktion ein. Erst nach dem Zweiten Weltkrieg sollte das Unternehmen abermals Landtraktoren herstellen.

Im Herbst 1945 legte Albert Friedrich, der zuvor Chefkonstrukteur der Flugzeugmotorenabteilung von Daimler-Benz gewesen war, erste Entwürfe für einen Landtraktor vor. Friedrich stellte ein Team aus Entwicklungsingenieuren zusammen und gewann die Firma Erhard & Söhne aus Göppingen als Partner für dieses Projekt. Die Großserienproduktion des Unimog lief 1948 in der Maschinenfabrik Boehringer in Schwäbisch Gmünd an. Da man sehr viel Geld investieren musste, um ein wirtschaftlich tragbares Produktionsvolumen zu erreichen, nahm sich Daimler-Benz im Herbst 1950 des Projekts an. Die Produktion begann dann 1951 im Werk Gaggenau.

Der Unimog war ein ungewöhnlicher Traktor (wenn man ihn so nennen wollte), tat seine Arbeit jedoch gut.

Dieses frühe Unimog-Werbeplakat schildert seine vielseitigen Einsatzmöglichkeiten als Lkw und Traktor.

Dieses französische Plakat wirbt für den Unimog als Traktor, Transporter und Industriefahrzeug.

Der Unimog war zweifellos sehr anpassungsfähig. Man konnte vorn und hinten Geräte ankoppeln.

Der Unimog war zweifellos eher ein Lkw als ein Traktor, aber unabhängig davon überaus vielseitig.

Hier sieht man eine Spezialausführung des Unimog, die als Ackersprüher ausgerüstet wurde.

Der Stern von Mercedes-Benz ist hier gut zu erkennen. Auch an der Frontseite gab es Befestigungspunkte.

Dieses Bild zeigt die 1600er-Turboversion des MB Trac, einen mächtigen Allradtraktor.

Ab 1953 war der Unimog mit dem Mercedes-Stern geschmückt, und im gleichen Jahr gesellte sich zur älteren Faltverdeck-Version eine Ausführung mit rundum geschlossener Kabine. Der rasche Fortschritt in der Modellpolitik führte dazu, dass man im Mai 1966 bereits das 100000ste Fahrzeug produzierte. So erfolgreich der Unimog aber auch war – in der Landwirtschaft kam er kaum zum Einsatz. Um dieses Marktsegment abzudecken, brachte Daimler-Benz daher 1972 den MB Trac heraus. Dieser neue Landtraktor verband Elemente der Unimog-Technik (u.a. den Allradantrieb und die Kraftübertragung auf vier gleichgroße Räder) mit dem Äußeren eines Traktors – einer langen, sehr schmalen Kühlerhaube, hinter der eine hohe, kantige Kabine aufragte. Anders als üblich saß jene zwischen den Achsen und war rundum geschlossen – der MB Trac war sozusagen der Pkw unter den Traktoren. In wenigen Jahren entwickelte sich aus den ersten Modellen MB Trac 65 und MB Trac 70 (später 700) eine große Serie, die bis zum ungemein starken MB Trac 1500 reichte. Dennoch wurde der MB Trac kein Verkaufsschlager. Daimler-Benz brachte ihn schließlich in ein Joint Venture mit dem Landmaschinenhersteller Deutz ein, und 1991 lief die Produktion des MB Trac aus.

Mit dem MB Trac von 1973 tauchte der Name Mercedes-Benz auch bei Traktoren wieder auf.

Der MB Trac besaß an beiden Enden Dreipunktkupplungen. Der Entwurf wurde an Schlüter verkauft.

Minneapolis-Moline

1926–1969

Die Traktorenfirma Minneapolis-Moline entstand 1929 durch die Fusion von drei Unternehmen, der Moline Implement Company, der Minneapolis Threshing Machine Company und der Minneapolis Steel & Machinery Company. Alle Drei waren schon einige Jahre vor ihrer Verschmelzung im Geschäft gewesen.

Um 1886 hießen die Pflüge von John Deere bei den Farmern des Mittleren Westens „Moline plows" – so hatte John Deere seine Geräte genannt. Leider gab es vor Ort eine gleichnamige Firma, die ihr eigenes Fabrikat so bezeichnen wollte. Ein Unternehmen namens Candee, Swan & Company legte sogar einen Katalog vor, in dem die nicht von John Deere stammenden Produkte gleichsam wie im Spiegel abgebildet waren und sogar das Deere`sche Warenzeichen trugen. Das sorgte unter den örtlichen Farmern für Unruhe und Verwirrung, da sie kaum feststellen konnten, welches Fabrikat sie nun kauften. 1867 forderte Deere Candee, Swan & Co. vor Gericht, doch Mitte 1868 wurde C, S & C wegen finanzieller Probleme verkauft und in The Moline Plow Company umbenannt. Das Verfahren endete 1869 mit einem überwältigenden Sieg für John Deere. Leider wurde beim Supreme Court von Illinois Berufung eingelegt, welcher das Urteil der Ersten Instanz kassierte – ein zeitweiliger Rückschlag für Deere, welcher der Moline Plow Company jedoch half, zu einem führenden Hersteller zu werden. Es war nicht das letzte Mal, das beide Firmen aneinander gerieten: Deere sollte mit seinem Rivalen auch bei der Fertigung von Pflügen und Traktoren konkurrieren.

1915 erwarb die Moline Plow Company die Universal Tractor Manufacturing Company in Columbus

Initiale und Plakette zeigen, dass es sich um den Traktor der Minneapolis Threshing Machine Company handelt.

Der Vierzylinder Moline Universal aus den 1920ern war ein erfolgreicher, sehr beliebter Pflug.

Das Modell Twin City 16-30 mit wassergekühltem Vierzylindermotor hätte auch ein Pkw sein können.

(Ohio), um so in den Markt für Motortraktoren einzusteigen. Die Produktion des Universal-Traktors wurde nach Moline verlagert, ein neues Fabrikgebäude errichtet und die Maschine in diesen Räumlichkeiten montiert. Der Moline Universal Tractor – wie man ihn später nannte – war ein Zweiradmodell, das vom Farmer gelenkt und von den Pferden gezogen wurde. Dafür gab es auch eine Reihe von Anhängegeräten. Das Modell besaß – was ein sehr ungewöhnlicher Zug für die damalige Zeit war – einen Starter und elektrische Leuchten; es galt als erster echter Hackfruchttraktor.

Im Jahre 1917 stellte man auch das größere Traktormodell D her: es führte einen Vierzylinder-Motor der Root & VanDervoort Engineering Company in Moline. Die Konstruktion war für ihre Zeit fortschrittlich ausgefallen; der Hersteller behauptete zwar, das Modell D könne sechs Pferde ersetzen, doch der Käufer brauchte deshalb keineswegs all seine pferdebespannten Geräte abzuschaffen.

Nach dem Ersten Weltkrieg wurde die Firma von John N. Willys übernommen, der den Universal-Traktor noch bis in die 1920er baute. Zu seiner Zeit begann der Traktorboom abzuflauen; Willys fand seine Partner ab, und das Unternehmen änderte seinen Namen in Moline Implement Company. Die Zeiten waren jedoch schwer und kurz darauf wurde der Konzern an International Harvester verkauft. Die Firma, die sich nun ganz auf das Gerätegeschäft konzentrierte, verschmolz 1929 mit der Minneapolis Steel & Machinery Company und der Minneapolis Threshing Machine Company zur Minneapolis-Moline Power Implement Company.

Die Minneapolis Threshing Machine Company war in Hopkins (Minnesota) von John S. McDonald gegründet worden, und zwar als Ableger der Fond du Lac Threshing Machine Company. Anfangs (um 1887) kannte man sie vor allem wegen ihrer Dreschmaschinen, doch sie begann auch mit dem Bau von Dampftraktoren und erwarb sich bald bei den Getreidefarmern der USA und Kanadas einen guten Ruf. Um 1911 wurden die Dampfmaschinen allmählich von kleineren, modernen Traktoren abgelöst, und so stellte die Firma schließlich Walter I McVicar ein, um den neuen Traktor Minneapolis 35-70 zu entwerfen. Diesem folgten das Modell 15-30 und später noch größere Maschinen. Gegen 1928 sah das Unternehmen jedoch ein, dass es allein nicht gegen die Konkurrenz bestehen konnte, und nachdem es von der anstehenden Fusion der Minneapolis Steel & Machinery Co. mit der Moline Implement Company erfahren hatte, beschloss es, nach Möglichkeit daran teilzunehmen. Als man dieses Angebot annahm, entstand am 30. März 1929 die Minneapolis-Moline Power Implement Company.

Dritter im Bunde war die Minneapolis Steel & Machinery Company, welche 1902 von J. L. Record und Otis Briggs in Minneapolis gegründet worden war. Ihr Geschäftsfeld bildete zunächst die Produktion von Stahlkomponenten für die Bauindustrie. Im Jahre 1910 beauftragte sie die Joy-Wilson Company in Minneapolis mit dem Entwurf eines Traktors, der als Modell Twin City 40 bekannt wurde. Der größte von Twin City gebaute Traktor war der riesige 60-90, der stattliche 14 t auf die Waage brachte. Dieses Fahrzeug führte einen mächtigen Sechszylinder-

Das Logo auf dem Kühler verrät es: dies ist ein Twin City, hier das Modell 27-44 von 1928.

In der Nahansicht erkennt man den Auspuffkrümmer dieses Twin City 27-44 aus dem Jahre 1928.

Motor mit 36543 cm³ Hubraum und war perfekt am Platz, wenn es galt, eine Dreschmaschine zu ziehen. Mit maximal 3,2 km/h war er zwar nicht überragend schnell, aber gewiss allen damals auf dem Markt befindlichen Großmaschinen überlegen. Es hatte auch eine „kleine Schwester“ mit Namen 40-65, die in Wirklichkeit der zweitgrößte jemals bei Twin City gebaute Traktor war. Während man diese Maschinen fertigte, stellte Twin City fest, dass die Fahrzeuge beachtliche Verkaufsschlager waren.

So begann die erfolgreiche Aktivität des Unternehmens im Traktorengeschäft, und bald baute es auch

Die Ablösung des Modells JT bildete der Z, welcher auch eine Stromlinienkarosserie bekam.

Maschinen für andere Firmen, z.B. die Case Threshing Machine Company und die Bull Tractor Company. Schon bald erkannte man, dass die riesigen damals gefertigten Traktoren bald aus der Mode kommen würden, und so wurde mit dem Bau kleinerer, wirtschaftlicherer Modelle begonnen; auf diese Weise entstand eine neue Serie von leichten Twin-City-Traktoren. Einer davon war das stärker an traditionelle Typen erinnernde Modell 16-30 mit seiner geschlossenen Karosserie. Er kam 1917 auf den Markt und führte einen wassergekühlten Vierzylinder-Motor mit 9635 cm^3 Hubraum, war also um einiges kleiner als die zuvor produzierten Giganten.

Wie viele andere Unternehmen dieser Zeit sah die Firma jedoch ein, dass sie allein nicht überleben konnte; so begannen mit der Moline Implement Company und später der Minneapolis Threshing Machine Company in Hopkins (Minnesota) Verhandlungen über eine Fusion. Wie wir bereits erwähnten, wurde diese am 30. März 1929 vollzogen, und damit war die Minneapolis-Moline Power Implement Company komplett.

Es war vielleicht nicht der günstigste Zeitpunkt für den Einstieg in den Landmaschinenbau, erlebten die 1930er-Jahre doch eine der größten Wirtschaftskrisen aller Zeiten. Die drei Firmen hatten gut daran getan, ihre Kräfte zu bündeln, und obwohl die Geschäfte auf dem Landmaschinenmarkt nicht gerade glänzend liefen, gelang es ihnen doch, einige interessante neue Produkte herzustellen. Die meisten älteren Traktoren der Minneapolis Threshing Machine Company und der Minneapolis Steel & Machinery Company waren entweder schon oder spätestens in wenigen Jahren veraltet. Der anfangs von der Minneapolis Steel & Machinery Company gebaute Twin City 17-28 wurde etwa bis 1935 hergestellt, und der 1920 auf den Markt gebrachte 17-30

Es war verzeihlich, wenn man dieses Fahrzeug für einen Lkw hielt: tatsächlich ist dies aber der Minneapolis UDLX.

Der UDLX besaß einen geschlossenen Motorraum und eine bequeme Kabine.

der Minneapolis Threshing Machine Company behauptete sich bis ins Jahr 1934.

1929 kam das Vierzylinder-Modell Minneapolis-Moline Twin City KT (Kombination Tractor) heraus, dem einige Jahre später eine Version für Obstkulturen folgte; den Hauptunterschied bildeten dabei die typischen Radläufe, welche die Hinterräder fast ganz verdeckten. 1934 erfuhr das Modell eine Überholung und wurde so zum KT-A. Mit dem Universal 13-25 kam 1931 der erste Hackfruchttraktor auf den Markt. Er verwendete ebenfalls einen Vierzylinder-Motor und wurde 1934 vom Modell J abgelöst; beide waren Dreiräder. Im Jahre 1935 erfolgte dann eine Modernisierung der Modelle FT und MT (beide mit Vierzylinder-Motor von Minneapolis-Moline), deren Typenbezeichnung als Hinweis darauf um ein A ergänzt wurde. 1936 trat an die Stelle des gut aufgenommenen Modells J das Modell Z, ein wassergekühltes Vierzylinder-Fahrzeug mit Fünfganggetriebe, mit dem man Neuland betrat. Großer Wert wurde auch darauf gelegt, dass die Farmer ihren Traktor selbst warten konnten; deshalb hielt man die Mechanik möglichst einfach. Um die Sicht für den Fahrer zu verbessern, verjüngte sich die Kühlerhaube nach vorn. So hatte man alle vor die Maschine gekoppelten Geräte besser im Blick.

1938 erwarb M-M einen außergewöhnlichen Traktor, den UDLX (U-Deluxe) Comfortractor. Er war mit keinem der früheren Modelle vergleichbar und ähnelte äußerlich eher einem normalen Pkw. Seine Karosserie war rundum geschlossen, und die Kabinentür lag im Heck. Es gab Scheinwerfer, Heizung, Radio und sogar einen Beifahrersitz. Als Antrieb diente ihm ein Standard-Vierzylindermotor vom Typ U, und das Fünfganggetriebe besaß einen extra hohen Spitzengang, um auf eine Geschwindigkeit von 84 km/h zu kommen. So sollte der Farmer etwa mit seiner Familie abends eine Spritztour in die nächste Stadt unternehmen können. Den meisten stand aber nicht der Sinn danach, oder sie hatten

Dieses Modell U von Minneapolis-Moline gab es als normalen Hackfrucht- und als Standardprofil-Traktor.

Der große Vierzylinder GTA leitete sich vom GT aus dem Jahre 1938 ab und blieb ein Verkaufsschlager der Firma.

Der kleinste MM-Traktor in den 1930er-Jahren war das Modell R. Es führte einen 2,7-l-Motor.

Die G-Modelle von Minneapolis-Moline waren innovativ, verkauften sich gut und wurden bis in die 1960er eingesetzt.

schlichtweg zu wenig Geld. 2000 US-$ waren damals für die Mehrheit der Farmer ein gewaltiger Batzen Geld, und kaum einer wollte diese Summe ausgeben, nur um in einer Kabine zu fahren. Das Modell eilte seiner Zeit weit voraus, doch man stell-

In beiden Weltkriegen lieferten die Traktorenfirmen militärische Ausrüstung. Dieser Traktor ging an die US Navy.

te die Produktion schon 1939 wieder ein; gebaut wurden insgesamt nur etwa 150 Stück.
Zur gleichen Zeit wie das Modell U kam der zwischen 1938 und 1941 gefertigte GT auf den Markt. Dieser führte den LE-Vierzylinder von M-M und war ein Fahrzeug mit Standardprofil. Nach einigen kleineren Veränderungen wurde er zum GT-A (am gelben Kühlergitter erkennbar, beim GT war es rot), den man bis 1947 baute. In diesem Jahr wurde der GTB angekündigt, dem das Modell LPG folgte; der GTC war etwa 1951–1953 in Produktion.
1941 traten die USA in den Zweiten Weltkrieg ein, und wie alle anderen Traktorenkonzerne musste auch M-M seinen Beitrag zur Rüstung leisten. Man lieferte Traktorenchassis an die Alliierten, produzierte Munition, Panzerteile und vier verschiedene Mili-

Dieses Bild zeigt das im Zweiten Weltkrieg gebaute Modell ZTX, einen Schwerlasttraktor.

tärtraktoren mit Zwei-, Vier- und Sechsradantrieb. Als der Krieg vorbei war, brachte die Firma neue und modernisierte Traktoren heraus, z.B. die U-Serie: der 1948 präsentierte UTS führte einen Vierzylinder-Motor; der mächtig aufgerüstete Hackfruchttraktor UTU kam im gleichen Jahr auf den Markt und blieb bis 1955 im Programm.
1954 wurde die speziell für den Zuckerrohranbau gedachte Version UTC vorgestellt. Sie war leicht an

Dieses Modell UTS weist die große Bodenfreiheit auf, die man beim Zuckerrohranbau benötigte.

Hier sieht man einen Standardprofil-UTC mit wassergekühltem Vierzylinder-Motor.

ihrer „Hochbeinigkeit" und der aufwärts gebogenen Vorderachse zu erkennen.
1951 erwarb M-M die B. F. Avery Company in Louisville, deren BF-Traktor sie noch bis Mitte der 1950er-Jahre baute. Er füllte als Kleintraktor offenbar eine Lücke in der Produktpalette. Noch hilfreicher war das Avery-Modell V, ein Einzelpflug-Traktor, der noch kleiner als der BF ausfiel; beide führten einen Vierzylinder-Hercules-Motor. Obwohl das damals eine vernünftige, gelungene Lösung zu sein schien, funktionierte es aus irgendeinem Grund nicht, und nach wenigen Jahren nahm man beide aus dem Programm.
Während des Koreakrieges baute M-M abermals Traktoren für das Militär. In der Türkei entstand ein neues Werk, wo Dieselfahrzeuge der U-Serie gefertigt wurden. Damals führte M-M auch jenes völlig

Der kleinste Nachkriegstraktor von Minneapolis-Moline, das Modell V, war ursprünglich ein Avery.

Nicht verwechseln: hier sieht man das Modell G mit angekoppeltem Anhänger.

neuartige, als Uni-Tractor bekannte Modell ein, das die Ernte der Feldfrüchte völlig revolutionierte (oder es zumindest sollte). Es war eine Art Allzwecktraktor, an den man die unterschiedlichsten Anhängegeräte ankoppeln konnte. Leider fielen die Kosten aller zu diesem Modell passenden Geräte jedoch ein wenig zu hoch aus. Der Uni-Tractor hatte Frontantrieb und wurde mit Hilfe des hinteren Einzelrades gelenkt. Der Fahrer thronte hoch oben vorn und hatte eine gute Rundumsicht. Von der Seite wirkte dieser Traktor mit all seinen Treibriemen und Antriebsscheiben wie ein geöffnetes Uhrengehäuse. Schließlich verkaufte man den Entwurf an New Idea, wo man daraus größere Maschinen entwickelte.

In den späten 1950er- und frühen 1960er-Jahren hatte alle Welt neue Ideen, und die Losung des Tages lautete „Mehr Kraft!“ Also führte auch M-M Servo-

Der Motor des Modells G in Nahansicht: dieser Vierzylinder war ein Eigenprodukt der Firma.

Dieser Blick zwischen die Fahrersitze lässt gut die Bedienelemente des Modells G erkennen.

lenkung, Drehzahlerhöher, Dreipunkt-Kupplung, getriebeunabhängige Zapfwelle und (mittlerweile recht vertraute) hydraulische Mehrfach-Auslassventile ein. Der später in JetStar umbenannte 335 und der nachmals Four Star getaufte 445 erhielten bei ihrem Erscheinen die gleiche Ausstattung.
Das Streben nach immer stärkeren Motoren ließ die PS-Zahl bis auf 100 ansteigen. 1962 wurde die Vorderachsunterstützung Standard, und 1969 präsentierte man einen voll gelenkigen Allrad-Traktor.

Nichts als Zähne, Räder und Gurte – so sah der Uni-Tractor von M-M aus.

Auf diesem Bild sieht man das Modell Minneapolis-Moline 4-Star Super, das 1957 den 445 ablöste.

Die genannten Modelle gehörten zu den Klassen 500 und 700. Die Firma konzentrierte sich nun offenbar stärker auf die stärkeren Traktoren, während die kleineren vernachlässigt wurden. M-M war nun auch mit Massey-Ferguson im Geschäft, die einige M-M-Modelle unter ihrem eigenen Namen verkauften; der G-vi, G-705 und 6 erhielten den Namen und Anstrich von M-F. Es ging aber auch umgekehrt: einige M-F-Geräte trugen den Namen M-M.
Während des Kalten Krieges lieferte M-M abermals Militärtraktoren, Flugzeugschlepper und elektronische Ausrüstung.
Nun übernahm die Firma White Farm, die sich in den 1960ern bereits Cockshutt und Oliver einverleibt hatte, auch M-M. Die folgenden Jahre baute man Großtraktoren (z.B. G705 und 706), aus denen

Hier sieht man den wassergekühlten Vierzylinder-Motor (2704 cm³ Hubraum) des Modells 335.

In den 1960ern gab es neue Konstruktionen. Hier sieht man das Modell M5 mit Ampli-Torc-Getriebe.

Mitte der 1960er der Hackfruchttraktor G1000 hervorging. Varianten davon folgten, denn die Firmen tauschten oft technische Erfahrungen aus. Die Händler bekamen sogar große Fiat-Traktoren, auf denen der Name M-M prangte. Der erste Super Tractor von M-M kam 1969 mit dem A4T heraus; er führte den hauseigenen 8259-cm³-Motor mit Zehnganggetriebe.

Als Motor führt der M5 einen Vierzylinder-Diesel mit 5506 cm³ Hubraum, der 58 PS erzeugte.

Die M-Serie begann 1960 mit dem Traktor M5. Unser Bild zeigt den M670 mit dem gleichen Motor.

Mitte der 1960er wurde der langsam veraltende Gvi vom G705 und dem Allradmodell G706 abgelöst.

Diese Traktoren wurden im White-Werk gebaut, von allen drei Verkaufsketten (White, Oliver und M-M) vertrieben und jeweils in deren Farben lackiert. Selbst Fiat-Traktoren wurden umetikettiert und von M-M als Modelle G350 und G450 verkauft.

Mitte der 1970er gab es als einziges erwähnenswertes M-M-Produkt einen großen Sechszylinder, den White so gut wie möglich zu verwerten suchte. Er wurde immer wieder modernisiert und bekam ein neues Getriebe, um die größere Stärke bewältigen zu können. Den Namen M-M trugen mittlerweile nur noch die Auslaufmodelle. Er tauchte nur noch einmal auf, als man 1989 die Modelle 60 und 80 in den nun „aussterbenden" Farben Weiß-Gelb lackierte.

Nach weiteren Umbildungen wurde M-M Bestandteil der AGCO-Familie. Interessanterweise hatte AGCO durch einen früheren Kauf New Idea erworben, sodass das Uni-Tractor-System abermals zur Mutterfirma zurückkehrte.

Als der G900 auf den Markt kam, gehörte Minneapolis-Moline bereits zum White-Konzern.

Der 1969 auf den Markt gebrachte Minneapolis-Moline war eindeutig ein Modell für bleifreies Benzin.

Muir-Hill

1920er–heute

Die Muir-Hill Service Equipment Ltd. entstand Anfang der 1920er-Jahre. 1931 änderte sie ihren Namen in E. Baydell and Company Ltd., und 1959 verkaufte man sie an die britische Winget Ltd. 1966 brachte David J. B. Brown den Traktor 101 für Landwirtschaft und Industrie heraus. 1968 erwarben Babcock und Wilcox die Firma und tauften sie in Muir-Hill Ltd. um. Im Laufe des nächsten Jahres bekam der Traktor einen Perkins-Sechszylinder (6,354 l) und wurde so zum 110. Er war vor allem für den Export gedacht, doch 1969 kam auch einer der stärksten Traktoren des Landes auf den Markt, der 161. In den folgenden zehn Jahren nahm man einige Änderungen vor (z.B. stärkere Motoren und größere Kabinen bzw. mehr Brennstoffvorrat). Schließlich erwarb Lloyd Loaders (MH) Ltd. UK im Jahre 1991 Muir-Hill von Aveling-Barford, und der Name lebt noch heute als Teil dieses Familienunternehmens fort.

Der auf das Modell 161 aus den späten 1960ern folgende Traktor 171 bot noch mehr Leistung.

N

New Holland

1895–heute

Der Name New Holland ist schon seit vielen Jahren ein Begriff, war aber erst ab 1986 auf der Karosserie eines Traktors zu lesen und entwickelte sich in der Folge zum heutigen Marktführer. Durch Fusionen ist dieses Riesenunternehmen heute ein Teil der CNH-Gruppe.
New Holland besitzt mehr als 5000 Vertragshändler und Verteiler in allen Teilen der Erde und ist der

Die TVT-Traktoren der Baureihe „New Holland" sind leicht zu bedienen und sehr leistungsfähig.

In der Kabine des TVT mit dem neuen Autocontroller-Joystick finden sich auch Neulinge in wenigen Minuten zurecht.

weltweit führende Landmaschinenhersteller. Die Firma bietet den Landwirten – wo immer sie auch leben mögen – genau jene Maschine, die sie für Kultur, Produktion und Anbau brauchen; dazu kommt die ganze Palette an Finanzierung und Service.

Das Traktorenangebot von New Holland ist mehr als umfassend und genügt allen Ansprüchen. Dazu gehören Modelle mit hoher, mittlerer und niedriger PS-Zahl, Gelenkrahmentraktoren, Zweirichtungs-Maschinen, Kompakttraktoren für Kleinbetriebe, Spezialversionen für schmale Parzellen, Obstkulturen und Weinberge, Raupenschlepper und Ausführungen für Haus und Garten. Heute stammen 20% der weltweit verwendeten Traktoren von New Holland.

So setzen beispielsweise Winzerbetriebe in aller Welt mehr als 10 000 Traubenlesemaschinen von New Holland ein. Die Firma bietet diese Geräte für Weingärten jeder denkbaren Art an. Die Vielzweck-Klassen SB und VN spiegeln die Marktführerschaft von New Holland bei Maschinen zur Weinlese wieder, die auf großer technischer Erfahrung und ständiger Forscherarbeit beruht. Um die Ansprüche spezieller Kunden zu erfüllen, bietet die Firma auch die kompakten TNN- und TNV-Traktoren für Weingärten und Obstkulturen an.

New Holland fertigt auch eine Reihe von Spitzentraktoren mit weniger als 60 PS, die sich ideal für Hausbesitzer und Hobbyfarmer eignen.

Mit Hubhöhen von 5,9, 6,8 und 8,9 m bietet die Teleskoplader-Klasse LM-A Lösungen für fast alle Fälle.

Dieses für schwierigste Bedingungen entwickelte Modell gehört zur Allzweck-Serie TKA:

Alle Traktoren der TG-Serie führen einen Sechszylinder-Turbolader (8,3 l) mit Bypassventil.

Dank einer umfassenden Auswahl an Produkten und Dienstleistungen, welche die Farmer mit leistungsfähigen Geräten versorgen, ist New Holland heute auch in Südamerika Marktführer bei Landmaschinen. Wer mit so vielen Ackerfrüchten, Erntetechniken und geographischen Unterschieden zu tun hat, muss eine Spezialmarke für alle Farmer in Europa, Afrika und Asien sein; mit ihrem ausgedehnten Händlernetzwerk und der breiten Produktpalette (u.a. den berühmten TM-Traktoren, BB-Strohpressen und CX-Kombigeräten) ist New Holland auf dem sich ständig verändernden Agrarmarkt führend.

Nicholas & Shepard

1848–1929

John Nicholas und David Shepard begannen Anfang der 1850er-Jahre Dreschmaschinen zu bauen, doch ihre Firma existierte bereits seit 1848. Sie hatte ihren Sitz in Battle Creek (Michigan). Neben Dreschmaschinen stellte das Unternehmen auch Dampfzugmaschinen her, beispielsweise um 1900 die berühmte Serie Red River Special.

1911 baute man einen Traktor-Prototyp, und im Jahre 1912 kam der Zweizylinder 35-70 auf den Markt. Das Modell 25-50 blieb noch bis 1927 in Produktion, und 1918 hatte der später zum 20-46 modifizierte Traktor 18-36 seinen ersten Auftritt. 1927 bereicherte die Firma ihr Angebot durch drei Modelle, welche die John Lauson Company aus Wisconsin entwickelt hatte. Leider wurde Nicholas & Shepard im Jahre 1929 durch eine Fusion zum Bestandteil der Oliver Farm Equipment Group.

Die Firma Nicholas & Shepard baute anfangs Dreschmaschinen, später jedoch auch diesen 25-50-Traktor.

Normag

1930er–1940er-Jahre

Zu Beginn der 1930er-Jahre ließ Prof. Dr. Karl Glinz in seiner Firma für hydraulische Maschinen im thüringischen Nordhausen auch den kleinen Normag-Traktor fertigen. Nach seinem Tod (1937) übernahm der Sohn Dr. Hans-Karl Glitz den Vorsitz im Firmenvorstand. Das Geschäft mit dem Normag-Traktor blühte auf, und das Unternehmen expandierte bis zum Ausbruch des Zweiten Weltkrieges. Nach Kriegsende nahm man in Nordhausen die Produktion wieder auf; gefertigt wurden nunmehr Ersatzteile für Traktoren und Anlagen zur Wiederaufnahme des Kalibergbaus. In den folgenden Jahren produzierte Normag weiterhin Ersatzteile, montierte aber auch eine kleine Anzahl von Traktoren.

Normag produzierte überwiegend Teile für Bergbaumaschinen, baute aber auch diesen Traktor.

Ende der 1940er-Jahre begann der Traktorenmarkt zu expandieren, und 1952 wurde die Firmenzentrale ins bergische Velbert-Langenberg (Nordrhein-Westfalen) verlagert. 1995 kehrte Normag schließlich zu seinen Wurzeln zurück und produzierte Ersatzteile für den Bergbau. Seither trägt die Firma wieder ihren alten Namen Schmidt, Kranz & Co.

Nuffield

1945–1967

Nach dem Zweiten Weltkrieg kontaktierte die Britische Regierung die Firma Nuffield, um herauszufinden, ob diese am Bau eines neuen Radtraktors für den britischen und weltweiten Markt interessiert war.

Nachdem die Fertigung des Wolseley-Pkws aus dem Werk in Birmingham nach Cowley (Oxford) verlagert worden war, wurden Kapazitäten frei, sodass der Traktor grünes Licht bekam. Man stellte ein Team unter der Leitung von Dr. H. E. Merritt und Claude Culpin zusammen. Sie spielten die Hauptrolle bei der Entwicklung jenes Traktors, der dann als Nuffield Universal gebaut wurde.

Im Mai 1946 machte der Prototyp die üblichen Tests durch, außerdem wurde eine Auswahl weiterer Prototypen gebaut um den Markt einschätzen zu können. Mit einjähriger Verzögerung (wegen Stahlknappheit) wurde der Traktor dann im Dezember 1948 auf der Londoner Smithfield Show dem Publikum vorgeführt. Anfangs gab es zwei Versionen, den Hackfruchttraktor M3 und das Nutzfahrzeug M4.

Dieser Farmer ist mit seinem Nuffield Universal von 1948 offensichtlich vollauf zufrieden.

Das als Universal bekannte Modell führte einen kommerziellen Morris-Vierzylinder (TVO) mit Seitenventilen, der 38 PS erzeugte. Es hatte ein Fünfganggetriebe und fuhr maximal 26 km/h. Der Einstiegspreis von knapp 500 £ (etwa 880 US-$) galt für das Basismodell ohne modische Extras. Wer etwa hydraulischen Dreipunkt-Hub wünschte, musste dafür weitere 60 £ (ca. 100 US-$) hinlegen.

Im Gegensatz zu vielen anderen Firmen war Nuffield nicht daran interessiert, selbst Zusatzausstattung für den Traktor zu fertigen, man empfahl Fabri-

Der Nuffield DM44 sollte nach dem Zweiten Weltkrieg mithelfen, die britische Bevölkerung zu ernähren.

kate anderer Unternehmen, die allerdings zuvor von Nuffield-Technikern erprobt und getestet wurden.
Anfangs verkaufte man den Traktor vor allem in Großbritannien, hauptsächlich zur Überwindung der Nahrungsknappheit, die nach dem Kriege herrschte. Die Farmer konnten nun ein Modell erwerben, das die meisten gängigen Aufgaben erledigte und ihnen nach den Mangeljahren des Krieges dabei half, die Tische der Verbraucher zu decken. Schon 1949 begann man das Modell aber auch über das Netzwerk von Morris Motors zu exportieren.
Auf der Smithfield Show stand es 1950 mit mehreren Motoren zur Auswahl: es gab solche für TVO,

Italienische Werbeanzeige für den Nuffield 4DM, einen nach Italien exportierten Allrad-Traktor.

Benzin und sogar einen Perkins-Diesel. Der Dieselmotor Perkins P4 wurde 1954 durch einen Diesel von BMC (British Motor Corporation) ersetzt. Die Verkaufszahlen bei Traktoren mit Dieselantrieb stiegen in die Höhe, und bald war dieser Typ in der Mehrheit – 1955 besaßen schon 95% der in Großbritannien verkauften Exemplare Dieselmotoren.
1953 präsentierte man einen neuen, sparsameren und etwas stärkeren TVO-Motor, außerdem wurde die Zugstange zur Mitte hin verlagert, um eine bessere Gewichtsverteilung zu erreichen. Ein Jahr später kam das Modell Universal 4DN mit einem neuen Vierzylinder-Diesel von BMC auf den Markt. 1956–57 produzierte eine in Hounslow ansässige Firma mit Namen Roadless Traction Ltd. eine Halbketten-Version des Traktors, die als Roadless DG Allzweckmodell bekannt war.
1957 wurde das neue Modell Universal 3 vorgestellt: es hatte einen Dreizylinder-Diesel von BMC. Aus

Nuffield-Traktoren führten Motoren von Perkins und BMC. Daher die BMC-Plakette am Vorderende dieses Fahrzeugs.

dem DM4 war unterdessen der Universal 4 geworden, den es weiter als Benzin- und TVO-Version gab. Gegen Ende der 1950er verkaufte sich der Universal 4 weit besser als der 3, und von allen damals gefertigten Traktoren wurden 80% in mehr als 80 Länder exportiert.
1961 kamen als Ersatz für den 3 und 4 zwei weitere Modelle heraus, der 4/60 und der 3/42. Diese Zahlen

Wie dieses deutsche Werbeplakat zeigt, verkaufte auch die Firma Bautz Nuffield-Traktoren.

hatten nun ihre Bedeutung: 4/60 wies bspw. darauf hin, dass der Traktor einen Vierzylinder führte, der 60 PS erzeugte usw.
Die Maschinen wurden anfangs in Birmingham gebaut, doch später verlagerte man die Produktion in das neue Werk im schottischen Bathgate.
Im Jahr 1964 wurden sie von den Modellen 10/60 und 10/42 abgelöst (nicht verwechseln: die „10" verwies hier auf das Zehnganggetriebe), und im nächsten Jahr präsentierte Nuffield dann den neuen Mini.

Dieser hatte keinen großen Erfolg; gegen 1968 bekam er einen neuen Motor und hieß fortan 4/24. 1967 wurden zwei neue Modelle vorgestellt, der 4/65 und der 3/45, die aber bei den Farmern und der Presse ebenfalls wenig Gnade fanden.
Mittlerweile war BMC von British Leyland aufgekauft worden, wo man ankündigte, den Nuffield-Traktor und den Markennamen beizubehalten. Als die Firma 1969 drei neue Fahrzeuge präsentierte, trugen diese den neuen blauen Zweiton-Anstrich und hießen Leyland. Das war das Aus für den Nuffield-Traktor.

Der Dieseltraktor Nuffield 10/60 kam 1964 gemeinsam mit seinem kleineren Stallgefährten, dem 10/42, auf den Markt.

Das Kühlergitter dieses Nuffield 10/60 trägt unübersehbar die BMC-Motorplakette.

Der Dieselmotor des 10/60 hatte vier Zylinder und 3769 cm^3 Hubraum.

Der BMC Mini wurde seit 1965 gebaut, um mit dem grauen Fergie konkurrieren zu können.

Den Mini-Traktor gab es entweder mit BMC-Benziner (950 cm^3) oder mit Dieselmotor; die Leistung betrug nur 15 PS.

O

Oliver

1855–1976

Im Jahre 1855 ließ James Oliver aus Mishiwaka (Indiana) seinen Chilled Plow („Gehärteten Pflug") patentieren. Dieser Pflug besaß eine speziell gehärtete Oberfläche, die es ihm ermöglichte, auch härteste Böden umzubrechen und seine Lebensdauer verlängerte. Es dauerte nicht lange, und er war bei den Farmern äußerst beliebt, sodass man die Produktion steigern musste. Oliver verdiente sich bald den Ehrentitel „Pflugschmied der ganzen Welt". In den 1920er-Jahren begann Oliver, mit einem eigenen Traktor zu experimentieren und baute das heute unter dem Namen Oliver Chilled Plow Tractor bekannte Modell. Etwa zur gleichen Zeit stimmte Oliver einer Fusion mit der Firma Hart-Parr zu, die bereits Traktoren baute. So bündelten die beiden Firmen ihre Ideen und begannen damit, eine neue Traktorenklasse zu fertigen.

Die Firma Hart-Parr war eine Gründung von Charles Hart und Charles Parr, deren Sitz ursprünglich – damals noch Hart-Parr Engine Works – in Madison (Wisconsin) lag. Sie siedelte 1899 nach Charles City (Iowa) über und baute 1901 ihre erste Zugmaschine. Nach dem Tode von Charles Parr – Hart war schon 1917 ausgeschieden – fusionierte das Unternehmen mit Oliver und wurde so 1929 zu Oliver Farm Equipment Company. Auch andere Firmen traten der Gruppe bei, nämlich Nicholas & Shepard und die American Seeding Company. Die Zentrale richtete man in Chicago ein, während die einzelnen Werke an Ort und Stelle verblieben. Für die Farmer war das gut, denn nun konnte Oliver außer Traktoren auch die zugehörigen Geräte liefern. Schließlich änderte die Oliver Farm Equipment Company ihren Namen 1944 in Oliver Corporation.

Im gleichen Jahr erwarb man auch die Firma Cletrac, die schon seit 1916 als Cleveland Motor Plow Company im Geschäft war. Sie nannte sich ab 1918 Cleveland Tractor Company, mit dem Markennamen Cletrac. Das Unternehmen produzierte Raupenschlepper für den Weltmarkt und fuhr damit bis 1960 fort; dann wurde Oliver von der White Motor Corporation übernommen.

Nach der Fusion von 1929 konzentrierte sich Oliver auf den Bau neuer Traktoren; heraus kam dabei 1930 der Hackfruchttraktor Oliver Hart-Parr 18–27 PS. Er besaß nur ein Vorderrad, wobei der Radstand der Hinterachse verstellbar war. Ihm folgte das 22–44-PS-Modell A, ein Standard-Vierradtraktor. Durch einen stärkeren Motor wurde daraus der 28–44-PS-Traktor, der bis 1937 hergestellt wurde und den Hart-Parr 18-36 ablöste. Er führte einen Vierzylinder-OHV-Kerosinmotor vom Typ 443 CID und konnte Pflüge mit vier oder fünf Scharen ziehen.

Der Oliver-Hackfruchttraktor war das erste Modell, das man nach der Fusion der beiden Firmen produzierte.

Ein weiterer Hackfruchttraktor, das Modell 70 mit „Tip-Toe"-Stahlrädern von Oliver. Als Option gab es Gummireifen.

1935 trennte sich Oliver vom Vierzylinder-Motor und begann einen Sechszylinder-Waukesha (Modell 70) zu bauen. Diese Maschine baute auf ihre Kraft und Geschwindigkeit; mit der langen Kühlerhaube, unter der ein wassergekühlter 3310-cm^3-Motor saß, beeindruckte sie unfehlbar. Während der 70er anfangs einen flachen Frontkühler besaß, gab man diesem 1937 eine Stromlinienform, deren glättere, fließendere Linienführung ihn viel eleganter wirken ließ. Er wurde bis 1948 hergestellt, wobei die Hackfrucht-Version mit einem oder zwei Vorderrädern zu haben war. Überdies gab es ihn als Standard-, Obstkultur- und Industriemodell. In den USA, wo man ihn auch unter dem Namen Oliver 70 kannte, war er grün-rot lackiert. In Kanada strich man ihn rot mit

Das abgebildete Modell 60 war im Kern eine Miniaturausgabe des 70 mit Vierzylinder-Motor.

Der Hackfruchttraktor Oliver 80 kam 1937 auf den Markt; 1940 folgte auch ein Dieselversion.

cremeweißen Rädern und so wurde er unter dem Markennamen Cockshutt als 70 verkauft.

1937 modernisierte man die älteren Vierzylinder-Modelle und gab ihnen neue Namen. Aus dem Traktor 18-28 wurde so der 80 und aus dem 28-44

Der Oliver 90 bildete die Fortsetzung der älteren Serie 28-44. Er verfügte über elektrische Zündung.

Die 77er-Klasse von Oliver kam 1948 heraus; das Modell Standard wurde ein großer Erfolg.

der 90. Obwohl es sich durchweg um ältere Konstruktionen handelte, dienten sie vielen Farmern als absolut zuverlässige „Arbeitspferde". Der 80 Standard von 1940 war als Dreipflug-Maschine konzipiert und wahlweise mit Benzin- oder Kerosinantrieb zu haben. Sein Getriebe hatte vier Vorwärtsgänge und einen Rückwärtsgang, und er brachte es auf max. 8 km/h. Das Modell 90 führte den vertrauten Vierzylinder (7259 cm³) mit Dreiganggetriebe. 1937 brachte man das stärkere Modell 99 auf den Markt, das sich den Ruhm erwarb, der am längsten gefertigte Oliver-Traktor zu sein: es wurde bis ins Jahr 1957 hergestellt.

1940 produzierte man eine Miniaturausführung des 70, die einen wassergekühlten Vierzylinder mit Vierganggetriebe führte. Der 60, wie man ihn nannte, war ebenso gut gelungen wie sein größerer Stallgefährte und füllte eine empfindliche Lücke. Gegen 1948 zeigten die Serien 70 und 80 langsam Alterserscheinungen und wurden durch die modernisierten Modelle 77 und 88 ersetzt. Im Gegensatz zum lediglich aufpolierten 77 war der 88 brandneu und führte einen Waukesha-Sechszylinder. Neuheiten bildeten auch sein Sechsganggetriebe (mit zwei Rückwärtsgängen) und das Stromlinien-Outfit. Ein Jahr später bekam auch der 60 wie die anderen Modelle einen stärkeren Motor und wurde in 66 umbenannt.

Auf dem Kühler dieses 1949 präsentierten Oliver-Hackfruchttraktors ist deutlich die Modellnummer 66 zu sehen.

Die stärkste Maschine im Stall von Oliver war das Modell 90, das ebenso wie seine Gefährten zum 99 aufgerüstet wurde. Obwohl es bis 1952 weiterhin den alten Vierzylinder-Motor führte und nicht vom

Dieser zufriedene Farmer auf einem Modell 77 war in der Frühjahrsausgabe des Oliver-Magazins von 1952 zu sehen.

Der Super 99 zählte zu den stärksten Traktoren, die 1952 auf dem Markt waren. Er führte einen Zweitakt-Motor.

Zur 90er-Klasse gehörte auch dieser 99, der bis 1957 hergestellt wurde.

Die Dieselversion des Oliver Super 66. Man beachte die verstellbare Spurweite der Vorderräder.

Den Super 77 gab es in unterschiedlichen Versionen. Hier sieht man die Hackfrucht-Ausführung mit Sonnendach.

Eine ziemlich schlichte Werbeanzeige für die Firma Oliver aus den späten 1960ern.

Stromlinien-Styling profitiert hatte, erlebte es in diesem Jahr eine kräftige Auffrischung. Der Waukesha-Sechszylinder-Diesel (4,9 l) war für Anfänger gedacht und trug ab 1955 den Namen Super 99. Damit bot Oliver ein Spektrum von Motoren an, das sich vom Waukesha-Sechszylinder bis zum wassergekühlten Dreizylinder-Zweitakter von General Motors erstreckte.

In den 1950er-Jahren wurden die Modelle 66, 77 und 88 nach einer erneuten Überholung zum Super 66, 77 und 88. Als Ergänzung dieser Traktoren dienten

Ein vertrauter Anblick für David-Brown-Fans – diese Traktoren tragen lediglich das Oliver-Farbschema.

zwei kleinere, der Super 44 und der Super 55. Der Super 44 kam 1957 auf den Markt und wurde im Werk Battle Creek (Michigan) hergestellt; er verfügte über einen Fahrersitz, der dem Fahrer einen besseren Übersicht über seinen Arbeitsbereich verschaffte. Der Super 55 wurde von 1954 bis 1958 hergestellt und besaß eine Dreipunkt-Kupplung sowie einen Oliver-Vierzylinder des Typs 144 CID: Als die 1950er zu Ende gingen, wurden all diese Modelle erneut überarbeitet: diesmal bekamen sie am Ende ihrer Kennnummern eine zusätzliche 0, sodass der 55 zum 550 wurde usw. Es gab stärkere Motoren, ein leicht verändertes Styling und an einigen Modellen Zweistufen-Getriebe namens Power Booster von Oliver. Zu diesen gehörte der 777 von 1958, der fortan zwölf statt sechs Vorwärtsgänge hatte. Der Motor besaß weiterhin sechs Zylinder, war aber stärker. Der 550 bekam ein noch leistungsfähigeres Modell, und außerdem gab es eine Serie 100 mit neuem Anstrich und Styling.

Zahlen allein konnten den Absatz nicht ankurbeln, und Anfang der 1960er wurde Oliver von White Motors übernommen. Das bedeutete nicht das Ende der Firma, doch echte Oliver-Traktoren kamen fortan nur noch selten heraus. Nun lackierte man andere Modelle in den Oliver-Farben: als erste kamen die Traktoren 500 und 600 von David Brown, die Oliver-grün gestrichen waren. Anfang der 1960er kamen mit dem 1800 und 1900 zwei hauseigene Produkte auf den Markt, denen 1967 die Turbolader-Modelle 2050 und 2150 folgten. Der 1250 von 1965 war ein Fiat-Traktor, der ab 1969 die Bezeichnung White-Oliver trug. In den 1970ern erschien die Serie 55, und viele größere Traktoren waren nur umlackierte Minneapolis Molines. 1974 rollte in Charles City als letzter Oliver ein 2255 vom Band.

Ein Oliver 1855 aus den 1970ern. Er führte einen wassergekühlten Sechszylinder-Motor, der 99 PS erzeugte.

Der 1955 war stärker als der 1855. Obwohl er den gleichen Motor führte, erzeugte dieser 108 PS.

OTA

1949–1955

1949 kam der kleine OTA-Traktor auf den Markt. Das Modell wog nur 590 kg, führte als Motor den Ford 10 und wurde zu einem der erfolgreichsten damaligen Traktoren. Der Name OTA war ein Akronym der im englischen Coventry ansässigen Herstellerfirma Oaktree Appliances. Dieses kleine Dreirad zeichnete sich durch große Wendigkeit aus: sein Wendekreis betrug angeblich nur 3,66 m.
Es gab außerdem ein zweifach untersetztes Getriebe mit sechs Vor- und zwei Rückwärtsgängen, das für eine Höchstgeschwindigkeit von 21,5 km/h sorgte. Es stellte sich allerdings heraus, dass ein stärkerer Traktor benötigt wurde, und so kam 1951 das Modell Monarch auf den Markt. Es war aber weder vom Preis noch von der Leistung her der Konkurrenz gewachsen, und so zog sich Oaktree Appliances 1955 vom Markt zurück.

Dieses Bild zeigt den kleinen Dreirad-Traktor OTA, den man in Coventry baute.

P

Peterbro'

1919–frühe 1920er-Jahre

In den Jahren nach dem Ersten Weltkrieg baute die Peter Brotherhood Ltd. Kühltürme, Kühlelemente und Eismaschinen. Hinzu kamen Horizontal-Ölmotoren und Luftkompressoren (als Einspritzer für Hochseediesel) sowie der berühmte Peterbro'-Traktor.
Gefertigt wurde dieser in einer 6,5 ha großen Fabrikanlage im englischen Peterborough. Sie baute nicht nur Traktoren, sondern besaß auch eigene Modelltischlereien, Gießereien, Stahlschmieden und -vergütungsbetriebe. Außerdem gab es dort weit über 1000 Werkzeugmaschinen von höchster Präzision. Die Fachkräfte der Firma waren viele Jahre lang weltweit für ihre ausgezeichnete Arbeit und ihre robusten Konstruktionen bekannt, deren hochgradige mechanische Perfektion den Peterbro'-Traktor zu einer Klasse für sich machte.
Er war darauf ausgelegt, bei der Feldarbeit oder als Zugmaschine die schwerste Arbeit zu erledigen, und das mit kaum geschultem Personal und denkbar sparsamem Treibstoff- und Ölverbrauch. Bei Wett-

An der Zentralnabe dieses Traktors lässt sich leicht ablesen, warum er Peterbro' genannt wurde.

Bei diesem Traktor strebte man vor allem zwei Ziele an: Robustheit und möglichst leichte Wartung durch den Besitzer.

bewerben mit Teilnehmern aus aller Welt errang er im Jahre 1920 bei den Lincoln Trials die Bronzemedaille, 1922 in Christchurch (Neuseeland) die Silberne und 1925/26 auf der New Zealand and South Seas Exhibition in Dunedin (ebendort) den First Order of Merit und die Goldmedaille. Er galt als stärkster jemals gebauter Traktor seiner Klasse.
Wichtig war dabei sein britischer Hochspannungs-Magnetstarter, der es ermöglichte, ihn bei jeder Witterung zu starten.
Als Brennstoff diente Paraffin, während Benzin nur zum Starten verwendet wurde. Dementsprechend besaß der Traktor Tanks für 60,5 l Paraffin und 7,5 l Benzin.

Der Peterbro' galt als stärkster jemals gebauter Traktor seiner Leistungsklasse.

Pioneer

1909–1927

THE PIONEER

Diese Firma aus Winona (Minnesota) trug 1909 zunächst den Namen Pioneer Tractor Company, wurde aber 1910 in Pioneer Tractor Manufacturing Company umbenannt. Im gleichen Jahr brachte sie ihren ersten Traktor, den Pioneer 30, auf den Markt. Er führte einen Vierzylinder-Boxermotor, und die Fenster der Fahrerkabine ließen sich herausnehmen.
1912 präsentierte man das Sechszylinder-Modell 45, welches drei Vorwärtsgänge besaß und 3,2 bis 8 km/h schnell war. Nach dem Erfolg der ersten Traktoren baute Pioneer den Vierzylinder Pioneer Junior, dem später der Pioneer Pony mit 15–30 PS Nennleistung folgte.
Im Jahre 1917 fertigte man außerdem den auch unter dem Namen Winona Special bekannten Pioneer Special, der schließlich vom Modell 18-36 abgelöst wurde. Er blieb in Produktion, bis die Firma 1927 aus dem Traktorengeschäft ausstieg.

Dieses Bild zeigt das Pioneer-Modell 20-60. Ab 1927 stellte die Firma keine Traktoren mehr her.

Platypus

1950er-Jahre

Die im englischen Basildon (Essex) ansässige Firma Platypus produzierte eine Reihe kleiner Raupentraktoren. Sie hatten meist Dieselmotoren, doch gab es auch eine Benzin-Option. „Kompakt, stark, robust und leicht zu warten" lautete die Devise der Herstellerfirma Rotary Hoes Ltd. Da sich die Stahlkette ohne Spezialwerkzeuge durch Auswechseln der Bolzen und Buchsen leicht vor Ort warten ließ, erwies sich das Modell als sehr billig im Unterhalt. Die Bolzen und Buchsen der Ketten konnten umgedreht und so länger verwendet werden, und die Ketten ließen sich an jedem Gelenk öffnen. Dank der blasebalgartigen Schmutzdichtungen der Isolierkammer und der axialen Ölversiegelung der Zahnkranz-Antriebswelle war jederzeit eine perfekte Abdichtung garantiert.

Platypus bot mehrere Kettenoptionen an: schmal = 79 cm Kettenachsabstand, mit 7- oder 8-Zoll-Ketten; breit = 117 cm Breite, mit 9- oder 12-Zoll-Ketten; extrabreit = 137 cm Breite, mit 9- oder 12-Zoll-Ketten; super-extrabreit = 137 cm Breite, mit 24-Zoll-Ketten. Die letzte Version trug den Namen Bogmaster und war speziell für den Einsatz in sumpfigem Gelände gedacht – Platypus behauptete, dass der Bodendruck hier weniger als 200 g/cm² betrage. Angetrieben wurden die Platypus-Maschinen zumeist von Perkins-Dieselmotoren, doch bei den kleineren Modellen 28 und 30 gab es eine Benzin-Option; die Getriebe hatten sechs Gänge. Obwohl diese Raupenschlepper angeblich viel billiger als vergleichbare Traktoren waren, wurde ihre Produktion 1956 eingestellt.

Nahansicht des Motors des Platypus 30. Zur Wahl standen mehrere Diesel und Benziner von Perkins.

Dieses Modell 30 von Platypus gehörte zu den kleineren Raupentraktoren und war in den 1950ern lieferbar.

R

Ransome

1903–1966

Ransome gehörte in der Anfangsphase des britischen Traktorenbaus zu den führenden Entwicklern. 1903 wurde im englischen Ipswich ein Prototyp mit 20-PS-Motor gebaut. Er besaß ein Dreistufen-Getriebe, das über drei Vor- und drei Rückwärtsgänge sowie drei für die Antriebsscheibe verfügte.

Dieses Bild zeigt den kleinen Einzylinder-Motor des Ransome-Raupentraktors. Er brauchte nicht viel Kraft.

Ransome bot schon 1902 einen Benzintraktor an, doch ihr erstes echtes Raupenfahrzeug war der MG2.

Der erste kommerziell erfolgreiche Ransome-Traktor war der 1936 angekündigte MG2, der erste einer Serie von MG-Mini-Raupenschleppern, die 30 Jahre eine kleine, spezielle Marktnische besetzt hielten. Diese Miniatur-Raupentraktoren waren für Gartenbaubetriebe (engl. Market Gardeners) gedacht, daher ihr Name MG. Die Gesamtproduktion an MG-Traktoren belief sich auf etwa 15000 (d.h. circa 500 pro Jahr). Diese Angaben schließen die Kriegs- und Nachkriegsjahre ein, die Blütezeit der MGs, in der Ransome jährlich 1000 Stück baute.

Dieser Ransome-Raupentraktor ist sehr klein; er zielte vor allem auf Kleinfarmer und Gartenbaubetriebe.

Die kleinen Traktoren wiesen eine ungewöhnliche Konstruktion auf – zum Schwungrad gehörte bspw. eine zentrifugale Kupplung, die gelöst wurde, wenn die Drehzahl unter 500 U/min sank. Die Antriebskraft der Kupplung wirkte über Untersetzungsgetriebe auf die beiden Tellerräder und das Differentialgetriebe. Das eine Tellerrad sorgte für den Vor-, das zweite für den Rückwärtsgang.

1949 produzierte Ransome als Nachfolger für den MG2 den MG5, und 1959 kamen die Modelle MG6 und MG40 heraus.

1966 stellte Ransome (England) die Produktion von Traktoren ein; seit neuerem konzentriert man sich auf Maschinen zur Rasenpflege.

1977 wurde die Firma vom US-Rasenmäherhersteller Jacobsen übernommen, und heute ziert ihr Name eine breite Palette von Rasenmähern, Kehrmaschinen und Kleintraktoren.

Renault

1898–heute

Louis Renault wurde 1877 in eine typische Pariser Bürgerfamilie hineingeboren. Als jüngstes von fünf Kindern hatte er noch zwei Schwestern und zwei Brüder. Sein Vater Alfred hatte durch den Handel mit Textilien und Knöpfen ein stattliches Vermögen erworben. Schon in früher Jugend begeisterte sich Louis für alles Mechanische, vor allem Maschinen und Elektrizität. Der Zweitwohnsitz der Familie lag in Billancourt bei Paris; dort gab es einen Schuppen, in dem Louis seine erste Werkstatt einrichtete.

Renault begann Traktoren zu bauen, indem er den Weltkriegspanzer FT17 umkonstruierte. Hier sieht man das Modell H1.

Mit 20 Jahren baute er sein Dreirad der Marke De Dion-Bouton in eine kleines Vierradfahrzeug um und rüstete dieses mit einer Erfindung aus, die eine neue Ära des Motorenbaus einleiten sollte – dem „Direktantrieb", dem ersten Getriebe.

Es dauerte nicht lange, bis die Panzerplatten verschwanden und der erste Traktor, hier der PE, Gestalt annahm.

Am 24. Dezember 1898 wettete Louis mit Freunden, sein Vehikel könne die 13°-Steigung der Rue Lepic in Montmartre bewältigen. Louis gewann nicht nur die Wette, sondern erhielt auch die ersten zwölf festen Bestellungen. Sein Aufstieg hatte begonnen, und wenige Monate später ließ er das Getriebesystem patentieren. Berühmt wurden die Gebrüder Renault durch Autorennen, bei denen Louis und Marcel ihre Wagen selbst fuhren.
1909 starb Fernand nach langer Krankheit, und da auch Marcel wenige Jahre zuvor beim Rennen verunglückt war, war Louis nun auf sich gestellt.

Dieses Bild zeigt das Renault-Modell 781 aus den 1980ern. Sein Standardmotor erzeugte 75 PS.

Ein weiterer Renault-Traktor war dieses Modell 421 M aus den späten 1970ern.

Hier sieht man den Motor des 421 M. Ende der 1970er bot Renault diverse Traktoren mit 30–115 PS starken Motoren an.

Nun wurde die Firma in Compagnie d'Automobiles Louis Renault umbenannt.
1914 brach der Krieg aus, und anstatt Pkws zu bauen, produzierten die Renault-Werke zur Unterstützung der Rüstungsindustrie u.a. Lkws, Krankenwagen und -tragen sowie über 8 Mio. Granaten.
1917 entwarf Louis Renault mit dem berühmten FT 17 den ersten leichten Panzerkampfwagen, und es sollten nur wenige Jahre vergehen, bis die Firma ihren ersten Traktor produzierte, der im Prinzip vom genannten Panzer FT 17 abgeleitet, aber für die Arbeit auf dem Feld gedacht war. Ihm folgte ein Modell, das auf die Panzerung verzichtete und so viel leichter und damit auch wendiger wurde. Dem Typ HI schloss sich schon bald der HO an, ein Radfahrzeug, das seinen Vorgängern technisch weit voraus war. Es wog 2,1 t, und sein Vierzylinder-Benzinmotor erzeugte 20 PS.
1926 wurde das Modell PE präsentiert, Renaults erster als solcher entwickelter Radtraktor. Es führte einen stärkeren 20-PS-Benzinmotor und besaß eine federgedämpfte Anhängerkupplung. Weitere Verbesserungen kamen im Laufe der Jahre hinzu, und das Modell wurde auf Holzgasbetrieb umgestellt, da die Benzinpreise in den 1930ern deutlich anstiegen.
Renault hatte schon seit 1929 mit Dieselmotoren experimentiert, und im Jahre 1933 stellte die Firma den Traktor YL vor. Dieser verwendete einen 30-PS-Dieselmotor und war mit Landfahrzeug-Gummireifen versehen. Als Alternative gab es auch eine Benziner-Version, das Modell VY.
Nach Ausbruch des Zweiten Weltkrieges musste die Firma abermals Rüstungsgüter herstellen, und obwohl keine Traktoren mehr gebaut wurden, ging die Entwicklung weiter. 1941 präsentierte man das Modell 301, dem bald Diesel- und Holzgas-Versio-

Hier sieht man einen Renault 65-34 aus den 1990er-Jahren bei der Heuernte in Italien.

nen folgten. Als nächste kamen die Diesel- und Benzinmodelle 306 und 307 (70 PS) heraus.

1947 startete die Firma den Bau der Serie R3040, zu der auch Versionen für schmale Parzellen und Weingärten gehörten. Dies war der erste Serientraktor mit einem kompletten elektrischen System, und er trug als erster den bekannten orangen Renault-Anstrich. Das Modell besaß hydraulischen Hub, Punktsteuerung, eine zweite Zapfwelle und variablen Radstand. Das alte Renault-Werk in Billancourt lag auf einer Insel inmitten der Seine und konnte daher nicht erweitert werden. So beschloss die Firma, die nun Régie Renault hieß und ein Staatsbetrieb war, Anfang der 1950er, zur Ausweitung ihrer Produktionskapazität in Le Mans eine Fabrik zu bauen. Die neue Anlage hatte guten Anschluss an das Eisenbahnnetz; sie verfügte über eine Gießerei, Getriebemaschinen, eine Montageabteilung und ein Endmontageband.

1956 kam die neue Serie D auf den Markt. Sie hatte

Das Bild zeigt einen Renault 106-54 aus den späten 1990ern mit 100-PS-Motor und Allradantrieb.

wahlweise wasser- oder luftgekühlte Dieselmotoren, Differentialsperre, 540er-Zapfwelle, hydraulischen Hub und einen abwärts gebogenen Auspuff.

Die Entwicklung schritt mit der Dreipunkt-Kupplung der N-Serie kräftig voran, und gleichzeitig wurden die Motoren immer stärker. 1963 präsentierte die Firma ein 55-PS-Modell, das erstmals ein Zwölfganggetriebe hatte. Kaum zwei Jahre später kam die Serie Super D auf den Markt, die zusätzlich zu all diesen Vorzügen Zugsteuerung und Diesel mit Direkteinspritzung besaß. 1967 wurde der erste Traktor

Der Allrad-Traktor Renault Herdsman war ein vielseitiges Fahrzeug. Ursprünglich führte er einen Deutz-Motor.

mit Allradantrieb präsentiert; seine Karosserie war kantiger geraten, und an der Hydraulik gab es weitere Verbesserungen. Ein Jahr darauf brachte Renault einen Spezialtraktor für Winzer sowie erstmals einen für Obstbauern heraus. Großen Wert legte man nun auf mehr Sicherheit und Komfort, etwa auf hydrau-

In den späten 1990ern kam auch der Renault 155.54 auf den Markt, der einen Motor mit Turbolader besaß.

Dieser Renault Ceres 340X steckt tief im Schlamm, doch der Fahrer fühlt sich in seiner TZ-Kabine pudelwohl.

lische Bremsen und Hubsysteme, Anti-Vibrations-Plattform und Kabinenheizung. Ein eigenes Profil erhielt auch die Traktorenabteilung, die 1969 zu Renault Motoculture wurde.
1974 präsentierte man vierzig neue Traktoren mit 30 bis 115 PS Motorleistung. Sie wiesen zahlreiche technische Neuheiten auf, z.B. ein Shuttle-Getriebe zur leichteren Direktschaltung; es gab mehrere Versionen mit Zwei- und Allradantrieb, welche Motoren der Serie MWM führten. Im Laufe der 1970er-Jahre wurden die Traktoren immer ausgefeilter. Aus Renault Motoculture wurde 1980 Renault Agriculture mit eigenem Logo. 1981 änderte sich nicht nur die Farbe des Anstrichs: es gab auch mehr Gänge, und

Ein Blick aus der Vogelschau in eine TZ-Kabine von 1987: eines der modernsten Modelle unserer Zeit.

man führte einen voll synchronisierten Shuttle-Umkehrer ein. Außerdem erhielten die Modelle zwischen 83 und 135 PS die neuartige TX-Kabine, welche mehr Komfort und eine bessere Sicht bot. Hinzu kamen ein Beifahrersitz und ein Notausstieg im Dach. Für Landwirte, die besonders auf Sparsamkeit bedacht waren, war die TS-Kabine lieferbar, eine schlichte, schnörkellose Version.

Das Modell Fructus 140 wurde für Obstbauern entwickelt. Es ist klein und wendig.

In den 1980ern begannen die Designer verstärkt auf Effektivität zu achten, und so führte Renault das sogenannte Eco-Control-Gerät ein. Dieser Sensor maß die Temperatur der Abgase, um so herauszufinden, wie effektiv der Motor arbeitete.
1987 verpasste man allen schwächeren Maschinen ein Facelifting und taufte die Serie LS, während die 65- und 75-PS-Modelle mit Perkins-Motoren fortan SP hießen. Ihnen folgten die MX- und PX-Traktoren mit überarbeiteten Bedienelementen, einem neuen Getriebe und verbesserter Lenkung. Seither feilt Renault ständig weiter an seinen Kabinen und

Ende der 1990er kam die Ares-Serie auf den Markt – hier das Spitzenmodell, der Traktor 935 RZ.

Nach dem Motor ist die Kupplung wohl der wichtigste Bestandteil eines modernen Traktors.

Bedienelementen, um sie noch benutzerfreundlicher zu machen und für eine bequemere Fahrt zu sorgen. Im Laufe des Jahres 1993 präsentierte Renault die Ceres-Traktoren mit abfallender Kühlerhaube und zwei Kabinenversionen. Ein Jahr später einigte man sich mit John Deere: die Firma selbst verkaufte fortan Renault-Motoren, John Deere hingegen Renault-Traktoren. Außerdem kam es mit Massey-Ferguson zu einem Joint Venture zur Konstruktion, Entwicklung und Produktion von Antriebsanlagen. 1997 erlebten die Modelle Ares und Ceres ihr Debüt, und gegen 1998 produzierte Renault jährlich 9000 Traktoren.

Hier sieht man den mittelschweren Cergos 340. Die moderne Formgebung der Kühlerhaube ist gut zu erkennen.

Im Frühjahr 2003 erwarb Claas eine Anteilsmehrheit an Renault Agriculture, die man in naher Zukunft noch ausbauen wollte. Heute tragen die Traktoren Logo und Farben von Claas, und auf den Reißbrettern entstehen neue Modelle.

Es braucht viel Kraft, um so eine Last ziehen zu können: der mächtige Atlas ist das Spitzenmodell seiner Klasse.

Das gleich gut für die Feld- und Hofarbeit geeignete Modell Temis hat exzellente Bodenhaftung.

Der Temis ist ein mittelgroßer Renault-Traktor. Hier sieht man den Schwerguttransporter 650X.

Rock Island

1855–1937

Die Rock Island Plow Company aus Illinois wurde 1855 gegründet und stellte erfolgreich Ackergeräte her. 1914 sorgte das erfolgreiche Unternehmen dafür, dass es die Traktoren der Firma Heider aus Caroll (Iowa) verkaufen konnte. Die Nachfrage erwies sich als so stark, dass die kleine Heider-Fabrik damit völlig überfordert war; also kaufte Rock Island im Jahre 1916 den ganzen Betrieb und verlagerte die Produktion ins eigene Werk. Dort baute man weiter Heider-Traktoren, aber ab 1927 auch das Modell Rock Island F 18-35 mit Buda-Vierzylinder. Ferner gab es den 1929 präsentierten G2 15-25 mit Waukesha-Vierzylinder. Die Firma produzierte weiterhin Traktoren, bis sie 1937 von J. I. Case übernommen wurde.

Die Firma Rock Island produzierte anfangs Ackergeräte, doch später vertrieb und baute sie den Heider-Traktor.

Rushton

1926–1932

Der Rushton-Landtraktor wurde im Werk der Associated Equipment Company (AEC) im englischen Walthamstow gebaut. George Rushton war überzeugt, dass sein Modell mit dem Fordson konkurrieren könne, und nach einem erfolglosen Prototyp kaufte er einen Fordson, um ihn zu kopieren. Leider fiel Rushtons Maschine schwerer und teurer aus. Der Rushton war einer unter mehreren Traktoren, die Ferguson für seine Version eines Hydrauliksystems ins Auge fasste, aber es kam nicht soweit. Man produzierte Rad- und Kettenausführungen, aber das Projekt wurde nach wenigen Jahren abgebrochen (zum Teil infolge der Weltwirtschaftskrise), und 1932 ging die Firma in Konkurs. Die Tractors Ltd. versuchte zeitweise, sie wiederzubeleben und produzierte kleine Mengen von Rushtons.

George Rushton hatte gehofft, Ford auf dessen ureigenem Feld schlagen zu können. Leider gelang ihm das nicht!

S

SAME

1942–heute

Die Firma SAME (Società Accomandita Motori Endotermici) wurde 1942 von Eugenio und Francesco Cassani im norditalienischen Bergamo gegründet. Das war mitten im Zweiten Weltkrieg, also auf dem Höhepunkt der Feindseligkeiten und zu einer Zeit, als sämtliche Rohmaterialien knapp und freie Produktionskapazitäten äußerst dünn gesät waren.
Ende der 1920er-Jahre hatte Francesco Cassani mit Hilfe seines Bruders Eugenio und nachhaltiger Unterstützung durch seine Mutter Luigia nach zahllosen frustrierenden, langen Nächten einen Traktor mit Dieselölmotor entworfen. Da es Probleme bei dessen Herstellung gab, musste sich Francesco schließlich gegenüber den Amerikanern geschlagen geben, die mit ihrem eigenen Caterpillar 65 den ersten kommerziellen Dieselöltraktor produzierten.
Damals begann sich der italienische Traktorenmarkt zu beleben, und das faschistische Regime lobte einen Wettbewerb um das beste Fahrzeug aus. Da sich daran auch so berühmte Firmen wie Fiat, Landini und Motomeccanica beteiligten, kam Cassanis Sieg für alle Welt ziemlich überraschend. Nun begann er sich auf die Suche nach einem Partner zum Bau der Maschine zu machen. Ein Angebot kam von Breda, doch Francesco wies es zurück und entschied sich für die Firma Barbieri. Diese schien ihm ein guter, verlässlicher Partner zu sein, doch das war leider nicht der Fall. Sie hatte bereits finanzielle Probleme, die man mit Cassanis Projekt zu überwinden hoffte. Die Lage wurde jedoch immer verzweifelter, und nachdem jener schließlich auf all seine Anteile, Entwürfe und Patente verzichtet hatte, entging die S. A. Cassani zwar dem Bankrott, wurde aber im gegenseitigen Einverständnis aufgelöst.
Francesco gab jedoch nicht so leicht auf, und in den 1930ern entwarf er auch Dieselmotoren für Lkws, Schiffe und Flugzeuge. Zur gleichen Zeit entwickelte er, da keine andere lieferbar war, eine eigene Einspritzpumpe und gründete die Spica (Società pompe iniezione Cassani), eine Spezialfirma zum Bau von Einspritzpumpen für Dieselmotoren.
Der Zweite Weltkrieg traf Italien schwer: Alliierte und deutsche Truppen richteten so schwere Zerstörungen an, dass es um sein Überleben ringen musste. Irgendwie musste die Landwirtschaft wieder in Gang kommen, und Francesco wollte dabei behilflich sein. So entwarf er eine Motor-Mähmaschine, eine Art Dreirad mit 8-PS-Motor. Sie war stärker als

Der weltweit erste Traktor mit Dieselmotor – entworfen und gebaut von Ing. Francesco Cassani.

Der SAME DA25 war für seine Zeit ein moderner Traktor: er hatte Allradantrieb und sieben Gänge.

Der Motor des DA25, ein Zweizylinder-Diesel, erzeugte 25 PS.

Im italienischen SAME-Museum ist dieser 240 DT von 1958 zu sehen, ein kleiner Allzwecktraktor mit 10 PS.

ein Pferd, aber kleiner als ein Traktor. Cassani hatte sie so konstruiert, dass man sie mit vielen Anhängegeräten einsetzen konnte.

Nach einer kurzen Englandreise war Francesco überzeugt, dass die dortige Mechanisierungswelle auch Italien erfassen müsse. Deshalb machte er sich daran, einen neuen, wirtschaftlich-sparsamen Traktor zu entwerfen. So entstand das Modell mit dem Namen SAME, eine ziemlich hässliche 10-PS-Dreiradkonstruktion, deren drehbarer Sitz es dem Fahrer ermöglichte, zu kontrollieren, was er gerade tat. Cassani wollte den Bauern nach Kräften helfen, und bald gab es auch seitlich und hinten Zapfwellen sowie ein Schneidemesser an der Vorderseite, das man leicht abmontieren konnte. Dieser Allzweck-Kleintraktor wurde als Trattorino universale berühmt.

Italien machte damals eine schwere Zeit durch – nur die wenigsten Bauern hatten Geld für neue Traktoren, und wenn doch, hätten sie es eher für Maschinen von anerkannten Firmen wie Ford, Ferguson oder vielleicht auch Fiat ausgegeben, aber kaum für ein heimisches Modell ohne Namen. Dennoch arbeitete Cassani eifrig weiter und setzte sein ganzes Können zum Ankurbeln des Absatzes ein.

Eine Eigenschaft seines Traktors hielt er für unverzichtbar, nämlich den Allradantrieb. Im Krieg hatte er beobachten können, wie gut amerikanische Allrad-Jeeps im großteils bergigen Italien zurecht kamen. Nun wollte er seinen Traktor ebenfalls für den Allradantrieb umbauen. Er spürte, dass er so einen Vorteil gegenüber der Konkurrenz erlangen und den Absatz sichern könne. 1952 wurde sein Traum mit dem DA25 wahr, der als erster Dieseltraktor mit Allradantrieb in den Handel kam. Der Absatz ging steil in die Höhe, als die Bauern erkannten, wie sparsam und zuverlässig das Modell war. Die anfangs kleine Fabrik in der Via Madreperla wuchs rasch, und bis 1957 verkaufte man 1750 Stück.

Als die Produktion anstieg, brauchte man mehr Platz, und nachdem die Firma Caproni ihm ihr Werk angeboten hatte, übernahm es Cassani für seine neuen Modelle, den Zweizylinder DA38 und den Dreizylinder DA47 Supercassani. Kurz darauf folgte der Sametto. Er zielte auf die Gruppe der Obstbauern und wurde zum „Ahnherrn" einer großen, berühmten Familie.

Mittlerweile war SAME in aller Welt bekannt und eröffnete im französischen Albertville das erste

Seitenansicht des Minotauro. Diese Fahrzeuge gab es mit Zwei- und Allradantrieb. Ihre Produktion lief 1979 aus.

Zweigwerk zur Montage von Traktoren mit Allradantrieb. Nach diesem Erfolg wollte Francesco auch in Südamerika eine Fabrik gründen, doch diese Pläne zerschlugen sich in letzter Minute. Auf der Rückreise nach Italien begann er die Pläne für das neue Werk zu entwerfen. Als dieses 1957 vollendet war, belief sich die Produktion auf 3000 Stück, doch Francesco stand der Sinn nach mehr. Eine weitere Südamerikareise – diesmal nach Argentinien – musste er 1959 kurzfristig abbrechen, als er die Eilnachricht von Eugenios Tod erhielt; daraufhin kehrte er sofort nach Italien zurück.

Mit der neuen Fabrik kamen auch viele neue Ideen. Man wollte neuartige Motoren entwerfen, die mehr Kraft erzeugten als die bisherigen, ohne dabei aber

Das 1969 gebaute Modell Minotauro führte einen SAME-Dreizylinder mit 45 PS.

zu groß auszufallen. So entstand aus älteren Serienmodulen ein kompakter V-Motor. Im Jahre 1959 baute man in den Zweizylinder 240 die automatische Gestängekontrolle ein, und bald darauf folgten die 360er mit Dreizylinder-Motoren.

Am 3. März 1961 wurde der neue Samecar präsentiert und Landwirtschaftsminister Mariano Rumor

Der hier abgebildete SAME Drago wurde 1972 hergestellt. Er führte einen Sechszylinder-Reihenmotor, der 98 PS erzeugte.

vorgeführt. Diese Mehrzweckmaschine war ein Traktor, der vorn eine Art Lkw-Kabine besaß. Man entwarf und baute neben schmalen Varianten für den französischen Markt auch größere. Der Traktor wurde mit großem Brimborium vorgeführt und folglich viel beachtet. Zum Ankurbeln des Verkaufs reichte das aber noch nicht aus, und immer mehr Fahrzeuge lagen auf Halde. Es war die richtige Idee

zum falschen Zeitpunkt. So stoppte man die Produktion, und der Samecar war damit Geschichte.
1965 kam eine neue Maschine auf den Markt, ein 60-PS-Traktor mit Namen Centauro. Er führte einen luftgekühlten Turbo-Vierzylinder (3400 cm³) von SAME und erzeugte maximal 55 PS. Sein Getriebe hatte acht Vor- und vier Rückwärtsgänge. Von ihm abgeleitet waren der LEONE 70 und der Minotauro 55, zwei Traktoren, die den Weltruf des Namens SAME begründeten. 1968 brachte die Firma den 80-PS-Traktor Drago auf den Markt, der einen Sechszylinder-Reihenmotor der Serie L führte.
Das Unternehmen expandierte mittlerweile auch in Europa, Afrika und Australien. Schon bald bekam die SAME-Zentrale Besuch von Firmenvertretern aus China, Japan und Kuba, die Käufe tätigen wollten. Während er Bolivien bereiste, hatte Francesco die Idee für den neuen Dinosaur, einen Großtraktor mit V8-Motor. Dieser kam leider nie zum Einsatz; bereits nach den ersten zehn Vorserienmodellen wurde das Projekt eingestellt.

Das Modell Delfino war ein Kleintraktor, ideal für die Arbeit im italienischen Bergland.

Der Explorer 70 wurde erstmals im Jahre 1984 vorgestellt. Hier sieht man eine jüngere, modernere Version.

Kurze darauf erkrankte Francesco, und sein Ausscheiden aus der Firmenleitung war nur noch eine Frage der Zeit. Zu seinen letzten Maßnahmen gehört der Erwerb des Traktorenkonzerns Lamborghini. Nach Francescos Tod erfolgte ein weiterer Firmenkauf: jetzt übernahm man das Schweizer Unternehmen Hürlimann. Die Zeiten der Hochkonjunktur gingen jedoch mit der Weltwirtschaftskrise von 1973–86 zu Ende. Die Nachfrage sank, und die Firma begann dies schmerzhaft zu spüren. Zu dieser Zeit kam es immer wieder zu Wechseln im Management. Neue Produktionstechniken, schärfere Betriebsdisziplin und Modernisierungen halfen der Firma zu überleben und rüsteten sie für die Zukunft.
Die Produktion kam damals nicht zum Stillstand: 1973 erschien das Modell Panther mit Vierzylinder-Motor, synchronisiertem Getriebe und hydrostatischer Lenkung. Knapp zwei Jahre später kam der als „bester Traktor Europas“ bewertete Tiger 100 auf den Markt. 1983 brachte man die Laser- und Explorer-Familien mit Motoren der 1000er-Serie heraus. Ende der 1980er begann für SAME das elektronische Zeitalter: es brachte die elektronische Einspritzregelung für die 1000er-Motoren und neue Steuerungselemente für die einzelnen Funktionen. 1991 startete die Titan-Serie, und 1993 entwarf man eine kleinere Serie mit niedriger PS-Zahl für gewöhnliche Aufgaben.
Als sich Gerüchte verbreiteten, dass die Firma

Dieser Argon Classic von 2005 vertritt eine Sonderklasse, die sich vor allem als Hackfruchttraktor eignet.

Deutz-Fahr einen Käufer suche, ging SAME – mittlerweile SLH-Gruppe genannt – das Problem mit Nachdruck an. Einige Zeit später einigte man sich, und Deutz-Fahr, das auf diese Weise ein Teil der SLH-Gruppe wurde, machte ab 1998 (also schon zwei Jahre nach dem Besitzerwechsel) wieder Gewinne. Heute bietet die SAME-Deutz-Fahr-Gruppe Traktoren für jeden Bedarf an.
Wenn der Wettbewerb, den das faschistische Italien vor so vielen Jahren auslobte, heute erneut stattfände, würde SAME sicherlich abermals unter den Siegern zu finden sein.

Die schnittige Klasse Dorado S ist vor allem für den Einsatz zwischen dichtstehenden Rebstöcken und Obstbäumen gedacht.

Der neue Raupentraktor Krypton F soll mit dem sich rasch verändernden Landmaschinenbau Schritt halten.

Der Silver 85 von 2005. Seine Kühlerhaube fällt nach vorn ab, für bessere Sicht bei Feld- und Straßenarbeiten.

Die SAME-Reihe Explorer Classic umfasst mittelschwere Traktoren, ideal für die Arbeit auf kleinen und mittleren Höfen.

Die kräftigen, aber dennoch eleganten Formen dieses Silver-Modells schuf kein geringerer als Giugiaro.

Der für Haupterwerbsbauern und Baufirmen gedachte Diamond bietet ein Höchstmaß an Leistung und Verlässlichkeit.

Die Kombination des neuen Deutz Motors Euro II mit elektronischem Management macht den Iron sehr attraktiv.

Saunderson

1903–1920er-Jahre

Herbert Saunderson hatte in seiner Jugend längere Zeit in Kanada gelebt, bevor er nach England zurückkehrte und dort in der Grafschaft Bedfordshire eine Firma gründete. Er arbeitete außerdem als Vertreter für landwirtschaftliche Geräte von Massey-Harris.

Der erste Saunderson-Traktor wurde schon unmittelbar nach der Jahrhundertwende gebaut, und bald folgten ihm weitere nach. Mit seinem direkt hinter dem Fahrer angeordneten 30-PS-Einzylinder wurde der Saunderson Universal ein großer Verkaufsschlager; er konnte 2 t auf der Pritsche befördern und weitere 2 t als Anhängerlast ziehen. Das im Jahre 1916 präsentierte 25-PS-Modell G wurde zum meistverkauften britischen Traktor seiner Zeit. Damals war Saunderson der größte Traktorenfabrikant im Lande. Dem Modell G folgte 1922 ein Leichtgewicht, das gute Kritiken erntete. Leider war Saunderson – wie viele andere Firmen jener Epoche – nicht groß genug, um mit Modellen wie dem Fordson konkurrieren zu können, und so wurde die Produktion von Traktoren 1924 für immer eingestellt.

Der Saunderson eignete sich als Schwerguttransporter und Traktor, sodass man ihn bei der Waldarbeit einsetzte.

Sawyer Massey

1835–1940er-Jahre

Die spätere Firma Sawyer Massey wurde 1835 von John Fisher aus dem Staate New York in Hamilton gegründet. Nur ein Jahr später produzierte man dort Kanadas erste Dreschmaschine. Das Unternehmen florierte dank der Finanzspritze eines Cousins, der ebenfalls in die Firma einstieg, die sich nun Hamilton Agricultural Works nannte. L. D. Sawyer und dessen Bruder Payson, zwei Maschinenexperten, gesellten sich hinzu und übernahmen schließlich die Leitung. Als John Fisher 1856 starb, nahm das Unternehmen den Namen L.D. Sawyer & Company an.

1869 hatte die Firma bereits eine Vielfalt landwirtschaftlicher Geräte im Angebot, von Getreideworfelmaschinen und Laufbändern bis zu Mäh- und Dreschmaschinen u.ä.

1889 erwarb Hart Massey, Präsident der Massey Harris Company aus Toronto (Inhaber: Walter Massey und Chester Massey) 40% der Firmenanteile. Es folgte eine Umstrukturierung, und das Unternehmen verwandelte sich in die Sawyer & Massey Company Ltd. Eine Zeitlang ging alles gut, aber um 1910 gab es Probleme bei der Produktauswahl. Der Hamilton-Anteil der Firma wollte sich weiterhin mit Dampfzugmaschinen befassen, während die Masseys stärker an Benzintraktoren interessiert waren. So gliederten sie ihre Anteile aus dem Unternehmen aus, das nach einer weiteren Umstrukturierung zur Sawyer-Massey Company Ltd. wurde.

Im Laufe der nächsten Jahre kamen mehrere Motorentypen und -größen heraus, und die Traktoren wurden öfters verändert.

Unmittelbar vor dem Ersten Weltkrieg machte sich Sawyer-Massey an die Entwicklung und Produktion

1910 war Sawyer-Massey bereits einer der größten Dampfmaschinenhersteller Kanadas.

Die Firma Sawyer-Massey war in Hamilton (Kanada) ansässig. Im Bild ihr Modell 20-40 von 1918.

eines Benzintraktors. Diese Maschine hatte Dampfantrieb, Räder und ein Getriebe, auf dem ziemlich weit hinten ein Vierzylinder montiert war, der 22 bis 45 PS erzeugte. Ihm sollte schon bald das Modell 30-60 folgen.

Nach dem Krieg baute man auf kleinere Traktoren mit 11–22 und 17–34 PS sowie eine begrenzte Stückzahl von 17- und 20-PS-Modellen. Mitte der 1920er lief die Produktion von Benzin- und Dampftraktoren aus. Nun fertigte man Baumaschinen, bis die Firma von T. A. Russell, Präsident von Willys Overland of Canada, erworben wurde. Die Lage wurde immer verzweifelter, und nach einer kurzen Phase, in der sie Lkws produzierte, machte die Firma nach dem Zweiten Weltkrieg dicht.

Sawyer-Massey war ein erfolgreicher Dampfmaschinenhersteller, produzierte aber später auch Traktoren.

Der Traktor Sawyer-Massey 20-40 leistete 20 PS an der Zugdeichsel und 40 PS an der Antriebsscheibe.

Schlüter

1937–1993

Als die Zeit weiter fortschritt, bemühte sich die kleine Firma Schlüter Schritt zu halten und baute immer stärkere Motoren.

Der Schlüter-Traktor wurde in der oberbayerischen Domstadt Freising geboren. Das erste Produkt der Firma Anton Schlüter, die Traktoren der DZM-Serie, wurden über drei Generationen hinweg weiterentwickelt. Während die Produktion von Zugmaschinen erst im Jahre 1937 anlief, war die Firma schon seit 1899 im Geschäft; damals etablierte sich Anton Schlüter als selbstständiger Fabrikant von Benzin- und Zweibrennstoff-Motoren. Ab 1921 lieferte er in alle Welt Dieselmotoren, die zwischen 5 und 300 PS erzeugten. 1937 wurde dann der erste von zahlreichen Traktoren präsentiert. Es gab ihn mit 14 oder 25 PS Motorleistung. Im Zweiten Weltkrieg produzierte die Firma Modelle mit Holzgasantrieb und lieferte 25 und 50 PS starke Holzgas-Elektrogeneratoren. Nach Kriegsende und in den 1950er-Jahren erweiterte sich die Produktpalette um Modelle mit 30, 45 und 60 PS. Gegen Mitte der 1960er präsentierte man noch stärkere Maschinen, und 1974 kamen der riesige Trac 2500 TVL (240 PS) und der Trac 3500 (320 PS) auf den Markt. Vier Jahre später erschien Schlüters erster und einziger 500-PS-Traktor mit Zwölfzylinder-Turbolader.

In den 1980ern änderte man den Kurs. Jetzt war Energiesparen angesagt, und die Maschinen wurden ein wenig gedrosselt.

1982 stellte man eine neue Serie von Kleintraktoren vor; hinzu kam ein 180-PS-Modell mit Luftkühlung

Der Schlüter-Traktor war ein Produkt der Firma Anton Schlüter im oberbayerischen Freising.

Die starken Kleintraktoren waren ideal für die kleinen Bauernhöfe im ländlichen Bayern.

und Turbo, der bislang modernste Dieseltraktor der Firma. Allradlenkung und Motormanagement wurden eingeführt, und aus Saudi-Arabien erhielt man einen Großauftrag über 70 Fahrzeuge.
Ende der 1980er brachte die Firma neue Trac-Modelle mit 140, 170 und 200 PS auf den Markt, nun allerdings mit der 1986 verordneten Geschwindigkeitsbeschränkung (50 km/h). Aber auch das konnte dem mittlerweile finanziell angeschlagenen Unternehmen nicht helfen: 1991 wurde die Gießerei geschlossen, und 1993 erfolgte die Übernahme durch den Landmaschinenfabrikanten Schönebeck AG. Nach dem Ende der Firma Schlüter fertigte die Kraus AG Ersatzteile für deren ältere Modelle.

Dieser abgenutzte Schlüter-Traktor ist heute noch im Einsatz. Man beachte die selbstgebastelten Überrollbügel.

In den 1970ern und 1980ern baute die Firma Schlüter PS-starke Supertraktoren. Das Bild zeigt ein Diesel-Modell.

SFV/Vierzon

1930er–1960er-Jahre

Die Société Française de Matériel Agricole et Industriel im französischen Vierzon wurde im Jahr 1847 als Landmaschinenfabrik gegründet und baute ab 1861 auch Dampfmaschinen. Ihren ersten Traktor fertigte sie in den 1930ern; er hatte einen Semidiesel-Glühkopfmotor mit 50 bis 55 PS Leistung.
Nach dem Zweiten Weltkrieg wurde das Styling leicht verändert, und der neue 201 (19 PS) – abermals ein Diesel – kam auf den Markt. Es gab auch stärkere Versionen wie den 551, der einen weit mächtigeren Semidiesel (16 240 cm^3) führte, aber obwohl es sich um verlässliche Traktoren handelte, wirkten sie bald veraltet und fielen immer mehr hinter der neuen Generation zeitgenössischer Vielzylinder zurück. Ende der 1950er kaufte J. I. Case die Firma auf, und Anfang der 1960er lief die gesamte Traktorenproduktion aus.

Neben anderen Modellen baute Vierzon auch eine eigene Version des großen Einzylinder-Dieseltraktors.

SOMECA

1952–1960er-Jahre

Die Société Mécanique de la Seine war eine Tochterfirma der Simca-Gruppe und dort für den Traktorenbau zuständig. Simca hatte damit begonnen, Fiat-Pkws in Lizenz zu fertigen, doch für den nun boomenden Traktorenmarkt wollte man eine Firma als eigene Sparte aufkaufen. So wurde 1952 mit der MAP (Manufacture d'Armes de Paris) ein französischer Zugmaschinenhersteller erworben, an den man bereits vorher Ersatzteile geliefert hatte. Als erstes Modell kam der DA50 mit einem Vierzylinder-Dieselmotor von OM (nun ein Teil des Fiat-Konzerns) auf den Markt. Weitere folgen, beispielsweise der 55 und der 617/715. Mitte der 1960er-Jahre erweiterte sich die Produktpalette nochmals, doch schon kurz darauf wurde SOMECA von New Holland und Simca vom Chrysler-Konzern übernommen.

Ein hübscher kleiner SOMECA-Traktor. Die meisten führten den OM-Diesel des Fiat-Konzerns.

Steiger

1960–heute

Wer mehr als 1500 Hektar Land bestellen muss, braucht schon ziemlich große Maschinen – davon ging die Familie Steiger aus Red Lake Falls (Minnesota) aus, als sie beschloss, einen neuen Großtraktor für derartige Riesenflächen zu entwickeln.
Die Steiger Tractor Company entstand 1957, als John Steiger mit seinen beiden Söhnen Douglas und Maurice in ihrer Scheune einen Traktor baute. Dieser war im Vergleich mit anderen Fahrzeugen ein Ungetüm, das über 6800 kg wog und von einem Detroit-Diesel mit 238 PS angetrieben wurde – so etwas hatte keine andere Firma im Angebot. Die Maschine erwies sich als zuverlässig und verrichtete viele Stunden lang getreu ihre Dienste. Es dauerte nicht lange, bis sich auch Nachbarn und Freunde für sie interessierten. Die ersten für Kunden gebauten Steigers waren etwas kleiner als der Prototyp und hatten Steuerpinnen.
Der Steiger Nr. 2 fiel etwas anspruchsvoller aus und führte einen bescheidenen 100-PS-Diesel der Firma Detroit. Das 118-PS-Modell 1200 aus dem Jahre 1963 bekam zur leichteren Steuerung ein richtiges Lenkrad. Sämtliche Traktoren hatten Allradantrieb und führten den Power Splitter, ein Steiger-Patent, welches das Chassis gelenkig machte und so den Wendekreis deutlich verkleinerte. 1969 waren auf Steigers Farm schon 126 Traktoren gebaut worden.
Ein Konsortium von Geschäftsleuten beschloss nun, Kapital in das Unternehmen zu investieren, und bald siedelte die Firma in ein leerstehendes Panzerwerk in Fargo (North Dakota) über. Jenes war schon bald zu klein, und man errichtete neue Gebäude, in denen pro Schicht etwa 20 Fahrzeuge entstanden. Die 1970er-Jahre erlebten einen Boom im Traktorenbau, und Steigers Maschine machte da keine Ausnahme.

Der erste Steiger-Traktor – hier bei der Präsentation – wurde 1957 in einer Scheune der Familie Steiger gebaut.

Hier sieht man den Steiger Panther 1360 – wieder mit grünem Anstrich. Er hatte gleichgroße Räder und Allradantrieb.

Man brachte das Modell Beccarat mit V8-Motor und Zehnganggetriebe heraus. In den 1970ern folgten stärkere Traktoren wie der Panther ST310 mit einem Sechszylinder-Diesel von Cummins und der Panther 3300 mit Detroit-V8-Diesel (350 PS). 1978 kam dann der Tiger III ST450 mit einem Sechszylinder-Turbolader von Cummins heraus. Steiger lieferte auch an die größeren Firmen jener Zeit Fahrzeuge. So war bspw. der Allis Chalmers 440 ein „verkleideter" Bearcat, und auch der International Harvester 4366 kam aus dem Hause Steiger. IH hatte schon 1972 Anteile am Steiger-Konzern erworben und stand seither mit der Firma in Verbindung.

Die Seitenansicht lässt die Größe dieses Fahrzeugs erkennen. Es hatte ein Gelenkchassis, der Dieselmotor saß vorn.

Der lindgrüne Anstrich ist typisch für Steiger. Im Bild sieht man das Modell Puma 1000.

Das Modell Panther – die Kabine lag so hoch, dass man seitlich extra Trittstufen einbauen musste.

Die Firma Steiger wuchs in den prosperierenden 1970er-Jahren weiter, doch die 1980er waren für die gebeutelten Farmer eine schwere Zeit, und es gab Finanzprobleme. So kam es, dass 1986 der Tenneco-Konzern, dem bereits Case International gehörte, die Firma übernahm. Steiger baute weiter unter beiden Markennamen Traktoren mit rotem bzw. grünem Anstrich, bis man 1990 auf die grüne Steiger-Marke verzichtet, die aber 1995 an roten Case-IH-Traktoren erneut auftauchte. Heute lebt Steiger von den STX-Allradtraktoren der Firma Case IH.

1986 übernahm Tenneco, der schon Case IH gehörte, den Steiger-Konzern. Hier sieht man das neueste STX-Modell.

Das Modell STX gibt es wahlweise als Kettenfahrzeug oder – wie hier im Bild – mit normalen Rädern.

Steyr

1864–heute

Die Firma Steyr entstand im Jahre 1864, als Josef Werndl im oberösterreichischen Steyr eine Waffenfabrik gründete. Der ernsthafte Einstieg in die Traktorenproduktion erfolgte jedoch erst 1947 mit dem Modell 180, einem wassergekühlten Zweizylinder-Diesel, der 26 PS erzeugte. Dieses noch bis 1962 gebaute Fahrzeug verwendete gewöhnliche Komponenten aus der Lkw-Sparte der Mutterfirma, und es wurden etwa 45000 Stück verkauft. Zwei Jahre später – 1949 – kam das 15-PS-Modell Steyr 80 auf den Markt, eine Sechszylinder-Maschine. Mit insgesamt etwa 65000 Exemplaren verkaufte es sich bis 1966 ungewöhnlich gut. Mittlerweile erwarteten Österreichs Bauern aber mehr von ihren Traktoren, und als Antwort präsentierte Steyr 1964 seine Jubiläums-Serie. Diese besaß Zweigeschwindigkeits-Zapfwellen mit hydraulischer Zugsteuerung und Allradantrieb; ferner war sie erstmals für den Frontladerbetrieb konzipiert. 1967 gab es die Plus-Serie aus Ein-, Zwei- und Dreizylindermodellen, dem 430 (34 PS), 540 (40 PS) und 650 (52 PS). Von dieser Familie wurden 110000 Stück verkauft, bevor man sie in den 1980ern aus dem Programm nahm.

Steyrs Unternehmensphilosophie ist, dass man sich ständig weiterentwickeln soll, so präsentierte man 1972 den österreichischen Bauern ein Getriebe mit 16 Vor- und sechs Rückwärtsgängen. 1974 kamen die Traktoren der Serie 80 heraus; sie führten Motoren von 48–165 PS und hatten einzigartige Flach-

Der Turbodiesel-Traktor Steyr 8080 fährt mit Treibstoff aus Rapsöl.

Steyrs Profi-Traktoren bieten neue Motoren, die für die meisten Aufgaben auf den Höfen ausreichen.

boden-Kabinen, in denen der Fahrer bequemer saß und die Schaltelemente besser erreichte. Dann wurde 1975 der Steyr 1400a vorgestellt, der 140 PS erzeugte und über Turbolader, Powershift-Getriebe, Allradantrieb und eine schalldichte Kabine verfügte.

Eine Werbeanzeige für die 900er-Serie der Steyr-Traktoren. 1996 wurde die Firma von Case übernommen.

Im Jahre 1980 bot Steyr das Zweirichtungs-Modell 8300 (260 PS) an. Auf dem heimischen Markt verkauften sich der Dreizylinder 8055 (48 PS) und die beiden Vierzylinder-Modelle 8075 und 8090 gut.

1986 gab es zusätzlich zwei neue Extras: SHR, ein elektronisch gesteuertes Kupplungskontrollsystem und das elektronische Management-System Informat. 1992 erfolgte die Einführung der Serie 900: diese Traktoren boten eine hohe Zapfwellen-Leistung und waren speziell für die Hanglagen der österreichischen Bergbauernhöfe konzipiert. 1993 kamen die Traktoren der Serien 9100 und 9000 auf den Markt, und ein Jahr später modernisierte man die Militracs. Letztere besaßen Multispeed-Zapfwellen-Steuerungen sowie modernste Vordergestänge- und Zapfwellen-Mechanik. Zur Serie M900 gehörten bei ihrer Einführung im Jahre 1995 Modelle mit 65 bis 75 PS, während die stärkere Serie M9000 (ebenfalls von 1995) solche mit 110 bis 150 PS umfasste.

Zur allgemeinen Überraschung erwarb 1996 die Firma Case IH die Anteilsmehrheit an Steyr und sicherte sich so den Großteil des österreichischen Marktes. Der Bonus bestand in der Entwicklungsarbeit, die Steyr bei seiner Vorderachsen- und Getriebetechnologie geleistet hatte. Case ließ von Steyr einen Getriebeprototyp entwickeln, den man bei den Modellen Steyr CVT und Case IH CVX einbaute, die beide 2000 in den Handel kamen. Steyr war immer ein fortschrittliches, zukunftsorientiertes Unternehmen, das dank Case nun über Sicherheit und eine breite, moderne Produktpalette verfügt.

Jeder Steyr CVT führt als Antrieb einen abgasarmen 6,6-l-Turbodiesel mit Zwischenkühlung.

Nehmen Sie Platz im CVT und bewundern Sie seine neue Kabinenausstattung, die Pkw-Standards entspricht.

Die Vorderachse des CVT bietet dank der Einzelradaufhängung größere Sicherheit und mehr Fahrkomfort.

TAFE

1961–heute

Die Tractors and Farm Equipment Ltd. (TAFE) wurde im Jahr 1961 in Kooperation mit der Firma Massey Ferguson UK gegründet. Ihr Ziel bestand darin, den Farmern durch völlige Mechanisierung ihrer Betriebe zu helfen; dazu fertigte man die ganze Palette an Traktoren, Anhängegeräten und Zubehör. Die TAFE-Produkte wurden durch Übernahme der besten Entwürfe und modernster Technologie ausgebaut und verbessert.

Heute baut TAFE jährlich über 35000 Traktoren der Klasse mit 25–45 PS; dazu kommt eine reiche Auswahl an Zubehör. Der Export ist für TAFE ein wichtiges Standbein: Abnehmerländer sind die USA,

Der TAFE 35 D1 ist der ideale Kleintraktor für kleinere Landwirte und Gartenbaubetriebe.

Kanada, Sri Lanka, Bangladesch, die Türkei und afrikanische Staaten.

Die ursprünglich für schwere Landarbeiten konstruierten TAFE-Traktoren sind zuverlässig, sparsam und auch den schwersten Anforderungen im Land- und Obstbau gewachsen. Es gibt auch Ideallösungen für Kleinbauern, Golfplätze, Reitcenter, Forstwirte, Baumschulen und Campingplätze.

TERRA-GATOR

1963–heute

1963 gründete A. E. McQuinn die Ag-Chem Equipment Co. Inc. Diese Firma vertrieb anfangs Spezial-Sprühgeräte und produzierte 1967 ihre erste Maschine, den hydraulisch verstellbaren Ausleger-Sprüher HAB-8. 1970 eröffnete das Unternehmen in Jackson (Minnesota) eine neue Produktionsstätte. 1973 kam als erster Dreirad-Applikator mit hohen Breitreifen der Terra-Gator 1253 auf den Markt. Ihm folgte 1976 das Modell 2505, ein Fünfrad-Applikator, der beinahe doppelt so groß wie das vorige Modell war. 1979 löste das Modell 1603 den 1253 ab, und 1984 präsentierte die Firma ihren ersten Vierrad-Berieseler, den 1664.

Bei näherem Hinsehen erkennt man den Caterpillar-Motor, aber die Spezifikation variiert nach den Anforderungen.

1989 kam die Serie 1800 auf den Markt, und nur zwei Jahre später gab es den Traktor 1903 mit 400-PS-Motor, der das größte und stärkste Chassis der Landwirtschaftssparte besaß. 1987 erschien das neue Modell 8103 mit TerraShift-Getriebe und brandneuer Kabine, und 1998 erfolgte die Einführung des Allrad-Traktors 8104. Der für Schwerstarbeit gedachte 3104 war ein Allradmodell mit Gelenksteuerung. Im September des Jahres lieferte man den 10000sten Terra-Gator aus. 2001 erwarb die AGCO Corporation die Ag-Chem Equipment Company, Inc. Für neuen Fahrkomfort bei Dreirad-Applikatoren sorgten die Modelle 6103 (275 PS), 8103 (300 PS) und 9103 (400 PS). Der vierrädrige 8104 (Zweiradantrieb) und der 8144 (Allrad) führen 300-PS-Motoren. 2004 präsentierte AGCO Application Equipment mit dem Dreirad TerraGator 9203 (425 PS) für 27 t Ladung den derzeit stärksten Applikator.

Auch nach der Übernahme durch AGCO ist der Name Terra-Gator nicht völlig verschwunden.

Lkw oder Traktor? Der 1664T wurde bei Ag-Chem in Holland gebaut und verwendete viele Teile von John Deere.

Turner

1940er-Jahre–1957

Als nach dem Zweiten Weltkrieg in großem Umfang freie Produktionskapazitäten verfügbar waren, wandte sich die Firma Turner Manufacturing in Wolverhampton dem Bau von Motoren und Motorfahrzeugen zu.

1946 produzierte sie zwei Motorentypen, einen stationären Einzylinder und einen V-Zweizylinder mit 15 PS. Zwei Jahre später präsentierte man einen Vierzylinder, der anfangs 30 PS leistete, doch 1949 auf 36 PS verstärkt wurde. Damals bestand großes Interesse an Landmaschinen, vor allem an Traktoren, und so entwickelte die Firma 1948 einen Landtraktor namens Yeoman of England. Dieser führte einen von Freeman Sanders konstruierten 60°-Vierzylinder-Diesel (3271 cm^3, 40 PS) aus eigener Produktion. Dazu gab es eine reichhaltige Auswahl an Zubehör, die u.a. Pflüge, Kultivatoren, Eggen und Mähmaschinen umfasste, und eine Firma namens Scottish Aviation baute auch eine Fahrerkabine für diesen Typ.

1950 schickte man die Maschine zwecks Erprobung zum NIAE, wo gravierende Mängel festgestellt wurden. Der Kühler war zu klein für die Hitze, die beim Gurttest entstand. Probleme gab es auch mit dem Getriebe und dem Lenksystem. Zwar wurden diese von der Firma abgestellt, doch als der Traktor auf den Markt kam, war er teurer als andere vergleichbare Fahrzeuge jener Zeit. So erwarb sich der Traktor einen sehr schlechten Ruf und konnte nie recht Fuß fassen, obwohl es auch die verbesserte Serie III gab. 1957 stellte Turner den Traktorenbau ein und wurde später Bestandteil von Caterpillar.

Die besser für ihre Pkws bekannte Firma Turner versuchte sich auch an Traktoren. Das Bild zeigt den Yeoman of England.

Der Motor des Yeoman of England, ein V4-Modell mit 3271 cm^3 Hubraum, erzeugte um die 40 PS.

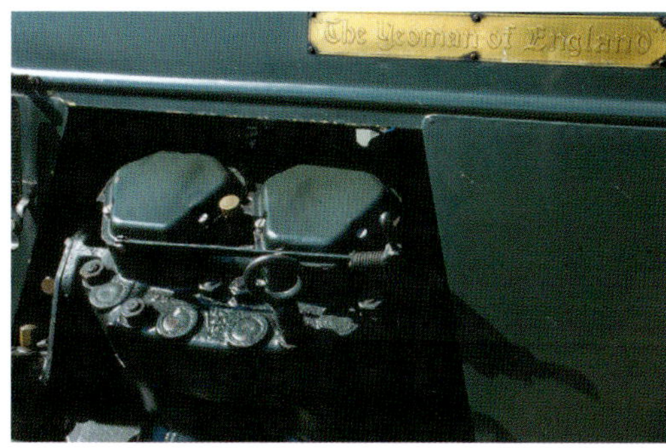

Wegen zahlreicher Fehler ging der Yeoman of England nur mit Mühe in Serie; er hatte einen schlechten Ruf.

U

Universal

1960er-Jahre–heute

1948 produzierte die Long Manufacturing Company in Tarboro (North Carolina) ihren ersten eigenen Traktor, das Modell A mit einem Continental-Vierzylinder. Der Universal-Traktor, den man mit dem Firmennamen verband, wurde in Wirklichkeit bei Uzina Tractorul Brasov (UTB) im rumänischen Brasov (Kronstadt) gebaut. Man lieferte die halbfertigen Maschinen an Long Manufacturing, wo die Endmontage für den US-Markt erfolgte. So konnte Long von den 1960ern bis in die 1990er mit recht beachtlichem Erfolg preiswerte Long/Universal-Traktoren verkaufen. Leider überstand Long die Agrarkrise der 1980er nicht und musste aufgrund finanzieller Probleme Konkurs anmelden. Heute ist Long wieder im Spiel, und auch andere Firmen vertreiben den Universal in den USA und anderswo.
Universal-Traktoren bieten auf dem heutigen Markt eine verlässliche Alternative – alle Modelle haben wassergekühlte Direkteinspritzer mit CAV-lizenzierten Brennstoffsystemen. Ihr Synchrongetriebe mit Dauereingriff besitzt zwölf Vor- und drei Rückwärtsgänge, die einander bei den gängigen Arbeitsstufen überlappen. Für den Hubladereinsatz gibt es als Option eine 8x8-Shuttle-Schaltung. Alle Universal-Traktoren haben pedalbetriebene Differentialsperren, die sich automatisch wieder ausschalten, und die hydrostatische Servolenkung sorgt bei allen Drehzahlen und Reisegeschwindigkeiten für müheloses, präzises Schalten. Die unabhängige Zapfwelle bietet 540 U/min, und eine Dreipunkt-Kupplung der Kategorien 1 und 2 verwendet standardmäßig starke hydraulische Pumpen und Fernbedien-Ventile. Zum Standard gehört auch ein Überrollschutzsystem samt Sicherheitsgurt.
Der Universal 320 DT ist der kleinste Traktor der Klasse und führt einen Zweizylinder-Diesel mit Direkteinspritzung (32 PS). Der Universal 453 DTP eignet sich ideal für leichte Arbeiten auf dem Hof und hat einen Dreizylinder-Diesel mit Direkteinspritzung (45 PS). Es gibt ihn mit Zwei- oder Allradantrieb. Spitzenmodell ist der Universal 783 DT, ein mächtiger Traktor für Aufgaben aller Art, der einen Achtzylinder-Diesel (82 PS) mit Turbolader und Direkteinspritzung führt. Auch ihn bekommt man mit Zwei- oder Vierradantrieb, und er hat überdies eine Kabine. Kein atemberaubendes Programm, aber preiswerte Maschinen, die fast alle anfallenden Aufgaben erledigen können.

Der Universal 600 wurde in Rumänien hergestellt, dann in die USA verschifft und dort montiert.

Hier sieht man einen mittelschweren Universal 533 DT aus den späten 1980ern mit Dreizylinder-Motor.

Ursus

1922–heute

Die Firma Zakkladow Mechanicznych (Ursus) baut erst seit 1922 Traktoren, lieferte aber schon lange vorher Ausrüstung für die Nahrungsmittelindustrie. An ihrem Sitz im polnischen Warschau fertigte sie Verbrennungsmotoren, die bis 1913 ihr Kernprodukt darstellten.

Ursus hatte schon seit mehreren Jahren an einem Prototyp gearbeitet, bevor jener 1922 in einen serienreifen Traktor eingebaut wurde. Es kam allerdings nie zur Fertigung größerer Mengen – in den folgenden fünf Jahren baute man nur ganze 100 Stück, während das Werk hauptsächlich Lkws und Busse produzierte.

Die Firma zog sich zwar 1930 aus dem Geschäft zurück, wurde aber durch die polnische Regierung gerettet. In den folgenden Jahren produzierte sie verschiedene Fahrzeugtypen, und als der Zweite Weltkrieg ausbrach, lieferte sie 700 Traktoren an die Streitkräfte. Erst nach Kriegsende stellte Ursus ab 1947 wieder in größerem Stil Traktoren her; anfangs kopierte man den Lanz Bulldog, später ließ man sich vom Zetor aus der CSSR anregen. Die letztgenannte Allianz wurde über mehr als zehn Jahre fortgesetzt, und beide Firmen verwendeten viele Komponenten gemeinsam, wobei Zetor der modernere Betrieb war, sodass die allermeisten aus der CSSR stammten.

Nach der Ära Lanz begann die Reihe der Ursus-Traktoren im Jahr 1961 mit dem Zweizylinder-Traktor C325, der als Antrieb einen 1819-cm³-Dieselmotor führte, welcher an der Zugdeichsel 21,7 PS erzeugte, bei geschätzten 2000 U/min hingegen 24,6 PS (Zapfwelle). Später rüstete man das Modell zum C335 mit 1966 cm³ Hubraum auf.

1970 kam es zu einem Deal zwischen Ursus und Massey-Ferguson: Ursus sollte auf der Basis von Massey-Ferguson-Maschinen eine Reihe von Traktoren mit 38-72 PS Leistung bauen. Dieses Geschäft zahlte sich vor allem wegen der niedrigen Preise der

Der mächtige Ursus 385 war ein Schwertraktor von einfacher Bauart, der aber die meisten Aufgaben bewältigte.

Der C335 setzte in den 1960ern dort an, wo der 1,8-l-Dieselmotor des C325 aufgehört hatte.

osteuropäischen Traktoren aus – immer ein entscheidender Kaufgrund. Nach der Auflösung des Ostblocks wurde Ursus jedoch 1998 privatisiert.
2005 produzierte Ursus Traktoren für viele unterschiedliche Aufgaben; das Spektrum reicht dabei vom Dreizylinder-Modell 3514 (47 PS) bis zum Vierzylinder 6014, der 83 PS erzeugt. All diese modernen Traktoren sind gut ausgestattet, und es gibt eine reiche Auswahl an Zubehör.

Zur neuen Generation von Ursus-Traktoren gehört auch das Dreizylinder-Modell 3514 (47 PS).

Auch dieser Ursus für Obstkulturen gehört zur neuen Modellreihe. Der schmale Traktor hat eine bequeme Kabine.

V

Valmet-Valtra

1951–heute

Der Valmet 15A kam zu einer Zeit auf den Markt, als Kleintraktoren die Pferde als wichtigste Kraftquelle auf den Höfen ablösten. Der 15A wog 780 kg und wurde von einem Vierzylinder-Benzinmotor (15 PS, 1,5 l Hubraum) angetrieben, den die Firma Linnavuori lieferte. Der Verkauf lief sehr erfolgreich an, und im September 1954 konnte man bereits den 2000sten Traktor ausliefern. Damals wie heute verlangten die Kunden jedoch immer stärkere Modelle, und so kam im Mai 1955 der Valmet 20 auf den Markt. Er besaß ebenfalls einen Benzinmotor und ließ sich mit einer schweren hydraulischen Kupplung ausrüsten. Es wurde jedoch rasch klar, dass die Bauern schnell einen mittleren Dieseltraktor brauchten. Daher regte Gustav af Wrede, der Generaldirektor von Valmet Oy, die Entwicklung eines später als Valmet 33 bekannten Traktors an. Entworfen wurde dieser unter der Leitung von Olavi Sipilä in den Tourula-Werken in Jyväskylä; Sipilä hatte bereits an kleineren Valmet-Modellen mitgearbeitet. Als Antrieb diente abermals ein Motor aus der Fabrik in Linnavuori. Der mächtige dieselbetriebene Valmet 33 wurde im November 1956 auf der Messuhalli-Messe in Helsinki vorgestellt, und 1958 begann Valmet ihn zu exportieren: 250 Stück gingen nach Brasilien, weitere 250 nach China.

Dieses Bild zeigt das beliebte Modell 361D (46 PS), das in Finnland 1961 auf den Markt kam.

Die Ausfuhr nach Brasilien lief vielversprechend an, doch dann beschloss die brasilianische Regierung, Traktoren vor Ort fertigen zu lassen. Es wurden Angebote eingeholt, und von den zehn Bewerbern nahmen schließlich sechs – darunter auch Valmet – die Produktion auf. So gründete die Firma 1960 in Mogi das Cruzes bei São Paulo eine Fabrik, wo man

Hier sieht man das Modell Valmet 565 mit Synchrongetriebe. Es hatte einen 52-PS-Motor und kam 1954 auf den Markt.

im Dezember des Jahres die ersten Valmet 360D (40 PS) fertig stellte. Da anfangs keine eigenen Dieselmotoren eingebaut werden durften, führten die ersten Traktoren solche von MWM.

In Finnland forderten die Vertragsnehmer indes noch stärkere Traktoren. Als Antwort brachte Valmet 1964 sein bis dahin stärkstes Fahrzeug heraus, den 864 mit einem Power-Getriebe aus den USA. Zugleich präsentierte die Firma ein Forstmodell mit Schenkellenkung, das überwiegend aus Komponenten des Valmet 361D bestand. Da in den Fabriken von Tourula zuwenig Kapazitäten frei waren, verlagerte man die Fertigung dieses Modells nach Tampere.

Zur gleichen Zeit siedelte auch Olavi Sipilä dorthin über, und Rauno Bergius wurde Leiter der Produktentwicklung im Werk Tourula. Sein erster Entwurf war der Valmet 565 mit synchronisiertem Getriebe. Als nächstes befasste man sich mit der Kabine des Traktors – Überrollbügel wurden schon bald gesetzlich vorgeschrieben. Der 1967 vorgestellte Valmet 900 stand für eine neue Philosophie: Er war der erste Traktor mit einer standardmäßig eingebauten Sicherheitskabine, welche die Arbeit für den Fahrer nicht

Der Valmet 900 von 1967 hatte einen 90-PS-Motor, standardmäßig eine Kabine und hydrostatische Lenkung.

nur bequemer, sondern auch sicherer machte. Die Schalthebel des synchronisierten 8F/2R-Getriebes befanden sich nun rechts vom Fahrersitz. Weil die Traktoren jetzt Kabinen hatten, benötigte man höhere Montagehallen, als es sie im Werk Tourula gab, sodass ein neues Werk her musste. Es sollte anfangs bei Jyväskylä liegen, doch man fand im 45 km entfernten Suolahti einen alternativen Standort, an dem im September 1969 die Produktion anlief.

Im gleichen Jahr präsentierte Valmet den Allradtraktor 1100 mit 115 PS und Turbolader. Die ergonomischen Aspekte wurden weiterentwickelt, und 1971 brachte die Firma den Valmet 502 auf den Markt, der angeblich die leiseste Kabine der Welt hat. Die Auswahl an ergonomischen Traktoren erweiterte sich um die Modelle 702 (75 PS) und 1102 (115 PS).

Der Valmet 702 S (90 PS) wurde 1975 hergestellt. Er verkaufte sich vor allem wegen der Kabine ungewöhnlich gut.

Der seltsam anmutende Valmet Synchro besaß zwei Kupplungen: eine für den Antrieb und eine für die Zapfwelle.

Dieser Volvo Valmet BM wurde 1985 präsentiert, kurz danach beherrschte die Firma 25% des skandinavischen Marktes.

Hier sieht man einen Traktor der Serie Valtra HiTech S von 2005 beim Pflügen.

1973 wurde Valmet zum finnischen Marktführer, und 1975 präsentierte die Firma ihren Sechsrad-Traktor 1502 (136 PS). Er wurde nur in geringer Zahl hergestellt, lieferte aber manche Anregungen für andere Produkte, u.a. für den aus dem halbierten 6,6-l-Modell entwickelten 3,3-l-Motor. Davon wiederum leitete man eine Reihe von Motoren ab, deren Hubraum 1,1 l pro Zylinder betrug.

1978 brachte Valmet die Allrad-Modelle 702-4 und 702S-4 heraus, bei denen die Antriebswelle im Rahmen eingebaut wurde. Infolgedessen wiesen beide Modelle mit 47 cm eine beachtliche Bodenfreiheit auf.

Der Markenname Valtra wurde schon 1963 registriert, und in den 1970ern kennzeichnete man damit eine Reihe von Anhängegeräten, die speziell für Valmet-Traktoren entworfen waren: Frontlader, Holzkräne und weiter Spezialmaschinen. Nach Verhandlungen mit Valmet fällte Volvo BM die strategische Entscheidung, keine Traktoren und Landmaschinen mehr zu bauen. Man wollte jedoch weiterhin Komponenten produzieren, um so im schwedischen Es-

2005 bot Valtra eine imposante Auswahl von Traktoren, z.B. diesen Valtra S mit Schneepflug und -gebläse.

2004 präsentierte Valtrac die Traktorenserie Valtra XM. Dieser ist mit einer Ladeschaufel ausgerüstet.

kilstuna Arbeitsplätze zu erhalten. Das Traktorengeschäft von Volvo BM wurde einer Firma namens Scantrac übertragen, die zu 50% Valmet gehörte. Als man die Verträge im September 1979 unterschrieb, hatte die Entwurfsarbeit an einer neuen Traktorenklasse mit Namen Volvo BM Valmet bereits begonnen. Valmet sollte später auch formell Eigentümer von Scantrac werden.

Hier sieht man einen Valtra von 2003. Der Traktor der M-Serie führt hier eine Egge zur Gärfutterproduktion.

Im Mai 1982 führte Valmet die roten 04-Modelle mit 49 bis 67 PS ein, und ab Juni kam die brandneue Klasse 05 (65 bis 95 PS) heraus. Ihre Fertigung lief Mitte der 1980er in Brasilien an und wird bis heute fortgesetzt.

1983 wurden die Valmet-Traktoren nicht nur in Finnland und Schweden, sondern in allen skandinavischen Ländern Marktführer.

Ebenfalls 2004 verkaufte Valtra die Traktoren der S-Serie, hier mit Frontladeschaufel im Einsatz.

1986 unterzeichneten Valmet und die Steyr-Daimler-Puch AG eine Absichtserklärung über Entwurf und Bau verschiedener Motoren und einer 90 bis 140 PS starken Traktorenserie. Das Geschäft lief gut an, aber 1989 verlangten die Deutsche Bank (Eigentümer von Deutz) und die Kreditanstalt (Besitzer von Steyr), dass die beiden Firmen eine Genossenschaft gründen sollten, worauf sich Valmet zurückzog. Mit dem Know-how aus der Kooperation mit Steyr begann Valmet, die Klassen Mezzo und Mega zu entwickeln. Die Zusammenarbeit hatte zu einigen modernen Errungenschaften geführt, und die Verkaufszahlen des 1991 vorgestellten Vierzylinders Mezzo (wie auch des späteren Sechszylinders Mega) zogen mächtig an.

Die Rezession von 1991/92 traf auch die Traktorenindustrie schwer. Bei Valmet verschmolz man die Produktion in Brasilien und den Dieselmotorenbau im finnischen Nokia mit dem europäischen Traktorengeschäft.

1993 erhielt Valmet als erster Traktorenhersteller der Welt ein ISO-9001-Zertifikat. 1999 verlieh man der Firma auch den Finnischen Qualitätspreis. In diesem

Das Innere einer Fahrerkabine der S-Serie – perfekte Rundumsicht und aufgeräumte Instrumente.

turbulenten Jahrzehnt wechselte sie zweimal den Besitzer: Valmet Oy wollte sich auf die Herstellung von Papiermaschinen und die Automatisierung im Allgemeinen konzentrieren, und so erwarb Sisu 1994 die Traktorensparte. 1997 wurde Valmet als Sparte von Sisu Teil der Partek-Gruppe.

Modelle für das dritte Jahrtausend waren 1999 auf der Agritechnica in Hannover zu sehen. Mit der S-Serie stand man an der Spitze der künftigen Entwicklung, bei der zunehmend modernste Informationstechnologien zum Einsatz kommen.

2001 feierte man das 50jährige Firmenjubiläum, und seit Jahresbeginn trugen alle Traktoren den Markennamen Valtra. 2002 kam die neue T-Serie heraus, und 2003 wurden in Europa die Serien M, XM und C sowie in Brasilien die BF/BL-Serie eingeführt.

Ebenfalls 2002 erwarb die Kone Corporation Partek, und so wurde Valtra Inc. ein Bestandteil der Kone Corporation. Obwohl das nur vorübergehend war, konnte Valtra in dieser Zeit die Fabrikanlagen in Suolahti ausbauen. Im Juni 2003 verkaufte Kone die Valtra Inc. an die AGCO Corporation, zu der Valtra seit dem 5. Januar 2004 gehört.

Valtra war auch in Brasilien präsent. Hier sieht man das große Modell 8550, aufgenommen bei der Zuckerrohrernte 2004.

Hier sieht man die mit Hightech aller Art ausgestattete Fahrerkabine der Traktorserien T und M.

Ein riesiger Traktor der Serie Valtra T von 2005 mit seinen acht mächtigen Rädern beim Säen.

Als Kontrast sieht man hier den kleinen Winzertraktor Valtra 3500 von 1999 auf dem Weg zum Weinberg.

Versatile

1945–heute

Peter Pakosh arbeitete bei im kanadischen Werk der Firma Massey-Harris, aber als man seine Anregungen nicht aufgriff, wurde er unzufrieden und beschloss daher, sich selbstständig zu machen. So gründete er ein Unternehmen namens Hydraulic Engineering Company, das 1945 in Toronto seine Tätigkeit aufnahm. Bald darauf forderte er seinen Schwager Roy Robinson auf, als Partner einzusteigen, was dieser auch tat. Ihr erster Erdbohrer wurde 1946 im Keller von Peter Pakoshs Haus produziert und war derart erfolgreich, dass die junge Firma an einem Sprühgerät zu arbeiten begann. Die Maschine, die dabei herauskam, war sehr einfach konstruiert und gefiel den Farmern daher auf Anhieb – nicht nur, weil sie ein gelungener Wurf war, sondern auch, weil man sie leicht reparieren konnte (wie sie es formulierten „mit Bindedraht und Spucke“). Reparaturen waren teuer und zeitraubend, sodass man diesen Vorzug sehr begrüßte. Diese Maschine erhielt den Namen Versatile.

Auf diesen Verkaufsschlager folgten Mähschwaden, die ebenfalls ein großer Erfolg wurden, und so gründete man nach dem Umzug in neue Gebäude in Winnipeg 1963 die Versatile Manufacturing Company. Nur drei Jahre später stellte das Unternehmen mit dem D-100 sein erstes Allradfahrzeug vor; angetrieben wurde es von einem Sechszylinder-Diesel der Firma Ford, der 125 PS erzeugte. Man baute 100 Exemplare dieses Modells, bevor es vom D-145 abgelöst wurde.

Der 875 Super-Tractor von Versatile hatte Allradantrieb, ein Gelenkchassis und als Motor einen 280-PS-Cummins.

In den späten 1960er- und frühen 1970er-Jahren war Versatile zum erfolgreichsten Landmaschinenhersteller in der kanadischen Geschichte geworden, und ihr explosives Wachstum in den Vereinigten Staaten ließ die Firma bald multinational werden. 1976 waren die Modelle 700, 800, 850 und 900 im Angebot, die durchweg den Namen Series Two trugen. 1981 war das Unternehmen nach dem Bau einer 1 Mio. US-$ teuren Fabrik imstande, neun Modelle mit 71 bis 470 PS Leistung zu liefern. Im folgenden Jahr brachte sie eine Zweirichtungs-Maschine auf

Dieses Fahrzeug ist auf den riesigen Farmen des Mittleren Westens im Einsatz – der mächtige Versatile 876.

Der Kühler dieses Versatile 846 trägt eine Ford-Plakette. Der Konzern kaufte Versatile im Jahre 1986.

Zur neuen Allradserie von Buhler Versatile aus dem Jahre 2000 gehörten fünf Modelle.

den Markt, der kurze Zeit später der Traktor D6 folgte. Nun schaltete sich Fords Traktorensparte ein und erwarb nicht nur die Firma Sperry New Holland in Pennsylvania, sondern auch Versatile Manufacturing. So wurde aus dem Unternehmen Ford-New Holland. In den folgenden Jahren kam es zu weiteren Namensänderungen: als der Fiat-Konzern das Outfit von Ford-New Holland kaufte, waren abermals Umbenennungen erforderlich. Ende der 1990er bekundete John Buhler von Buhler Industries großes Interesse daran, Versatile in seinen Besitz zu bringen, und nach einer Reihe von Prozessen konnte er die Firma schließlich erwerben. Es dauerte nicht lange, und die Fabrik produzierte ab 2001 erneut Fahrzeuge. Als erste Traktoren fertigte man zwei Allrad-Modelle mit 240 bzw. 245 PS und die Genesis-Traktoren (Zweiradantrieb, 145 bzw. 210 PS), die den vertrauten rot-gelben Anstrich trugen.

Der Zweirichtungs-Traktor New Holland TV140, ein leistungsfähiges, vielseitiges Modell mit 105 PS (Zapfwelle).

Die neue 2000er-Serie führt Motoren mit 290 bis 425 PS Leistung. Alle verfügen über Allradantrieb.

Zur neuen Genesis-Klasse von Versatile gehören vier Modelle, die Genesis-Motoren mit unterschiedlicher PS-Zahl führen.

Wolgograd

1930–heute

Der erste Traktor der Firma Wolgograd rollte 1930 vom Band, und als das Unternehmen zehn Jahre alt war, hatte es bereits 200 000 Stück produziert – mehr als die Hälfte aller damals in der UdSSR gebauten! Damals war die Firma noch unter dem Namen Traktorenwerk Stalingrad bekannt.

Im Zweiten Weltkrieg stellte man die Fabrik auf die Produktion des berühmten Panzerkampfwagens T-34 um. Angeblich erhielten die Arbeiter damals eine rudimentäre militärische Ausbildung und fuhren die Panzer direkt vom Montageband an die Front. Es wurden solange Kampfpanzer gebaut, bis die Fabrik in Feindeshand fiel.

Nach Kriegsende produzierte das Werk abermals Traktoren, und unter der Sowjetherrschaft entstanden 2,5 Mio. Fahrzeuge. Nach dem Ende der Sowjetunion ging die Produktion zurück, und es brachen schwere Zeiten an. Heute fertigt das Werk immer noch Traktoren und Rüstungsgüter.

Ein Wolgograd-Traktor fährt über einen staubigen Acker – er wirbelte viel Staub auf, verkaufte sich aber schlecht.

Volvo

1927–1984

BM·VOLVO

Ähnlich wie die Firma Munktell wurde auch bei Bolinders schon sehr früh viel Zeit und Mühe auf den Bau eines Landtraktors verwendet. Man produzierte indes nur ein Modell, bevor die erfolgreiche Zusammenarbeit mit der in Eskilstuna sitzenden Firma Munktell begann. Da Bolinder schon seit Jahren hervorragende Motoren fertigte, lag es nah, diesen Schatz an Wissen und Erfahrung in die neue Firma einzubringen, als die beiden Unternehmen 1932 fusionierten.

Anfang der 1940er-Jahre gehörte zur Produktpalette von Volvo auch ein kleiner Landtraktor, welcher dem Unternehmen auf diesem Feld einen gewaltigen Erfolg bescheren sollte. Die Produktion von Traktoren, die neben der von Pkws ebenfalls in Göteborg erfolgte, expandierte mit derartigem Tempo, dass sie schließlich den Pkw-Sektor im Jahr 1946 sogar völlig in den Schatten stellte.

Nach dem Zweiten Weltkrieg stieg die Nachfrage nach Traktoren für die Land- und Forstwirtschaft, aber auch andere Arbeitsfelder gewaltig in die Höhe. So begannen Volvo und Bolinder-Munktell zu kooperieren, und schließlich wurde Bolinder-Munktell 1950 von Volvo aufgekauft, das die gesamte Traktorenproduktion nach Eskilstuna verlegte.

Nachdem man den Dieselmotor erfunden hatte, kam der Rohölmotor allmählich aus der Mode. AB Bolinder-Munktell (auch AB Avancemotor) fertigte neben

Hier sieht man den Bolinder-Munktell T55 beim Pflügen in Schweden. Er wurde auch in Rot als Volvo T55 verkauft.

Mitte der 1970er fusionierte Bolinder-Munktell mit Volvo, und die Traktoren erhielten neue Plaketten. Im Bild der Volvo BM 700.

vielen anderen Produkten auch einen Traktor und unmittelbar vor diesem eine Art Vorläufermodell, das eigentlich ein Motorpflug war. Nachdem Munktell die Firma erworben hatte, lief die Traktorenproduktion allmählich aus, und ab 1932 konzentrierte man sich ganz auf eine eigene Serie von Dieselmotoren. Eine neue 1952 präsentierte Reihe bestand aus Direkteinspritzern mit einem, zwei, drei oder vier Zylinder(n).

Unter dem Dach der rasch wachsenden Firma Volvo machte BM große Fortschritte auf dem Weg zu einem hochindustrialisierten, effizienten Hersteller von Land-, Forst- und Baumaschinen. 1973 änderte das Unternehmen seinen Namen in Volvo BM AB, und die Produkte hießen fortan Volvo BM. Als sich die Gewinnspanne verringerte, beschloss der Vorstand 1979, die Fertigung einzustellen, und 1984 rollte der letzte Landtraktor der Firma vom Band.

Ein Blick in die brandneue, topmoderne Fahrerkabine des BM Volvo 650 aus den späten 1950ern.

Aus dem Joint Venture, das Volvo und Valmet zusammenführte, ging Mitte der 1950er der 2105 hervor.

W

Wagner

1950er–1960er-Jahre

Die Wagner Tractor Inc. in Portland (Oregon) wurde Anfang der 1950er-Jahre gegründet und baute große Fahrzeuge mit Allradantrieb. 1955 präsentierte man drei Modelle: der TR6 führte einen 4949-cm^3-Dieselmotor, der TR9 einen noch stärkeren mit 8111 cm^3, und beim TR-14 steigerte sich der Hubraum abermals: sein Dieselmotor war mit 11012 cm^3 der stärkste von allen. Es handelte sich durchweg um riesige Traktoren mit Gelenkkarosserien.

1959 hatte John Deere mit dem 8010 einen Allrad-Supertraktor auf den Markt gebracht, der etwa 215 PS erzeugte. Man hatte ihn allerdings bei Wagner eingekauft, doch er wurde kein Erfolg, und viele Fahrzeuge mussten wegen Antriebsproblemen zurückgerufen werden. Auch als 8020 mit diversen Änderungen verkaufte er sich nur schlecht.

Obwohl dieser Großtraktor die Abzeichen von John Deere trägt, ist er tatsächlich ein Wagner WA 17.

Wallis

1912–1928

Die Wallis Tractor Company wurde 1912 in Cleveland (Ohio) von H. M. Wallis und einigen Freunden gegründet. Als Schwiegersohn von J. I. Case war er bei den J. I. Case Plow Works in Racine tätig gewesen. Sein erstes Produkt war der Wallis Bear, der am Antriebsgurt eine Nennleistung von 60 PS erzeugte. 1913 siedelte die Firma Wallis nach Racine über, wo sie die Gebäude der J. I. Case Plow Works bezog und nach kurzer Zeit den Wallis Cub ankündigte, der als erster Farmtraktor einen Einheitsrahmen aufwies. Auch die Firma Massey-Harris vertrieb diesen Typ, nachdem ihr erster Traktor ein Flop gewesen war. 1915 präsentierte man den Cub Junior (auch Modell J genannt), der einen Vierzylinder führte und 13–25 PS erzeugte. 1919 brachte Wallis das Modell K heraus, das bis 1922 gebaut wurde. Es besaß ebenfalls einen Vierzylinder mit 15–25 PS. Sein Nachfolger wurde 1922 das

Die seltsamste Konstruktion war der Wallis Bear, mit dem sich die Firma erstmals an Traktoren versuchte.

Modell OK, das sich anfangs kaum vom K unterschied. Anfang der 1920er präsentierte man ein Modell für Obstbauern mit verkleideten Hinterrädern, Teller-Vorderrädern und umgebogenem Auspuffrohr. Weitere Änderungen erfolgten 1927, als auch der Wallis 20-30 auf den Markt kam. Ein Jahr später verkaufte man die J. I. Case Plow Works an die Firma Massey-Harris, welche die Traktoren noch eine Zeitlang unter dem Namen Wallis verkaufte, bevor dieser Geschichte wurde.

White/New Idea

1960er-Jahre–2002

Die längste Lebensdauer unter allen Autofirmen in Cleveland war White Motor beschieden, wo man mit Dampfwagen anfing, aber bald zu einem der wichtigsten Lkw-Fabrikanten der USA wurde. Automobile bildeten aber nicht einmal den Ausgangspunkt des Betriebs, der viel früher entstand und zuerst Sämaschinen produzierte. Gegründet wurde sie von Thomas White aus Massachusetts, der 1876 nach Cleveland übersiedelte. Obwohl sie eher für ihre Lkws bekannt war, beschloss man, ins Traktorengeschäft einzusteigen und kaufte deshalb in den 1960ern angeschlagene Unternehmen auf. Daran bestand seinerzeit kein Mangel, und so erwarb man 1960 Oliver, um das erfolgreiche und beliebte Modell Oliver 55 noch ein Jahrzehnt lang zu produzieren. Oliver war bereits seit 1929 im Geschäft und durch die Fusion mehrerer kleiner Firmen entstanden. 1962 kaufte White die Cockshutt Farm Equipment Company, deren Geschichte bis in das Jahr 1839 zurückreicht. In neuerer Zeit hatte Cockshutt Traktoren wie das 1952 eingeführte Modell 20 gebaut, das einen Continental-Vierzylinder mit stehenden Ventilen (2294 cm³) nebst Vierganggetriebe besaß. Außerdem gab es das Modell 40, einen Sechszylinder mit Sechsganggetriebe. Nach diesen Firmenkäufen erwarb White ein Jahr später auch noch Minneapolis-Moline. Die Markennamen aller drei Unternehmen wurden von White bis 1969 beibehalten; dann strukturierte man die gesamte Firma zur White Farm Equipment Company um, deren Zentrale sich in Oak Brook (Illinois) befand. Die Hauptverwaltung des Mutterunternehmens White Motor Corporation verblieb in Cleveland (Ohio).

Die fusionierten Firmen tauschten mittlerweile Komponenten unter einander aus, was wirtschaftlich sinnvoll war, aber alle Traktorenfans verärgerte. Erst 1974 war es so weit, dass alle Maschinen den Namen White führten; sie wurden allerdings weiterhin in den jeweiligen Fabriken gebaut und verwendeten deren spezifische Komponenten.

Dieses Bild zeigt die Vorderpartie des Wallis 23-30 von 1927, einer stärkeren Version des 20-30.

Hier sieht man den Wallis 20-30. Kurz nach seiner Markteinführung wurde die Firma an Massey-Harris verkauft.

Der Allrad-Traktor Plainsman wurde in Kanada als White, in den USA jedoch als Minneapolis-Moline verkauft.

Als White Minneapolis-Moline übernahm, entstand einige Verwirrung, wie auch die Plaketten erkennen lassen.

Der große 20-70 Field Boss war ein Sechszylinder-Traktor. Der Benziner verlor aber gegenüber den Diesel-Modellen an Boden.

Den mittleren Oliver löste der White-Traktor 2-60 ab. Dieses starke Fahrzeug war eigentlich ein „verkleideter" Fiat.

Der White 2-60 wurde 1974 hergestellt und führte einen wassergekühlten Vierzylinder-Motor.

Der erste Allrad-Gelenktraktor mit dem Markennamen White wurde 1969 vorgestellt. Das von allen drei Firmen gebaute 139-PS-Fahrzeug war unter den Namen Oliver 2455, Minneapolis-Moline A4T-1400 und White Plainsman A4T-1600 bekannt. Im folgenden Jahr brachte das Unternehmen die 6er-Serie mit dem Oliver 2655 und dem Minneapolis-Moline A4T-1600 heraus; beide führten einen 9586-cm^3-Motor, der 169 PS erzeugte.

1974 bauten White, Oliver, Minneapolis-Moline und Plainsman gemeinsam einen neu konstruierten 150-PS-Allradtraktor. Der Werbetext begann mit den Worten „Anders als alles, was Sie bisher kannten!"

Der White 4-150 kam 1974 auf den Markt. Die 4 weist auf die vier Räder, die 150 auf die PS-Zahl hin.

Noch eine Ansicht des 4-150: Unter der langen Haube sitzt ein wassergekühlter V8-Motor mit 10422 cm³ Hubraum.

Der neue White 4-150 Field Boss besaß als Antrieb einen V8-Caterpillar und durch Verbesserungen einen kleineren Wendekreis. Whites „Boss"-Linienstyling und der silbern-anthrazitgraue Anstrich ersetzten das Kleegrün, Präriegold und Sumac-Rot der älteren Modelle. 1975 gesellte sich der 4-180 Field Boss (180 PS) hinzu, ein neuer, mächtiger Allradtraktor, der Aircondition, Kabinenheizung und einen Überrollbügel bot. 1978 wuchs die Boss-Palette um den 4-210 (210 PS), dessen Kabine die neuesten Verbesserungen aufwies (z.B. Schallschutz). Das Armaturenbrett besaß ein 14-Kanal-Kontrolldisplay, und die Nachtsicht wurde durch zwei weitere Scheinwerfer über dem Kühlergitter verbessert.
Trotz all dieser Fortschritte geriet die Firma in immer größere finanzielle Schwierigkeiten, und 1976 beschloss die White Motor Corporation, mit Consolidated Industries zu fusionieren. Leider erfüllten sich die damit verbundenen Hoffnungen nicht, und die Zukunft von White Motors blieb ungewiss; es kursierten sogar Gerüchte über den Verkauf der Landmaschinensparte. 1977 übernahm die Consolidated Freightways Incorporated den Vertrieb der Freightliner-Lkws, und White verkaufte 40% Lkws weniger. 1980 ging White das Geld aus, und die Firma musste Konkurs anmelden. Im November kündigte sie schließlich an, dass man die Landmaschinensparte an die Firma Consolidated Freightways Incorporated in Dallas (Texas) verkaufen werde, welche die Produktion ein Jahr später unter dem Namen WFE (White Farm Equipment) wieder aufnahm.

An der Seite dieses Modells 2-180 erkennt man das neue White-Logo WFE (White Farm Equipment).

Hier sieht man die Kippkühlerhaube des V8-Motors (181 PS), der den White 4-150 antrieb.

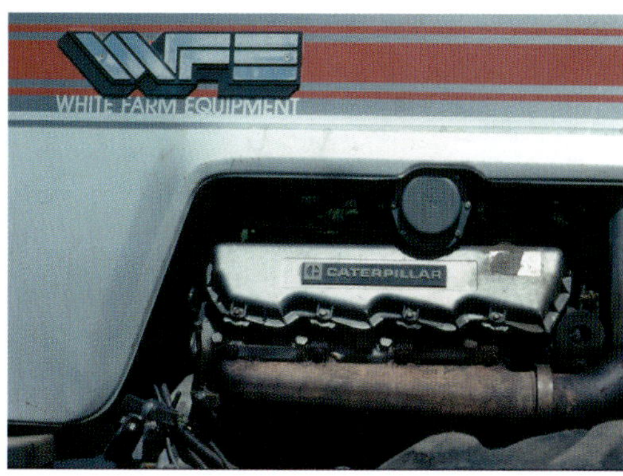

1982 teilte WFE seinen Vertragshändlern mit, dass es zwei neue Allradmodelle geben werde.
Einer der neuen Traktoren war der 4-225 (225 PS), welcher den 4-175 und den 4-210 ablöste, denen er in Styling und Konfiguration stark ähnelte. Der Radstand war verstellbar, und die Maschine eignete sich auch für Hackfruchtäcker. Das andere Modell, der 4-270 hatte größere Räder und einen längeren Gelenkrahmen, dazu eine breitere Kühlerhaube und ein größeres Kühlergitter. Beide führten noch den

Dieses Bild zeigt den WFE 4-225 von 1984. Damals gehörte die Firma bereits Texas Investment.

Caterpillar-V8, doch während der 4-225 das Getriebe der älteren Field-Boss-Modelle besaß, gab es beim 4-270 ein neues 4x4-Power-Getriebe. Die WFE-Traktoren wurden von 1982 bis 1988 produziert, dann gab es auch dort finanzielle Probleme. TIC veräußerte die Sparte an Allied Products, das bereits die Reihe New Idea Equipment besaß, so hieß die Firma fortan White-New Idea. Es kam zu großen Veränderungen: man führte fünf neue Traktoren ein, deren Motoren 94 bis 188 PS erzeugten. Es

Der kleinere der beiden „Amerikaner", das Modell 60, war auch der kleinste Traktor, der in den USA gebaut wurde.

Zu den „amerikanischen" Modellen von 1989 gehörten der 60 (60 PS) und der 80 (80 PS).

handelte sich um CDC-Diesel, ein Joint Venture von Case und Cummins. AGCO war eine schnell wachsende Firma die die US-Sparte von Deutz-Allis übernommen hatte und nun die Marken White und Heston erwarb, zu denen sich 1993 auch noch der Massey-Ferguson-Konzern gesellte. Was ihnen noch fehlte, war ein brauchbarer Allradtraktor für ihre große Klasse. Der McConnell-Marc hatte einen guten Start, und so verlagerte man seine Produktion in das Traktorenwerk von AGCO/White in Cold Water (Ohio).

Die größten Traktoren wurden meist in den USA produziert, der 6105 auf Lamborghini-Basis jedoch nicht.

Beim White 6065, auch ein „verkleideter" Lamborghini, beziehen sich die beiden letzten Ziffern auf die Motorleistung.

Dort erhielt er den letzten Schliff und die neuesten Extras, wurde AGCO-Star getauft und 1994 auf den Markt gebracht. Dazu gab es verschiedene Motoren von Detroit-Diesel oder Cummins, z.B. beim 8425 (425 PS) und dem 8360 (360 PS), die 1995 durch die Vertragshändler von AGCO-White and AGCO-Allis verkauft wurden. Damit auch alle zufrieden waren, prangten sie in den White-Farben (Weiß-Silber) und trugen eine orange Allis-Plakette. 2001 erwarb AGCO die Kettentraktoren-Serie Caterpillar Challenger, und die großen AGCO-Star-Allradtraktoren gingen bald in Pension.

Z

Zetor

1945–heute

Anders als viele osteuropäische Traktoren ist der Zetor ein sauber verarbeitetes, zuverlässiges und kostengünstiges Fahrzeug. Die Firma wurde unmittelbar nach dem Zweiten Weltkrieg im tschechischen Brno (Brünn) gegründet.

Sie hatte vor 1939 der Brünner Waffenfabrik gehört und musste nach Kriegsausbruch riesige Mengen von Munition für die Deutsche Wehrmacht herstellen. 1944 wurde das Werk von alliierten Bombern angegriffen und völlig zerstört.

Als der Krieg seinem Ende zuging, setzten sich die Mitarbeiter zusammen, um einen Traktor zu planen, der nach Ende der Feindseligkeiten gebaut werden sollte. Man fertigte einen Prototyp, und 1946 lief die Produktion des Zetor 25 an. Man war in einer guten Ausgangsposition und hatte im Krieg Erfahrungen mit Dieselmotoren gesammelt. Damals wurde ein Diesel für Flugzeuge gebaut, und nun übertrug man das dabei erworbene Know-how auf den Traktor. Das Modell führte einen Zweizylinder-Diesel mit 25 PS, und sein Getriebe hatte sechs Vor- und zwei Rückwärtsgänge, war also für seine Zeit recht modern. Dem erfolgreichen 25-PS-Traktor folgte bald ein weiterer, das 30-PS-Modell, welches einen Vierzylinder führte. Die Firma produzierte weiterhin ausgereifte, moderne Fahrzeuge, und in den 1960ern präsentierte sie eine Klasse mit Zwei-, Drei- und Vierzylinder-Dieseln und Zehnganggetrieben.

Im Laufe der 1960er-Jahre präsentierte Zetor eine neue Motorenserie. Hier sieht man den Diesel des 3045 von 1968.

Die einfachen, robusten Zetor-Traktoren erwarben sich einen guten Ruf. Hier ein Modell 3546 aus den 1960ern.

Diese typisch britische Szene zeigt einen Zetor 7540, der auf einer Farm in Cornwall Mist transportiert.

Die Forterra-Modelle von 2005 haben Dreigang-Powershift-Getriebe (24x18) mit Vorwärts-Synchro-Shuttle.

Sie besaßen von Anfang an Fahrerkabinen und überdies mechanischen Frontantrieb (MFWD). Dank ihres niedrigen Preises konnen sie in alle Welt exportiert werden; Lizenzen zum Bau erteilte man in den 1950er- und 1960er-Jahren an Indien und den Irak.

Die 1970er waren für die Firma eine gute Zeit, doch dann wurde sie – wie so viele andere – 1990 in den Strudel gerissen, der auf die Auflösung des Ostblocks folgte; ihre Zukunft schien ungewiss. Schließlich einigte man sich mit John Deere auf die Produktion preiswerter Fahrzeuge, und so überlebte die Firma; heute ist sie wieder gut im Geschäft – nicht nur in Tschechien, sondern weltweit.

Zetor ist heute der führende Traktorenproduzent der EU und einer der wichtigsten Arbeitgeber im Raum Brno. Erst im September 2004 entschied man sich für das Konzept Zetor New, dessen Verwirklichung neun Monate dauerte. In diesem Zeitraum wurden über 75 Mio. Tschechische Kronen (mehr als 3 Mio. US-$) investiert, die sich – wie man hofft – schon in Kürze amortisieren sollen. Der Standort Brno hat sich nachhaltig verändert, und einige Produktionsstätten wurden im Rahmen des Programms verlagert. Im nun kompakteren Produktionszentrum mit seiner straffen Logistik fertigt man mit Leichtigkeit jährlich 10000–15000 Traktoren. Zu den aktuellen Modellen gehören der Standard 4WD (Spezifikation Proxima, 40 km/h), ein Turbo-Vierzylinder mit zehn Vor- und zwei Rückwärtsgängen (optional mechanisches 12x12-Shuttle), und die Forterra-Allradmodelle (Vierzylinder-Turbo mit 99, 109 und 116 PS oder Sechszylinder-Turbo mit 126 PS).

Zetors Proxima-Serie von 2005 umfasst Modelle mit Zwei- und Allradantrieb, deren Motoren 68 bis 88 PS leisten.

Die Forterra-Modelle führen verschiedene Vier- und Sechszylindermotoren mit Zwischenkühlung.

ALLIS-CHALMERS

CASE

TYB 922

Danksagung

Der Verfasser dankt folgenden Personen und Firmen für ihre Hilfe und ihre Beiträge.

Andrew Morland Collection – ohne seine außergewöhnliche Sammlung von Traktorbildern hätte dieses Buch niemals fertig gestellt werden können.
Wisconsin Historical Society (Wisconsin, USA) – für historische Abbildungen von International Harvesters.
Paul Sharp (sharpo@sharpos-world.co.uk) – Fotosammlung.
North Dakota State University (Fargo, ND, USA).
Die Bilder auf den Seiten 46 und 54 werden mit freundlicher Genehmigung der Caterpillar Inc. wiedergegeben.
Rich Adams – www.SilverKingTractors.com
Rick Guy – für seine Hilfe bei Gray Dort.
K R Hough – für seine Huber-Bilder.
John Deere – für die Bilder auf den Seiten 140, 141, 142 und 143 (o.).
JCA (Suffolk, England) – für die neuesten Steyr-Bilder.

AGCO; Case IH; Caterpillar Inc; Claas UK; Fendt; Ford Photographic Library (Warley, GB); J. C. Bamford Excavators Ltd. (Rochester, GB); Kubota UK; Landini SpA; Massey-Ferguson UK; SAME; Terex (Coventry, GB); McCormick Tractors Int. Ltd. (Doncaster, GB); Daimler-Chrysler (Stuttgart); New Holland UK; Ursus Tractors UK; Valtra; Zetor (Norfolk, GB).